生物の優れた機能から着想を得た新しいものづくり
―バイオミメティクスからの発展―

Bio-inspired Manufacturing
-Evolution from Biomimetics-

《普及版／Popular Edition》

監修 萩原良道

シーエムシー出版

はじめに

　2011 年 3 月の東日本大震災以降，多くの企業，とりわけものづくりに関連する多くの企業がイノベーションを積極的に検討してきた。検討対象のひとつに，バイオミメティクスあるいは生物模倣技術がある。しかしながら，従来のバイオミメティクスは，生物の置かれた状況を基にして，生物の表面の一部あるいは特徴的な運動などを研究対象としてきたために，革新的なものづくりに役立つ成果は多くなかった。

　そのような状況に鑑み，生物の置かれた状況を越えた場合も視野に入れた，生物の機能・反応・運動から着想を得た研究成果（シーズ）と，省エネ・エコ・環境保全・大規模自然災害耐性に富む革新的なものづくり（ニーズ）の情報を交換する場の必要性が認識された。その結果，京都工芸繊維大学において，「生物の優れた機能から着想を得た新しいものづくりシンポジウム」が 5 回開催された。合計で 54 件の発表と 330 名以上の参加者があった。

　本書は，このシンポジウムの発表者（代理を含む）および参加者の方々が分担して執筆された章からなる。なお，本書の構成は，機械工学における分野に基づいている。多忙にもかかわらず，快諾して頂いた執筆者の方々に，この場を借りてお礼申し上げる。

　数年前から，Bio-inspired Engineering の国際会議，論文，著書が急増している。本書がきっかけとなり，生物の優れた機能から着想を得た研究，およびそれをもとにしたものづくりがますます発展することが期待される。最後に，シンポジウムの実行委員（太田稔氏，軽野善行氏，澤田祐一氏，中山明氏，東善之氏，増田新氏）と参加したすべての方々，およびシーエムシー出版の福井悠也氏に謝意を表す。

　2018 年 10 月

京都工芸繊維大学　機械工学系　教授

萩原良道

普及版の刊行にあたって

　本書は 2018 年に『生物の優れた機能から着想を得た新しいものづくり』として刊行されました。普及版の刊行にあたり内容は当時のままであり加筆・訂正などの手は加えておりませんので，ご了承ください。

2025 年 1 月

シーエムシー出版　編集部

執筆者一覧 （執筆順）

萩 原 良 道	京都工芸繊維大学　機械工学系　教授
浦 田 千 尋	（国研）産業技術総合研究所　化学・材料領域 構造材料研究部門　材料表界面グループ　主任研究員
Peter W. Wilson	Institute for Marine and Antarctic Studies, University of Tasmania, and Honors College, University of South Florida
藤 本 信 貴	住友精化㈱　技術室　主席
桑 原 純 平	筑波大学　数理物質系　講師
神 原 貴 樹	筑波大学　数理物質系　教授
小 方 聡	首都大学東京　システムデザイン学部　機械システム工学科 准教授
大 保 忠 司	㈱荏原製作所　技術・研究開発統括部　基盤技術研究部 化学研究課
能 見 基 彦	㈱荏原製作所　技術・研究開発統括部　基盤技術研究部 熱流体研究課
山 中 拓 己	㈱コベルコ科研　機械・プロセスソリューション事業部 プロセス技術部　流熱技術室　主査
福 井 智 宏	京都工芸繊維大学　機械工学系　助教
森 西 晃 嗣	京都工芸繊維大学　機械工学系　教授
伊 藤 慎一郎	工学院大学　工学部　機械工学科　教授
米 澤 翔	京都工芸繊維大学　大学院工芸科学研究科　機械物理学専攻
新 谷 充 弘	山本光学㈱　開発部　技術開発課　係長
山 盛 直 樹	日本ペイントマリン㈱　常勤顧問
松 田 雅 之	日本ペイントマリン㈱　技術本部　環境安全保証部　部長
稲 田 孝 明	（国研）産業技術総合研究所　省エネルギー研究部門 研究グループ長

小　塩　和　弥	京都工芸繊維大学　大学院工芸科学研究科　機械物理学専攻
田　和　貴　純	第一工業製薬㈱　研究開発本部　ライフサイエンス開発部
	レオクリスタ開発グループ
石　川　将　次	京都工芸繊維大学　大学院工芸科学研究科　機械物理学専攻
長谷川　洋　介	東京大学　生産技術研究所　機械・生体系部門　准教授
中　山　雅　敬	Max Planck Institute for Heart and Lung Research,
	Laboratory for cell polarity and organogenesis, Group Leader
麓　　　耕　二	青山学院大学　理工学部　機械創造工学科　教授
松　本　光　央	京都工芸繊維大学　大学院工芸科学研究科　機械物理学専攻
	輸送現像制御学研究室
射　場　大　輔	京都工芸繊維大学　機械工学系　准教授
本　宮　潤　一	鳥取大学　大学院工学研究科　機械宇宙工学専攻　助教
柄　谷　　　肇	京都工芸繊維大学　分子化学系　教授
安　藤　規　泰	東京大学　先端科学技術研究センター　特任講師
木之下　　　博	兵庫県立大学　大学院工学研究科　機械工学専攻　教授
山　下　かおり	大日本印刷㈱　研究開発センター
	コンバーティング製品研究開発本部　3部2課　課長
中　村　太　郎	中央大学　理工学部　精密機械工学科　教授
山　田　泰　之	中央大学　理工学部　精密機械工学科　助教
東　　　善　之	京都工芸繊維大学　大学院工芸科学研究科　機械工学系　助教
釜　道　紀　浩	東京電機大学　未来科学部　ロボット・メカトロニクス学科
	准教授
高　木　賢太郎	名古屋大学大学院　工学研究科　機械システム工学専攻
	准教授

執筆者の所属表記は，2018年当時のものを使用しております。

目　　次

序論　萩原良道

1	バイオミメティクス ……………… 1	4	シンポジウム ……………………… 2
2	Bio-inspired engineering ……………… 1	5	着想を得た生物 …………………… 2
3	生物のかくれた機能・反応 …………… 1		

【第1編　材料】

第1章　生物の"分泌"から着想を得た環境適用可能な難付着性材料　浦田千尋

1	はじめに ………………………… 4	4.1	葉脈状空洞の利用 ……………… 8
2	難付着性の評価方法 …………………… 5	4.2	ヤドクガエルの分泌腺からの着想
3	最近の撥液処理 ………………………… 6		…………………………………… 9
3.1	潤滑された難付着表面（SLIPS）… 7	4.3	ナメクジ体表の粘液分泌からの着想
3.2	SLIPSの課題 ………………………… 8		…………………………………… 10
4	生物体表の粘液分泌から着想を得た難	4.4	ミミズ体表の模倣 ……………… 13
	付着表面 …………………………… 8	5	まとめ ………………………… 14

第2章　Bio-inspired Slippery and Ice-repellent Coatings −Fast Growing Fields in Materials Science　Peter W. Wilson, Yoshimichi Hagiwara

	日本語概要 ………………萩原良道 16	4.1	Nucleation and ALTA …………… 19
1	ABSTRACT ……………………… 16	4.2	Adhesion of Ice ………………… 21
2	Introduction ……………………… 17	5	Ice Binding Proteins …………… 23
3	Background ……………………… 17	6	Conclusion ……………………… 23
4	SLIPS …………………………… 18		

第3章　鮮やかな光沢フィルムの開発と展開

藤本信貴，桑原純平，神原貴樹

1　はじめに …………………………… 26	3　金属光沢をもつ含色素ポリアニリン類	
2　金属光沢をもつ有機材料 …………… 28	縁体 ……………………………………… 29	
2.1　π共役系チオフェン－ピロール系	3.1　含色素ポリアニリン類縁体の合成	
有機化合物 ……………………… 28	…………………………………… 29	
2.2　アゾベンゼン基を有する有機化合物	3.2　光学特性 ……………………… 31	
……………………………………… 28	4　おわりに ………………………………… 34	
2.3　チオフェン系オリゴマー ………… 28		

【第2編　流体】

第1章　寒天ゲルを利用した流れの抵抗低減

小方　聡，大保忠司，能見基彦

1　はじめに …………………………… 37	3　実験結果および考察 ……………… 41	
2　装置および方法 …………………… 38	3.1　圧力損失測定結果 ……………… 41	
2.1　供試寒天ゲル壁 ………………… 38	3.2　染み込み深さ測定結果 ………… 43	
2.2　矩形流路実験装置 ……………… 38	3.3　抗力測定結果 …………………… 44	
2.3　流路高さ測定 …………………… 39	3.4　低減メカニズムの考察 ………… 44	
2.4　染み込み深さ測定 ……………… 40	4　おわりに …………………………… 46	
2.5　抗力測定 ………………………… 41		

第2章　小型飛翔機械の開発に向けたトンボの空力制御研究

山中拓己，福井智宏，森西晃嗣

1　はじめに …………………………… 48	3　飛行条件と評価結果 ……………… 52	
2　トンボの空力計算モデル構築 ……… 50	3.1　飛行条件 ………………………… 52	
2.1　数値流体力学（CFD）………… 50	3.2　ピッチング運動が空気流動に与え	
2.2　空力計算モデルのモデル形状 …… 51	る影響 …………………………… 55	
2.3　空力計算モデルのメッシュ ……… 51	3.3　前後翅位相差が空力に与える影響 … 56	
2.4　使用する計算スキーム …………… 52	4　まとめ ……………………………… 60	

第3章　昆虫規範型ロボットのはばたき位相差が飛翔特性に及ぼす影響

伊藤慎一郎

1　初めに …………………………………… 62
2　供試対象トンボ規範型ロボット（MAV）
　 …………………………………………… 64
3　実験 ……………………………………… 65
　3.1　自律飛行実験 ……………………… 65
　3.2　風洞試験 …………………………… 65

3.3　可視化実験 ………………………… 66
4　実験結果と考察 ………………………… 66
　4.1　飛行実験と流体力試験結果 ……… 66
　4.2　可視化実験結果 …………………… 70
5　終わりに ………………………………… 71

第4章　イルカの表皮から着想を得た波状面による乱流摩擦抵抗低減

米澤　翔, 萩原良道

1　はじめに ………………………………… 73
2　圧力抵抗 ………………………………… 73
3　摩擦抵抗 ………………………………… 74
　3.1　イルカの皮膚 ……………………… 74
　3.2　皮膚の剥がれ ……………………… 74
　3.3　柔軟壁 ……………………………… 74

3.4　二次元波状面 ……………………… 75
3.5　有限幅の固体波状面 ……………… 75
3.6　硬度の異なる波状面 ……………… 77
3.7　微細溝を有する波状面 …………… 78
4　おわりに ………………………………… 79

第5章　開水路底面に配置された角錐台の波状表面による圧力抗力および摩擦抗力の低減効果の検証

新谷充弘, 萩原良道

1　はじめに ………………………………… 81
2　イルカの抵抗低減 ……………………… 81
　2.1　圧力抗力の減少 …………………… 81
　2.2　摩擦抗力の減少 …………………… 82
3　立体物への応用 ………………………… 82
4　実験方法 ………………………………… 83
　4.1　実験装置 …………………………… 83
　4.2　角錐台 ……………………………… 83
5　計測手法 ………………………………… 85

5.1　全抗力計測手法 …………………… 85
5.2　速度計測手法 ……………………… 85
5.3　差圧計測手法 ……………………… 86
6　結果および考察 ………………………… 86
　6.1　全抗力 ……………………………… 86
　6.2　摩擦抗力 …………………………… 87
　6.3　圧力抗力 …………………………… 87
　6.4　循環流の影響 ……………………… 89
7　おわりに ………………………………… 90

第6章　海洋生物にヒントを得た超低燃費型船底防汚塗料の開発

山盛直樹，松田雅之

1　付着生物との闘い ……………… 91	3.4　マグロ …………………… 99
2　最近の船底防汚塗料 …………… 92	4　低摩擦船底防汚塗料 …………… 99
2.1　はじめに ………………… 92	4.1　社会的背景 ……………… 99
2.2　拡散型防汚塗料 ………… 93	4.2　バイオミメティックから塗料へ… 100
2.3　自己研磨型防汚塗料 …… 94	4.3　船舶の抵抗成分 ………… 101
2.4　崩壊型防汚塗料 ………… 97	4.4　低摩擦船底塗料（LFC）… 102
3　高速遊泳能力を持つ海洋生物の知恵に	4.5　超低摩擦船底塗料（A-LFC）… 106
学ぶ ………………………… 97	4.6　ヒドロゲルによる燃費低減効果の
3.1　サメ ……………………… 97	推定メカニズム ……… 108
3.2　ペンギン ………………… 98	5　おわりに ……………………… 109
3.3　イルカ …………………… 98	

【第3編　熱】

第1章　不凍タンパク質の機能を活用した氷の核生成抑制技術

稲田孝明

1　不凍タンパク質（AFP）の機能 … 113	3　過冷却器凍結閉塞防止への応用技術 … 118
2　氷の核生成抑制 ………………… 115	4　おわりに ……………………… 119

第2章　冬カレイ由来の不凍タンパク質の代替物質であるポリペプチドを用いた着氷を抑制する機能表面

小塩和弥，萩原良道

1　はじめに ……………………… 122	4　防氷性に関する測定・評価……… 126
2　機能表面の創製 ………………… 123	5　除氷性に関する測定・評価……… 128
3　着氷防止 ……………………… 125	6　おわりに ……………………… 130

第3章　セルロースナノファイバーの氷結晶成長抑制能について

田和貴純，萩原良道

1　はじめに ……………………… 131

2　ナノセルロースについて …………… 131

　2.1　CNFの調製方法 ……………… 132

　2.2　TEMPO酸化によるCNFの調製 …… 132

3　実験 ……………………… 133

　3.1　一方向凍結試験による氷成長界面
　　　形状，界面温度低下度および成長
　　　速度の測定 ……………… 133

3.2　試料 ……………………… 133

4　結果・考察 ……………………… 133

　4.1　各セルロース系試料液における氷
　　　成長界面形状の観察 ……… 133

　4.2　界面温度低下度の評価 ……… 135

　4.3　界面成長速度の評価 ……… 136

5　結論 ……………………… 136

6　TOCNFの氷結晶成長抑制能の応用 … 136

第4章　冬カレイから着想を得た微細流路内氷スラリー流の氷成長・融解の制御

石川将次，萩原良道

1　研究背景 ……………………… 138

2　研究目的 ……………………… 140

3　研究方法 ……………………… 140

　3.1　観察装置 ……………………… 140

　3.2　氷スラリー生成装置 ……… 140

4　氷粒子融解へのHPLC6の影響 …… 141

　4.1　速度計測 ……………………… 141

4.2　濃度計測 ……………………… 142

5　氷粒子融解へのポリペプチドの影響 … 143

　5.1　静止水溶液中の氷粒子の観察 … 143

　5.2　静止水溶液中の氷粒子計測 … 143

　5.3　水溶液流中の氷粒子計測 ……… 144

6　おわりに ……………………… 144

第5章　毛細血管リモデリングと流路ネットワーク最適化

長谷川洋介，中山雅敬

1　生体血管網における分岐パターン …… 146

2　工学と流路ネットワーク最適化 …… 148

3　毛細血管網の形成プロセス ……… 149

4　最適制御理論に基づく流路ネットワー
　ク最適化 ……………………… 151

5　まとめ ……………………… 154

第6章　生物の組織形状に由来する微小空間用熱交換器に関する基礎的研究

麓　耕二

1　はじめに ………………………… 156

2　魚の鰓（エラ）形状に由来する狭隘空間用高効率熱交換器に関する基礎的研究 ………………………………… 157

3　赤血球の血管内ずり流動に由来する高効率熱・物質熱輸送システムに関する基礎的研究 …………………………… 160

3.1　吸水性ポリマーについて ………… 162

3.2　アルギン酸カルシウムビーズについて ……………………………… 162

4　まとめと今後の展望 ……………… 163

第7章　イルカの表皮のしわとはがれからヒントを得たすべり波状面の乱流摩擦抵抗と熱伝達に関する数値シミュレーション

松本光央，萩原良道

1　はじめに ………………………… 165

2　イルカの皮膚 …………………… 166

2.1　皮膚のしわ …………………… 166

2.2　皮膚の剥がれ ………………… 166

3　計算方法 ………………………… 167

3.1　計算領域 ……………………… 167

3.2　支配方程式の解法 …………… 167

3.3　計算条件 ……………………… 167

3.4　境界条件 ……………………… 167

4　計算結果と考察 ………………… 169

4.1　せん断応力 …………………… 169

4.2　乱流熱流束と平均ヌセルト数 …… 170

5　おわりに ………………………… 170

【第4編　計測制御】

第1章　生物の歩行に学ぶアクティブ振動制御

射場大輔，本宮潤一

1　研究背景 ………………………… 173

2　アクティブ動吸振器による高層構造物の制振 …………………………… 173

2.1　構造物用制振装置としてのパッシブ動吸振器 ……………………… 173

2.2　アクティブ動吸振器とその課題 …… 174

3　神経振動子を利用するアクティブ動吸振器用の制御系 ………………… 174

3.1　神経振動子 …………………… 174

3.2　神経振動子と位置制御器を利用したアクティブ動吸振器制御システム … 175

4 神経振動子を組み込んだ制振システムの制御アルゴリズム ……… 175
　4.1 制御系の概要 ……………………… 175
　4.2 制御アルゴリズムの定式化 ……… 176
5 位置制御器のゲイン設計法 ………… 179
　5.1 構造物と補助質量の相対運動と消散エネルギの関係 ……………… 179
　5.2 PDゲイン設計法 ………………… 180
6 数値シミュレーション ……………… 181
　6.1 提案したシステムの制振効果 …… 182
　6.2 補助質量のストローク制約 ……… 183
7 おわりに ……………………………… 184

第2章　バイオセンサー構築のための発光細菌発光機能の他細胞系における部分的再構成　柄谷　肇

1 はじめに ……………………………… 185
2 生物発光関連化学 …………………… 185
3 細菌生物発光機能 …………………… 186
4 Y1-Yellowによるミトコンドリアの可視化 ……………………………… 187
5 生物発光による環境毒性のセンシング ……………………………… 191
6 Cd^{2+}-H_2O_2共添加による発光応答 …… 192

第3章　昆虫−機械ハイブリッドロボットが拓く昆虫模倣匂い源探索ロボットの未来　安藤規泰

1 はじめに ……………………………… 195
2 生物の匂い源探索行動 ……………… 195
　2.1 匂いの分布と受容 ……………… 195
　2.2 濃度勾配を利用した探索 ……… 196
　2.3 濃度勾配を利用しない探索 …… 197
　2.4 複数感覚の統合 ………………… 198
3 昆虫模倣ロボット：理想と現実 …… 198
　3.1 神経科学とロボット …………… 198
　3.2 生物行動のバイオミメティクス … 199
　3.3 どこまで生物を理解する必要があるのか ……………………………… 200
4 昆虫−機械ハイブリッドロボット … 200
　4.1 昆虫操縦型ロボットのしくみ …… 201
　4.2 昆虫操縦型ロボットの匂い源探索能力 ……………………………… 201
　4.3 未来の匂い源探索ロボットで実験する ……………………………… 204
5 まとめと展望 ………………………… 206

第4章　トカゲの巧みな摩擦戦略 - ヤモリの手の高グリップ力と
　　　　サンドフィッシュの鱗の低摩擦・低摩耗 -　　　　木之下　博

1　はじめに ……………………… 209
2　ヤモリの手の高いグリップ力 ………… 209

3　サンドフィッシュの鱗の低摩擦・低摩耗
　………………………………… 212
4　まとめ ………………………… 218

【第5編　設計・加工】

第1章　ナノインプリントテクノロジーとバイオミメティクス
山下かおり

1　印刷技術の応用（ナノインプリントテ
　クノロジー）とバイオミメティクス ‥ 221
2　ナノインプリントテクノロジーによる
　生物表面を模倣した微細凹凸フィルム
　………………………………… 221

3　生物表面の微細凹凸構造の持つ多機
　能性 …………………………… 222
　3.1　超撥水性と超親水性 ………… 222
　3.2　超低反射性 ………………… 223
　3.3　抗菌性・防カビ性 ………… 225
4　終わりに ……………………… 229

【第6編　ロボティクス】

第1章　ソフトアクチュエーションによる生物型ロボティクス・
　　　　メカトロニクス
中村太郎，山田泰之

1　はじめに …………………… 231
2　生物型ロボットとソフトアクチュエータ
　………………………………… 231
3　ソフトアクチュエーションとしての人
　工筋肉 ………………………… 232
　3.1　空気圧人工筋肉 …………… 233
　3.2　軸方向繊維強化型人工筋肉 ……… 233
4　ミミズの蠕動運動による移動手法を利
　用した管内検査ロボット ………… 234
　4.1　ミミズの蠕動運動について ……… 234

　4.2　空気圧人工筋肉による蠕動運動の
　　　実現 ……………………… 235
　4.3　ミミズロボットの応用事例 ……… 235
5　大腸の蠕動運動を規範とした固液2相・
　高粘度流体の混合搬送機 ………… 237
　5.1　様々な物体を運ぶ・混ぜる腸管の
　　　優れた機能を応用 ………… 237
　5.2　蠕動運動型混合搬送機 ………… 238
　5.3　蠕動運動型混合搬送機の応用 ……… 239
6　おわりに ……………………… 241

第2章　Clap and Flingを利用した羽ばたき翼型飛行ロボットの開発について

東　善之

1	緒論 …………………………… 243		5.4	実験結果 …………………………… 250
2	羽ばたき翼における高揚力メカニズム		5.5	実験結果 …………………………… 254
	…………………………… 244		6	自立・自律飛行実験 …………… 254
3	羽ばたき機構 ……………………… 245		6.1	羽ばたきロボットの概要 ………… 254
4	翼のつくりと推力 ………………… 246		6.2	ピッチング抑制制御 ……………… 256
5	羽の実験的最適化 ………………… 248		6.3	実験方法 …………………………… 256
	5.1 羽ばたきロボット ……………… 248		6.4	実験結果 …………………………… 256
	5.2 計測装置 ……………………… 249		7	結言 ………………………………… 259
	5.3 実験方法 ……………………… 250			

第3章　高分子素材のソフトアクチュエータと生物模倣ロボットへの応用

釜道紀浩，高木賢太郎

1	高分子アクチュエータ …………… 260		3.2	センサ利用 ………………………… 264
2	電場応答性高分子材料 …………… 261		4	生物模倣ロボットへの応用……… 264
	2.1 誘電エラストマアクチュエータ… 261		4.1	水中推進ロボット ………………… 264
	2.2 導電性高分子アクチュエータ…… 262		4.2	歩行ロボットや他の生物模倣ロボット
	2.3 イオン導電性高分子アクチュエータ			…………………………… 266
	…………………………… 262		4.3	ヘビ型推進ロボットの例 ………… 266
3	EAPの利用法 ……………………… 263		5	おわりに …………………………… 270
	3.1 駆動方法 ……………………… 263			

序　論

萩原良道*

1　バイオミメティクス

　過去 60 年以上にわたり，世界中の主として化学研究者により，バイオミメティクスあるいは生物模倣技術が広く研究・検討されてきた。日本でも，高分子学会のバイオミメティクス研究会などが活発に活動し，主に化学と生物学を基にした優れた成果が得られた[1]。これらの成果には，蝶の羽の構造色を模擬した繊維などの新素材が多く含まれている。しかしながら，ものづくり，とりわけ機械工学に立脚したものづくりに直接役立つ成果は多いとはいえない。それは，機械工学に立脚したものづくりの基礎である物理学および数学を基にした研究が少ないためと思われる。

2　Bio-inspired engineering

　最近，形容詞 Bio-inspired のついた術語に関連する研究を頻繁に見かける。例えば，Bio-inspired engineering（生物から着想を得た工学）については，2011 年にカリフォルニア工科大学に研究所が設立され，2012 年からハーバード大学において国際会議が開催されてきたことが影響している。これらの研究の多くは，生物の機能や運動の範囲を超えた機能や運動が求められる場合，あるいは生物の置かれた状況とは異なる場合を念頭にしている。代表的な例として，水中を泳ぐザトウクジラの胸鰭の縁の形状から着想を得た，低抵抗・低騒音の風力発電機用羽がある。このような研究は，物理学，数学，生物学，化学などを基にしており，革新的なものづくり技術の創成に貢献すると考えられる。

3　生物のかくれた機能・反応

　限られた状況においてのみ発揮される，生物のかくれた機能・反応は，原理の解明があまり進んでいない。これは，生物の生きた状態での測定や観察が必ずしも容易ではないこと，関連する物質や機構が目立たないことなどによる。このような機能・反応の例として，生物の生存に影響を及ぼす外部刺激（ストレッサー）によるストレス状態[2]を軽減する防御反応がある。
　ストレッサーには，衝撃の大きい紫外線，薬物，細菌以外に，生物の質量の約 2/3 を占める水

---

　*　Yoshimichi Hagiwara　京都工芸繊維大学　機械工学系　教授

の相変化を引き起こす低温・乾燥がある。相変化により水が少なくなると，体内物質の輸送や体内の化学反応が阻害され，体内の温度変化が緩和されにくい。さらに，水が氷になると体積が増加し，細胞を破壊し毛細血管や導管を詰まらせる。したがって，寒冷地や乾燥地に生息する生物は，周囲温度の変化による水の相変化を抑制する物質（例えば不凍タンパク質，トレハロース）・機能を増強する。このような凍結・乾燥耐性は，凍結・乾燥を抑制する装置などのものづくりに寄与できる。

4　シンポジウム

　生物の機能・反応・運動から着想を得た研究成果（シーズ）と，省エネ・エコ・環境保全・大規模自然災害耐性に富む革新的なものづくり（ニーズ）の情報を交換する場として，「生物の優れた機能から着想を得た新しいものづくりシンポジウム」が，2012年12月21日，2013年12月19日，2014年12月19日，2016年1月8日，2017年10月6日に開催された。シンポジウムのプログラムは，関連のウェブサイト（http://www.bioinspiredm.org）のシンポジウム欄に掲載されている。なお，本書に記載されていない発表論文については，監修者にお問い合せ願いたい。

5　着想を得た生物

　生物学や生化学を専門とする人にとっては，機械工学の分野に基づく目次と構成はわかりにくいかもしれない。そこで，着想を得た生物をもとに分類した表を以下に示す。

表1 着想を得た生物の分類

			編, 章
細菌	大腸菌		4編2章
藻類		寒天	2編1章
裸子植物	樹木の細胞壁	セルロース	3編3章
種子植物	嚢状葉	表面構造	1編1章, 2章
	蓮の葉	表面構造	1編1章, 5編1章
軟体動物	ナメクジ	表面	1編1章
	カタツムリ	運動	6編1章
環形動物	ミミズ	体表, 運動	1編1章, 6編1章
節足動物（昆虫）		遺伝子	4編3章
	トンボ	羽	2編2章, 3章, 5編1章, 6編2章
	アメンボ	運動	6編1章
	ガ	受容体, 神経, 脳, 目	4編3章, 5編1章
	コガネムシ	羽	1編3章
脊椎動物（魚類）		鰓	3編6章
	冬カレイ	不凍タンパク質	3編1章, 2章, 4章
	エイ	推進運動	6編1章
	サメ	表皮	2編6章
	マグロ	表面	2編6章
脊椎動物（円口類）	ヤツメウナギ	神経回路	4編1章
脊椎動物（両生類）	カエル	分泌腺	1編1章
脊椎動物（爬虫類）	ヤモリ	足	4編4章
	トカゲ	鱗	4編4章
	ヘビ	推進運動	6編3章
脊椎動物（鳥類）	ペンギン	表面	2編6章
脊椎動物（哺乳類）		大腸	6編1章
	イルカ	表皮	2編4章, 5章, 6章, 3編7章
	ウサギ	毛細血管	3編5章

文　献

1)　例えば，下村政嗣監修，バイオミメティクス研究会編集，次世代バイオミメティクス研究の最前線—生物多様性に学ぶ—，シーエムシー出版（2011）
2)　室伏きみ子，ストレスの生物学，オーム社（2005）

【第1編　材料】

第1章　生物の"分泌"から着想を得た環境適用可能な難付着性材料

浦田千尋[*]

1　はじめに

　固体表面は常時多くの付着物に晒されており，液滴，固形物，生物等が付着すると，意匠性・視認性の低下，錆の原因，液残り，多くの問題が発生する（表1）。このような問題に対処するため，生物表面の驚異的な濡れ現象（超撥液性，セルフクリーニング等）を模倣したバイオミメティクス表面の開発が30年以上続けられている。例えば，ハスの葉の驚異的な撥水性を解析／理解し，その表面の階層的な凹凸構造を人工的に再現することで，ハスの葉表面のように，液滴の静的接触角が150°を超え，水や油がコロコロと転がり落ちる表面，超撥液表面[1]が多く報告されている。最近では，このような超撥液表面の製品化事例も増えてきており，ヨーグルトが付着しない容器等，身近なものとなっている[2]。しかしながら，これまでのバイオミメティクス表面は，構造の模倣（静的な模倣）のみに焦点を絞っているため，刻々と変化する周囲環境（温度，光，湿度，生物量等）に適応することができない。例えば，超撥水表面は，低湿条件下（60%RH以下）では，優れた難着氷性を示すが，高湿条件下では，凹凸構造内部に氷や霜が発生しやすくなるため，難着氷性を損なうばかりか，着氷力が著しく増加する[3, 4]。さらに，機械的・化学的要因によって表面が損傷すると，表面機能が著しく低下する。これに対し生物の一部は，"分泌"を利用することで，周囲環境へ適応した難付着表面を実現している。たとえば，ナ

表1　固体表面上の付着物の種類とその影響

固体表面	付着物	影響
窓	雨滴，ホコリ	視認性低下
タッチースクリーン	指紋，皮脂	視認性低下
食品包装	内包物（調味液等）	視認性低下，液残り，生物繁殖起点
熱交換器（冷凍設備等）	氷，霜	エネルギー効率低下
エンジン	デポジット	部品の摩耗
航空機（主翼）	氷，霜，雪	揚力の低下
船底	付着生物	流体抵抗増加
風力発電	氷，霜，雪	稼働率の低下

[*]　Chihiro Urata　（国研）産業技術総合研究所　化学・材料領域　構造材料研究部門
　　材料表界面グループ　主任研究員

第1章 生物の"分泌"から着想を得た環境適用可能な難付着性材料

メクジ[5]やミミズ[6]は，蠕動運動と粘液分泌を組み合わせることで，表面に付着した異物を除去している．分泌液は，表面洗浄液として直接利用するのみならず，表面機能化の原料として，間接的にも使用されている．たとえば，Neinhuisらは，表面の超撥水性に関しては言及していないが，モクレンの一種である，*Magnolia wilsonii* の葉は，葉の表面クチクラ層を除去しても，成長過程および成長後いずれの状況でも，ある程度（〜90％）のクチクラ層が回復することを報告している[7]．このように，ハスの葉を始め，様々な植物表面で観察される超撥水性は，その表面の凹凸構造に起因することは上述したが，どのようにこの構造を形成させるか，どのように構造を維持するか，に関する知見は環境適応性材料を設計する上で重要となる．

このように，環境適応性，持続性に優れた難付着性表面材料を実現するために，最近では単に表面構造を模倣するのみならず，生物表面の時空間的な変化から着想を得た研究開発が進められている．本章では，生物体表の時空間的な変化，特に生物の分泌から着想を得た"動的"な難付着性材料について紹介する．また，本章では難付着性という言葉を，①付着物が付着しにくい，②付着したものが容易に脱離する性質と定義し，話しをすすめる．

2 難付着性の評価方法

固体表面の難付着性は通常，静的／動的接触角，接触角ヒステリシス，転落角，付着力，摩擦力等を測定することで評価される．最も一般的な評価方法は静的接触角の測定である．液滴の接線と固体表面がなす角度を接触角といい，ほとんど静止した状態での接触角という意味で静的接触角（以下，θ_s と示す）ともいう（図1）．また，水をプローブに使用した場合は水滴接触角という．接触角は固体表面の最外層のみの物性を反映しており，一般的に θ_s が大きい表面は撥水／撥油性表面，小さい表面は親水／親油性表面と認識されている[8]．

これに対し，最近，固体表面からの液滴の除去性能の指標として，液滴の動的な挙動（動的濡れ性）評価の重要性が高まっている．動的接触角とは固体表面上を液滴が動く状態を想定した，液滴の前進（θ_A）・後退（θ_R）接触角によって決定される値であり，θ_A と θ_R の差（$\Delta\theta = \theta_A$

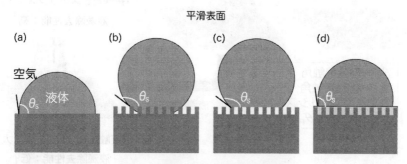

図1 各種難付着性表面と静的接触角
(a)平滑表面，(b)凹凸表面（Wenzel状態），(c)凹凸表面（Cassie-baxter状態），(d)湿潤表面．

$-\theta_R$)あるいはθ_Aとθ_Rの余弦の差($\Delta\theta\cos=\cos\theta_R-\cos\theta_A$)は,接触角ヒステリシスとして定義される(図2)。接触角ヒステリシスの起源は,表面粗さ,化学的不均一性,固液界面での分子再配列等の影響によるものといわれている[9]。また,液滴を静置した固体表面を徐々に傾斜させ,液滴が滑落し始める臨界角(転落角,θ_T)を測定(転落角測定)することでも,動的濡れ性を評価することができる。

このような事情から,最近の超撥液性の定義は,見かけの接触角の値($\theta_s>150°$)だけでなく,接触角ヒステリシス($\Delta\theta<5°$),転落角($\theta_T<5°$)の値も考慮されるようになってきた[10]。ただし,これらの数値の科学的な根拠は極めて曖昧である。さらに,同じ固体表面を用いても,測定方法や測定基準によってこれらの数値は大きく異なる。例えば,転落角測定の際に使用する液滴の量はθ_Tに大きく影響し,液滴量が少なくなるほど,θ_Tは大きな値となる。また,超撥液性か否かを判断する場合,30 mN/m以下の低表面エネルギー液体(例えば,n-ヘキサデカン,27.3 mN/m等)をプローブとして使用すべきとの報告もある[10]。

付着物が固体の場合,付着物の脱離力を測定することで,難付着性を評価することができる。例えば,固体表面の難着氷性は,固体表面に作製した氷柱の脱離力を測定することで評価できる。一般に,目的の固体表面に氷柱を作製し,ロードセルでこれを押し込み,氷柱と固体表面が脱離した瞬間の力(脱離力)を着氷力と定義し,難着氷性を評価する[11]。

3　最近の撥液処理

難付着性表面の分類に明確な定義はないが,Aizenbergらの総説[10]によると,撥液・難付着

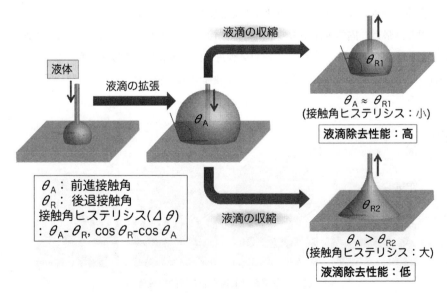

図2　接触角ヒステリシスの測定方法

第1章 生物の"分泌"から着想を得た環境適用可能な難付着性材料

性に優れた表面の構造は，①平滑表面（図1(a)），②凹凸表面（図1(b), (c)），③潤滑表面（図1(d)），の3つに大別することができる。これらの詳細に関しては，他の優れた総説を参考にされたい[12, 13]。本節では，近年特に注目されている③潤滑表面を中心に，生物体表のように分泌を利用した，動的な表面特性を示す難付着性材料を紹介する。

3.1 潤滑された難付着表面（SLIPS）

固体表面の潤滑液を利用し，難付着性に優れた表面処理技術が2011年にHarvard大学のAizenberg[14]やMITのVaranas[15]らによって報告された。この表面処理技術は，Slippery Liquid-Infused Porous Surfaces（SLIPS），あるいはLiquid-Infused Surfaces（LIS）と呼ばれ，Aizenbergらは食虫植物であるウツボカズラの捕虫器内壁構造に着想を得たと述べている。捕虫器内壁構造の微細な溝が水膜で覆われると，昆虫の脚の油はこの水膜によってはじかれ，捕虫器に溜まった消化液の中に落下する[16]。（以下，潤滑液を利用して難付着性を示す表面材料をSLIPSと呼ぶことにする。）SLIPSを作製するには，対象となる付着物に合わせた，（ⅰ）潤滑液層，（ⅱ）多孔質固体層（骨格成分）の選択が重要であるとされている（図3）。また，SLIPSの作製方法を大別すると，多孔質固体層形成後に潤滑液を染み込ませる"post-infusing法"と，多孔質固体層の形成前段階で潤滑液を染み込ませる"pre-infusing法"の2種類がある（図4）。例えば，Aizenbergらは，post-infusing法によって，（ⅰ）にフッ素潤滑液（3M™ Fluorinert™ FC-70），（ⅱ）にperfluorodecyltrichlorosilane（$CF_3(CF_2)_7C_2H_4SiCl_3$, FAS17）で表面処理したエポキシ樹脂を利用することで，様々な液体（水，炭化水素系液体，血液，調味料，氷等）の付着を抑制することに成功した（$\Delta\theta<2.5$）。一方，（ⅱ）のエポキシ樹脂表面をFAS17処理しなかった場合，付着液は（ⅱ）と接触することができ，付着液はSLIPS表面にピン止めされる。また，潤滑液は液体であるため，SLIPS内部を自由に移動することができる。そのためSLIPSは，傷等により表面が損傷しても，初期の撥液性・難付着性が瞬時に回復するという自己治癒性も兼ね備えている。

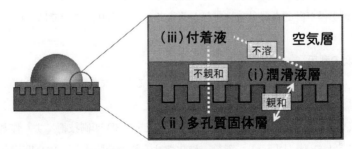

図3 SLIPSの設計方法

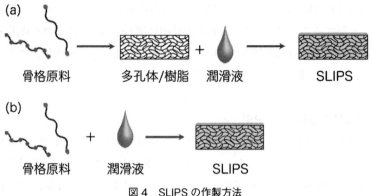

図4 SLIPSの作製方法
(a) Post-infusing 法, (b) Pre-infusing 法

3.2 SLIPS の課題

　新しい概念のもと設計された難付着材料，SLIPSは，純粋な液体（水や油）のみならず，これまで付着抑制が困難であった様々な付着物，粘性液体，エマルション，固化物，付着生物等に優れた効果を示すため，難付着性材料に関する研究開発が活況となっている。また，SLIPS の概念でもたらされたことは，その優れた難付着性のみならず，骨格成分および潤滑液の2つの材料軸を通し，その響奏作用によりこれまで成し遂げることができなかった機能を材料表面に付与できる点にある。

　しかし，SLIPS 最大の課題は，表面の潤滑液層がなくなると機能を喪失することである。つまり，SLIPS は犠牲的な表面処理といって過言ではない。潤滑液の損失をいかに防ぐかが実用を考慮した際の鍵となる。

4　生物体表の粘液分泌から着想を得た難付着表面

　SLIPS の難付着性を持続する方法として，葉脈や，カエル，ナメクジ，ミミズ等の生物体表の"分泌"から着想を得た動的な難付着性材料が報告されつつあり，本節ではこれらを紹介する。

4.1　葉脈状空洞の利用

　Howell らは，葉脈状の空洞を SLIPS 内部に形成することで，難付着性の持続性を向上させた。本手法では，pre-infusing 法により潤滑液を導入している[17]。例えば，ポリジメチルシロキサン（polydimethylsiloxane，PDMS）樹脂の前駆溶液を，3D印刷技術により作製した葉脈状の型（図5(a)）に流しこみ（図5(b)），架橋・硬化させ，鋳型を除去し，PDMS内部に葉脈状構造を形成する（図5(c)）。次に，PDMS薄片で葉脈構造化された PDMS 樹脂の表面を被覆し（図5(d)），葉脈構造内部および PDMS 樹脂に潤滑液（シリコーンオイル）を充填（図5(e)）すること

第1章　生物の"分泌"から着想を得た環境適用可能な難付着性材料

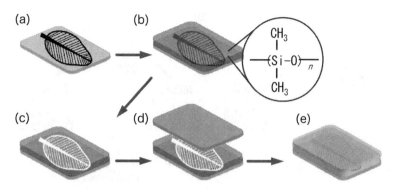

図5　葉脈状空洞を有するSLIPSの作製方法の一例
(a)葉脈状の型，(b) PDMS樹脂前駆溶液の流し込み，(c)型の除去，
(d) PDMS薄片による封入，(e)潤滑液の含浸。

で，SLIPSを作製した。比較として，内部に葉脈状空洞を持たないPDMS樹脂にシリコーンオイルを染み込ませたSLIPSも作製した。この両者を，70℃に保持した恒温槽に静置（潤滑液損失加速試験）し，潤滑液の蒸発速度を比較すると，葉脈状空洞をもつSLIPSは，葉脈状空洞を持たないSLIPSより蒸発速度が遅く，長期間潤滑液を保持した。また，潤滑液損失加速試験48時間後の各試料（空洞の有無）に対する大腸菌のバイオフィルム形成挙動を調査すると，葉脈状空洞を有するSLIPS表面への被覆率はわずか5％であるのに対し，空洞のないSLIPS表面の被覆率は95％であった。この結果からも，SLIPS内部に形成した空洞の効果により，持続的な潤滑液の分泌が達成された。このように，葉脈状空洞をSLIPS内部に形成することで，潤滑液の損失を抑制することができ，初期の難付着性を長期間持続させることができる。

4.2　ヤドクガエルの分泌腺からの着想

　難着氷コーティングとして，超撥水性表面の利用が盛んに試みられている。超撥水性表面は，低湿度条件下では優れた難着氷性を示すものの，高湿度条件下（60％RH以上）では，多孔性表面内部に霜や氷が発生しやすく，これが原因で着氷力が著しく増加，または凹凸構造を損傷することが指摘されている（図6(a)）[3, 4]。一方で，SLIPSは優れた難着氷性を示すものの，潤滑液がなくなりやすいことが課題である。潤滑液の染み出しを必要時（着氷時）に限定できれば，難付着性効果を持続できることが期待できる。このような目的のもと，Sunらはヤドクガエル表皮の毒放出メカニズムから着想した難着氷表面を開発した（図6(b)）[18]。この難付着性材料は，2層構造であり，ヤドクガエルの外皮組織から着想を得た超撥水性表面層と，真皮組織から着想した不凍液（プロピレングリコール）を含む超親水性液溜め層で構成されている。超撥水性の表層は過冷却水や水滴の付着を防止する。また，超撥水性が機能しない高圧の水滴や，高湿条件下で，凹凸内部に付着した氷等が付着すると，液溜め層から不凍液が染み出し，付着した氷等を融解する。また，染み出した不凍液は，超親水性液溜め層に再吸収される。著者らは，この処理表面技

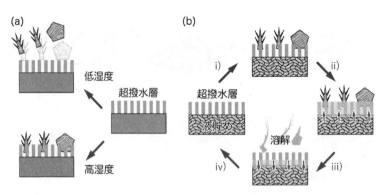

図6 (a)超撥水表面の難着氷性の湿度依存 (b)ヤドクガエルから着想したハイブリッド型難着氷表面
ⅰ）氷の付着・成長, ⅱ) 不凍液のしみだし, ⅲ) 付着氷の溶解, ⅳ) 超撥水表面の再生。

術を使用すれば，現行の不凍液散布による航空機機体の除氷雪・防氷雪処理と比較して，不凍液の使用量を10〜50％に削減できると算出しており，運営コスト低下や低環境負荷への貢献が期待できる。

4.3 ナメクジ体表の粘液分泌からの着想

ナメクジ体表は常に粘液で覆われており，蠕動運動と粘液を利用して表面に付着した汚れを除去する[5]。実際に，体表に汚れが付着したナメクジを野外で観察することはめったにない。我々は，このナメクジの自己清浄作用から着想を得て，ゲルから液体が押し出される"離漿（りしょう）"という現象に着目し，潤滑液を自己分泌する機能を持った新しい難付着材料を開発した（図7, Self-lubricating gel, SLUG)[19, 20]。SLUGは，pre-infusing法により作製される。まず，

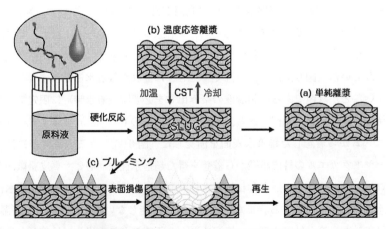

図7 ナメクジ体表の粘液分泌から着想した難付着表面（SLUG）の概要
(a)単純離漿，(b)温度応管理法，(c)ブルーミング。

第1章 生物の"分泌"から着想を得た環境適用可能な難付着性材料

ヒドロシリル基を含む変性シリコーン（PDMS_H）およびビニルシリル基を含む変性シリコーン（PDMS_V）の混合物（PDMS前駆溶液）に各種潤滑液（アルカン，シリコーンオイル等）を添加し，白金系触媒を用いたヒドロシリル化反応によりSLUGを得た。固体成分の体積（PDMS前駆溶液の体積）を添加した潤滑液の体積で割った値をa（50～3000%）とした場合，$a \leq 1200$の時にゲル化した。SLUGの表面特性は混合する液体に大きく依存する。例えば，直鎖アルカン（C_nH_{2n+2}, $n=6$～16）を潤滑液として利用した場合，離漿の有無はアルカンの分子量（もしくは粘度）に依存し，$n=16$のアルカン（n-hexadecane）を用いた場合のみにゲル表面より液体成分の離漿が観察された。この場合，一度離漿が開始すると，一定量（15～30%）の潤滑液が損なわれるまで，離漿は持続した。離漿の原理・メカニズムに関し，明確な理論的な解析はできていないが，骨格成分と潤滑液の親和性の制御が重要と考えている。例えば，PDMS樹脂とアルカンの親和性は分子量に依存することが報告されており，分子量が大きいほど親和性が低下する[21]。尚，親和性はPDMS樹脂の各溶液に対する膨潤率（この値が大きいほど親和性が高い）を測定することで推定できる。PDMS前駆溶液にn-hexadecaneは無限溶解するが，架橋反応によりPDMS骨格とn-hexadecaneの溶解度（親和性）が低下し，PDMS樹脂内部へn-hexadecaneが過飽和した状態となり，離漿が促されたと考えられる。同様の傾向は，分子量（粘度）の異なる直鎖ポリジメチルシロキサンを潤滑液として用いた場合にも観察され，分子量の大きな直鎖ポリジメチルシロキサンの方が，低分子の直鎖ポリジメチルシロキサンと比較して，離漿しやすいことが明らかとなった。離漿した試料表面に，ケチャップやマヨネーズ等の粘性液体を滴下したところ，粘性液体は僅かな傾きでSLUG表面を滑落した。一方，離漿しないオルガノゲルやPDMS樹脂表面では，これらの粘性液体は表面に付着したままであった。また，SLUG表面に付着した氷柱の着氷力はほぼゼロとなり，氷柱は自重によりSLUG表面を滑落した。これは，離漿によりオルガノゲル表面に潤滑液層が形成し，PDMS骨格と粘性液体の直接的な接触が抑制されたためと考えられる。さらに，この試料を切断してできた新表面からも離漿が観察され，同様の難付着性を示すことが明らかとなった。

　SLIPSの欠点は，表面の潤滑液層が無くなると機能を喪失することである。つまり，潤滑液の無駄な損失を如何に防ぐかが実用化において重要である。我々は上記知見により，骨格成分と潤滑液の親和性を精緻に制御することで，温度応答離漿性を示すSLUGの作製に成功した（図7(b)）。温度応答性SLUGは，周囲温度が限界離漿温度（Critical syneretic temperature, CST）以下になると離漿し，CST以上では離漿潤滑液が自発的にゲル内部に吸収されることを特徴としている。従って，難着雪氷コーティングとして使用すれば，着雪氷条件下（氷点下）以外では，潤滑液を内部に留めておくことができ，潤滑液を節約することができる。着氷力試験により，温度応答性SLUG表面の着氷力はほぼ0 kPaとなった。さらに，太陽光パネルに被覆した温度応答性SLUG表面は，人工的な着雪条件下で優れた滑雪性を示し，SLUGが難着雪氷コーティングとして高いポテンシャルを有することが示された（図8）。

　我々は，反応性の高い化合物を潤滑液として利用することで，ハスの葉表面のように自発的に

生物の優れた機能から着想を得た新しいものづくり

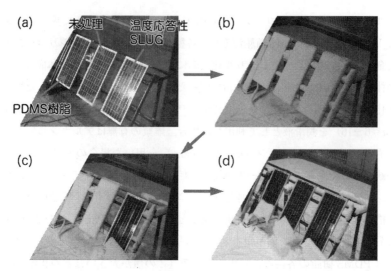

図8 人工降雪下における各種試料を塗布した太陽光パネルの難着雪性の様子
(a)人工降雪前（−30℃），(b)降雪直後，(c)日光照射直後，(d)模擬日光照射1時間後。

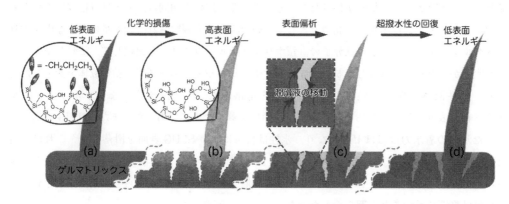

図9 シリコーンオイルの表面偏析を利用した超撥水性の再生のメカニズム
(a)合成直後のナノグラス表面，(b)紫外光照射によるナノグラス表面の高表面エネルギー化，
(c)ゲル内部の潤滑液の表面偏析，(d)表面偏析により低表面エネルギー化したナノグラス表面。

超撥水性凹凸構造を形成し，さらに自己修復性を示す表面材料の開発に成功した（図7(c)）。潤滑液として，空気中の水と反応し自発的に超撥水構造を形成するシラン化合物（アルキルトリクロロシラン，$C_nH_{2n+1}SiCl_3$）と直鎖ポリジメチルシロキサンを，潤滑液として利用した。まず，$n=3$のアルキルトリクロロシランを潤滑液として得られたSLUGは，合成直後は透明であったが，時間とともに白化し，超撥水性を示した（図9(a)）[20]。走査型電子顕微鏡観察により，SLUG表面はナノ／マイクロファイバーが形成したことが明らかとなった（草のような構造のため，ナノグラスと命名）。ナノグラス表面に紫外線を照射し，表面の有機物を除去すると，表面は一度親水化し，超撥水性は損なわれた（図9(b)）。これと同時に，ナノグラス表面は親水化により表

面エネルギーが増加するため，ゲル内部の潤滑液（直鎖ポリジメチルシロキサン）は表面へ偏析する（図9(c)）。このため，ナノグラス表面は，再度表面エネルギーが低下し，超撥水性が回復することが明らかとなった（図9(d)）。さらに，$n=18$ のアルキルトリクロロシラン（octadecyltrichrolosilane, ODS）を利用しても類似の超撥水性表面が形成した。ODSを利用した場合の特徴は，超撥水化した部位を機械的に除去しても，ゲル内部には未反応のODSが存在しているため，超撥水表面が再生することがわかった。これまでに，分子レベルの損傷箇所を修復し，超撥水性が再生する材料の報告は存在したが，マクロスコピックな損傷に対しても超撥水性が再生する表面はこれがはじめての事例である。

4.4　ミミズ体表の模倣

　ミミズは，外部から機械的刺激を感知すると，その体表から粘液を出す。また，ミミズ表面の凹凸構造は，この粘液を安定的に保持することができ，この2つの機能によりミミズ体表は清浄性を保つことができる。Zhaoらは，このようなミミズの体表機能から着想を得て，感圧自己潤滑性を示す難付着性材料（Earthworm inspired film, EWIフィルム）を報告した[22]。EWIフィルムは，機械的刺激（外部からの圧力）を感知すると，内部から潤滑液が表面にしみだし，優れた低摩擦性や難付着性を示す。EWIフィルムはSLUGと同様に"pre-infusing法"により合成される。まず，ウレタンユニットとPDMSユニットから構成されたブロックコポリマー（uPDMS）を超分子骨格として用い，これに潤滑液として直鎖ポリジメチルシロキサン，希釈剤としてテトラヒドロフラン（THF）を混合し前駆溶液を調製した（図10(a)）。この前駆溶液を塗布すると，THFの蒸発に伴い，①凝結水の表面配列による表面の凹凸化，②直鎖ポリジメチルシロキサンの相分離，③ゲル化が同時に起きる。EWIフィルムは，内部に潤滑液の液溜めが

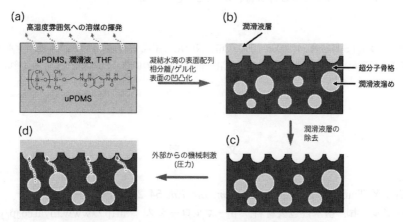

図10　ミミズの体表を模倣した低摩擦・難付着材料
(a)EWIフィルムの作製方法，(b)作製直後のEWIフィルムの表面の様子，(c)表面潤滑液層を除去したEWIフィルム，(d)潤滑液層が再生したEWIフィルムの断面。

存在するため，表面潤滑液層を除去しても，潤滑液がフィルム内部から表面に徐々に染み出し，潤滑液層が再生する（図10(b)〜(d)）。EWIフィルム表面の摩擦特性を調査すると，荷重に依存せず一定の動摩擦係数を示した。一方で，比較として用いた，凹凸構造の無い，平滑表面の超分子ゲル表面は，荷重に依存して動摩擦係数が変化した。EWIの表面潤滑層を除去すると，動摩擦係数が一時的に増加したが，荷重印加による自己潤滑効果により，摩擦係数は初期値と同等の値を示した。EWIフィルム表面はこのような持続的な低摩擦特性を有するため，耐摩耗特性にも優れおり，10000回の摩耗サイクル後も表面の劣化が確認されなかった。一方で，平滑フィルムは300サイクルで表面の明瞭な摩耗が確認された。

　次に，EWIフィルムの難付着性を評価するために，含水率の異なる土（40，20，0%）を表面に晒したところ，EWIフィルム表面は含水した土の付着を抑制することができた。一方で，乾燥した土はEWIフィルム表面に付着したが，僅かな機械的刺激で除去できた。これは，EWI表面に厚い潤滑油の層が形成したためと考えている。

5　まとめ

　本章では，生物の"分泌"から着想を得て，直接的・間接的に難付着表面を達成した最近の事例を中心に紹介した。身の回りでみかける生物の体表は"通常綺麗"であり，体表が汚れた生物をみかけることはほとんどない。体表への異物の付着は，視認性，摩擦・流体抵抗の増加，微生物繁殖の起点となり，生物にとって死活問題となる。特に，動きの遅い動物，植物や固着生物等は，自身が動くことで，表面を清浄化することが困難であるため，"分泌"を巧みに利用する。このように，静的な模倣のみならず，生物体表のように環境に適応し，時空間的に表面性状を変化可能な仕組みを材料に組み込むことができれば，電力や動力に依存せずとも，メンテナンスフリーで自己清浄性を維持できる難付着材料が実現できると期待できる。

謝辞
　本研究の一部はJSPS科研費24120005，26660267，NEDO「平成27年度〜平成29年度エネルギー・環境新技術先導プログラム／生物表面模倣による難付着・低抵抗表面の開発」の助成を受けて行われた。

文　　献

1)　L. Wen, Y. Tian, L. Jiang, *Angew. Chem. Int. Ed.*, **54**, 2 (2015)
2)　"東洋アルミ㈱，撥水性包装材料，トーヤルロータス®" http://www.toyal.co.jp/products/haku/hk_tl.html
3)　S.A. Kulinich, M. Farzaneh, *Langmuir*, **25**, 8854 (2009)

第 1 章　生物の"分泌"から着想を得た環境適用可能な難付着性材料

4)　K. Varanasi, T. Deng, J.D. Smith, M. Ssu, N. Bhate, *Appl. Phys. Lett.*, **97**, 234102（2010）

5)　足立則夫，ナメクジの言い分 岩波科学ライブラリー，岩波書店（2012）

6)　F. Gao, E. Baraka-Kamali, N. Shirtcliffe, C. Terrell-Nield, *J. Bionic Eng.*, **7**, 13（2010）

7)　C. Neinhuis, K. Koch, W. Barthlott., *Planta*, **213**, 427（2001）

8)　R.J. Waltman, *J. Fluor. Chem.*, **125**, 391（2004）

9)　J.N. Israelachvili，分子間力と表面張力　第 3 版，大島広行訳，p.373，朝倉書店（2013）

10)　T-S. Wong, T. Sun, L. Feng, J. Aizenberg, *MRS Bull.*, **38**, 366（2013）

11)　C. Wang M.C. Gupta, Y. H. Yeong, K.J. Wynne, *J. Appl. Polym. Sci.*, **135**, 45734（2018）

12)　A.K. Kota, W. Choi, A. Tuteja, *MRS Bull.*, **38**, 383（2013）

13)　K. Liu, Y. Tian, L. Jiang, *Prog. Mater. Sci.*, **58**, 503（2013）

14)　T.S. Wong, S.H. Kang, S.K.Y. Tang, E.J. Smythe, B.D. Hatton, A. Grinthal, J. Aizenberg, *Nature*, **477**, 443（2011）

15)　http://liquiglide.com/green-benefits/

16)　H.F. Bohn, W. Federle, *Proc. Natl. Acd. Sci. USA*, **101**, 14138（2004）

17)　C. Howell, T.L. Vu, J.J. Lin, S. Kolle, N. Juthani, E. Watson, J.C. Weaver, J. Alvarenga, J. Aizenberg, *ACS. Appl. Mater. Interfaces*, **6**, 13299（2014）

18)　X. Sun, V.G. Damle, S. Liu, K. Rykaczewski, *Adv. Mater. Interfaces*, **2**, 1400479（2015）

19)　C. Urata, G.J. Dunderdale, M.W. England, A. Hozumi, *J. Mater. Chem. A.*, **3**, 12626（2015）

20)　L. Wang, C. urata, T. Sato, M.W. England, A. Hozumi, *Langmuir*, **33**, 9972（2017）

21)　J.N. Lee, C. Park, G.M. Whitesides, *Anal. Chem.*, **75**, 6544（2003）

22)　H. Zhao, Q. Sun, X. Deng, J. Cui, *Adv. Mater*, **30**, 1802141（2018）

第2章　Bio-inspired Slippery and Ice-repellent Coatings －Fast Growing Fields in Materials Science

Peter W. Wilson[*1], Yoshimichi Hagiwara[*2]
日本語概要：萩原良道

　冷蔵，建築，医療機器および無数の製品の間に，安価な，水・油・氷をはじく表面の必要性が広がっている。液体をはじく表面の多くは，ハスの葉にちなんでモデル化された。ハスの葉は，疎水性であるがそれはざらざらしたロウのような表面，かつその自然がつくるデザインの物理によるものである。このような表面は水をはじくが，油をはじかず，耐久性がない。嚢状葉植物から着想を得たつるつるした液体注入多孔面（SLIPS）は，産業や医学で用いる表面をコーティングするための異なる方法を提供する。SLIPS は，潤滑流体を注入されたマイクロ・ナノ構造を持つ多孔質物質に基づいている。水および他の流体を閉じ込めて動かなくすることにより，SLIPS 技術は金属，プラスチック，光学部品，織物およびセラミックスに液体をはじく強固な自己洗浄表面を創りだすことができる。しかしながら，一般に，SLIPS の寿命および耐久性が大きな課題として残る。本報告では，いくつかの生物から着想を得たコーティングの現状，とくに氷の生成を防ぐ役割について見ていく。

1　ABSTRACT

　The need for an inexpensive, water-, oil- and ice-repellent surfaces spans refrigeration, architecture, medical devices and a myriad of products. Many liquid repellent surfaces have been modeled after lotus leaves, which are hydrophobic due to their rough, waxy surface and the physics of their natural design. They repel water but they fail to repel oils and are not durable. Slippery, liquid infused porous surfaces (SLIPS), inspired by the pitcher plant, offer a different approach to coating industrial and medical surfaces and are based on nano/microstructured porous material infused with a lubricating fluid. By locking in water and other fluids, SLIPS technology is now able to create repellent and robust self-cleaning surfaces on metals, plastics, optics, textiles and ceramics. Generally, however, the longevity and durability

---

[*1]　Peter W. Wilson　Institute for Marine and Antarctic Studies, University of Tasmania, and Honors College, University of South Florida

[*2]　Yoshimichi Hagiwara　Faculty of Mechanical Engineering, Kyoto Institute of Technology

第2章 Bio-inspired Slippery and Ice-repellent Coatings – Fast Growing Fields in Materials Science

of SLIPS remains of great challenge. This report looks at the state of play for some bioinspired coatings and in particular the role such coatings may have in preventing ice formation.

2 Introduction

Currently, the field of slippery and superhydrophobic coatings is burgeoning out, where groups around the world looking at bioinspired slippery coatings for medical purposes, for aircraft deicing, or refrigeration and even for the inside of ketchup bottles [1~3]. In what may be considered a subset, ice repellent coatings have also been sought for many years since any advances in the durability of such coatings will result in huge energy savings across many fields [4~6]. Progress in creating anti-ice and anti-frost surfaces has been particularly rapid since the discovery and development of slippery, liquid infused porous surfaces (SLIPS) [7~9].

The development of ice-phobic surfaces is of importance because ice-covered surfaces often cause serious issues, such as poor visibility through the windshields of aircraft, trains and automobiles; poor visibility of traffic lights in snowy winter weather, the breaking of power transmission lines; a deterioration of the aerodynamic performance of aircraft wings; and damage to the casing of jet engines and air-conditioning equipment, to name just a few. Various ice-phobic surfaces have been used in recent studies and can be categorized as hydrophilic, hydrophobic, super-hydrophobic (or textured) and finally, lubricant-infused.

We will concentrate on three aspects of ice-phobicity in this report, the nucleation, the adhesion of ice to (transparent) slippery coatings and the use of so-called ice binding proteins as a potential factor.

3 Background

Anti-icing coatings are highly valued for preventing or alleviating adverse consequences of ice accretion on airplanes, marine structures, satellites, weapon systems, and energy-harvesting devices. In the past two decades, tremendous efforts have been devoted to the study of anti-icing performance of superhydrophobic coatings inspired by the lotus effect. However, these surfaces have been shown to fail under high humidity conditions and surface textures may serve to actually facilitate ice nucleation. Despite these significant efforts, mechanically robust and transparent anti-icing coatings remain in early stages. The lotus effect does not work well if the surface is damaged, or subjected to extreme conditions such as freezing temperatures, since liquid drops tend to pin to, or sink into, the textures rather than roll away [10]. It has generally proven costly and difficult to manufacture surfaces based on the

17

lotus strategy.

More or less subsequently, much of work using SLIPS has focused on the decreased rate of ice accretion under high humidity conditions and reduced ice adhesion. The comparison between water wettability and ice adhesion is a different problem than the effects of SLIPS on ice nucleation with a supercooled solution in contact with the coating. To date also, the study of mechanical properties of anti-icing coatings has not been widely reported and we will discuss later.

4 SLIPS

The concept of a SLIPS layer is shown in Figure 1, which simply demonstrates the trapping of a lubricating liquid within a nano-structured, functionalized matrix. Water then sits atop the matrix and the immiscibility assures non-adherence to the surface. The molecularly smooth and chemically homogeneous lubricating liquid layer provides extremely low sliding angle and contact angle hysteresis, typically less than 2°.

Aizenberg et al.[7] used porous PTFE membranes and lithographically patterned post array with average roughness from 200 nm up to 2 μm to fabricate slippery surfaces. It has been found that drops of test liquid on lubricating fluid coated slippery surfaces can become cloaked with a thin layer of lubricating fluid if the spreading coefficient of oil on water is positive. A recent and thorough review of all the literature by Lin et al. outlines much of the work in this area [11]. Once these lubricating oil cloaked test drops slip, they slowly remove the lubricating fluid from the substrate surface. After slipping sufficiently large amount of test liquid, deterioration in slippery behavior is expected. Therefore, durable SLIPS coatings which can withstand many cycles or harsh conditions are still the object of much attention.

Delays in freezing time, often called lag time, have been reported in the cases of the hydrophobic and super-hydrophobic surfaces [12]. A lowering of the strength of ice adhesion has also been reported for all the surfaces except for the hydrophilic surfaces. Suitable ice-phobic,

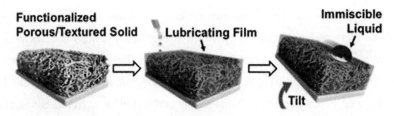

Fig. 1 Schematic showing the principle of the Slippery Liquid-Infused Porous Surface (SLIPS).
(image courtesy of Peter Allen and James C. Weaver)

第2章　Bio-inspired Slippery and Ice-repellent Coatings – Fast Growing Fields in Materials Science

transparent surface treatment has not yet been found, one which is durable and readily made. However, no one has yet studied changes in supercooling temperature and ice adhesion strength for the polypeptide-coated surfaces. Thus, we look at three aspects of bioinspired slippery coatings:

1　How to know if a coating has indeed affected the lag time and the nucleation properties of the substrate, in what is clearly a stochastic process? How best to measure this?

2　How to know if a coating has affected the adhesion of ice as a function of time? How best to measure this?

3　Are there novel molecules which can be incorporated into the coating which may help in ice-phobicity, such as so called ice-binding proteins, also known as antifreeze proteins? Do they degrade with multiple freeze thaw cycles?

4.1　Nucleation and ALTA

There have been previous studies around the dynamics of ice nucleation on water repellent surfaces, but those studies typically measured the time a sample spent supercooled [13]. Unfortunately, such lag times can vary by orders of magnitude for the same sample, in the same container, when the liquid is supercooled to a given constant temperature. Then the measurement must be repeated many (perhaps hundreds of) times to accurately determine the effect of any change in the container, such as an additional surface coating layer. Since long lag times on occasion are not indicative of anything awry with the experiment/measurement, but rather one aspect of the stochastic nature of nucleation, this does make such measurements difficult and extremely time consuming. Rather then, the protocol used to best effect is to cool a solution below its melting point and to keep cooling until it freezes, and then to warm the sample to melt the ice and repeat that process many times to determine the average nucleation temperature for that solution, in that container. This technique is now known as ALTA, or automated lag time apparatus and has been developed over the past decades by Haymet and co-workers [14~16].

In a specific look at the effect of SLIPS on ice nucleation, Wilson's group cycled the supercooling to freezing and then thawing of deionized water in hydrophilic, hydrophobic, superhydrophobic, and SLIPS-treated DSC pans multiple times to determine the effects of surface treatment on the nucleation and subsequent growth of ice [17]. A schematic of the cooling and warming cycle used in that, and other ALTA type measurements, is shown in Figure 2. They found that SLIPS coatings lowered the nucleation temperature of supercooled water in contact with statistical significance and showed no deterioration or change in the coating performance even after 150 freeze-thaw cycles. Each run was performed without

19

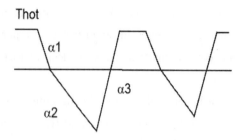

Fig. 2 Schematic of the cooling and warming rates in an ALTA type measurement series. Thot is the warming temperature sufficient to melt fully the ice formed upon nucleation and freezing of the single sample.

changing the sample solution and operated in close to linear cooling modes at rates.

Note also that what was actually measured was the temperature at which macroscopic freezing was observed, not the nucleation event *per se*. However, since the sample was small (5 μL) and supercooled to say −24°C, the freezing process was so rapid that the lag between nucleation and obvious sample freezing was insignificant.

In ALTA type measurements the data collected are simply the temperature at which a given sample freezes in each of say 150 runs on the same sample, in the same container. Plots from ALTA-type measurements have been named "Manhattans" and give the temperature of each freezing event extended over many test cycles [14]. A typical data set is shown in Figure 3 and the stochastic nature of nucleation is evident, where the freezing temperature of one run is independent of previous, or future, runs. If the stochastic nature lasts for say 100 cycles and there is no obvious slope or steps in the plot, then one can assume that the sample does not change during those freeze/thaw cycles.

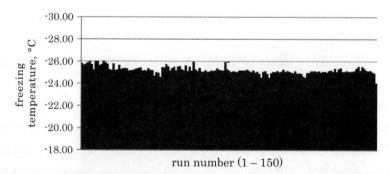

Fig. 3 A typical data set from an ALTA setup and the stochastic nature of nucleation is evident, as each run freezes at a different temperature.
This type of plot has been called a Manhattan by Haymet and co-workers.

第2章 Bio-inspired Slippery and Ice-repellent Coatings – Fast Growing Fields in Materials Science

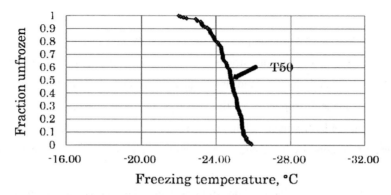

Fig. 4 When data from a Manhattan are re-plotted they produce a survival, or probability distribution, curve such as the one shown here.
The temperature at which the sample has frozen half of the n times is called the "T50" and represents the average nucleation temperature of that sample, in that container.

When data from ALTA, as shown in Figure 3, is analyzed further, it produces a survival curve, such as that in Figure 4. The natural definition of the nucleation temperature is the temperature at which the survival curve crosses the 50 % unfrozen mark, namely the temperature at which, on average, the sample has frozen half of the times and this has been denoted the T50. For the data shown in Figure 4 the proposed T50 is −24.9℃.

By measuring the 10～90 width, the range of temperatures between where the sample is unfrozen 90% of the time to the temperature where the sample is unfrozen 10% of the time, upper and lower bounds emerge naturally from this analysis. For the data shown in Figure 4, the 10～90 width is 1.9℃. This spread in the temperature of nucleation for the exact same sample demonstrates further the necessity of collecting many repetitions. If two survival curves have similar slopes, and thus similar 10～90 widths, and are offset by say 2℃ then it is certain that they have different nucleation temperatures. This provides the ability to see if changes to the sample container, such as coatings, affect the T50 value. Looking at the shape of the survival curves and if they have retained their shape and comparable 10～90 width following multiple freeze thaw cycles can also allow one to conclude that say the ice-phobic nature of the coating did not deteriorate during the 150 freeze-thaw cycles.

4.2 Adhesion of Ice

Optically transparent anti-icing coatings are useful for a wide range of applications where optical transmission is critical, such as solar panels, windows of a house or optical devices, windshield of automobiles and airplanes. With a transparent coating, the original color of protected objects will not be altered either for aesthetic reasons or due to functional requirements.

Nano-sized metal oxides with unique low-dimensionality and physical/electrical properties have recently become a hot topic in various research areas. For instance, TiO_2 nanobelts have been well-studied for self-cleaning and antifogging applications [18]. Nanotubes are able to not only enhance mechanical properties of the coatings, but also provide a perfect site for air trapping or storage of hydrophobic additives (perhaps in SLIPS type applications). Using low-surface-energy polymers, hydrophobic or superhydrophobic coatings with nanotubes can be achieved.

In a recent study by the Chen group, titanate nanotubes were used as filler to prepare mechanically robust anti-icing coatings with a sol-gel method [19]. Specifically, the effect of dispersion status of nanotubes on the transmittance, surface roughness, and water repellency was investigated. The optimized smooth, transparent coatings exhibited higher water repellency and better anti-icing performance in terms of ice-adhesion strength, icing delay time, and ice-nucleation temperature than the rough ones. Increased hardness and scratch resistance compared to commercially available ice-phobic or anti-icing coatings was also obtained with the smooth, transparent samples. The coatings also presented good adhesion to the substrate.

Researchers have often attempted to establish a relationship between the ice-adhesion strength and the water contact angle. It has been found however, that the apparent surface energy and ice-adhesion strength present a similar trend, significantly different from that for the apparent water contact angle, implying a strong influence of the surface energy on the ice-adhesion strength of samples. Menini and Farzaneh [20] have defined four factors that affect the ice-adhesion strength:

(i) intermolecular forces (such as covalent, electrostatic, and van der Waals forces)

(ii) mechanical-interlocking-induced adhesion

(iii) diffusion

(iv) the presence of a liquid-like layer at the ice-substrate interface

In the Chen study, due to the mountain-valley type structure of titanate nanotube coatings, no significant mechanical interlocking was observed [19]. During the icing-delay test, ice nucleation on the three-phase contact line was observed regardless of the surface roughness. Also, a pencil-scratch test was made using a commercial pencil-scratch tester and the coating quality was measured by cross-cut tape adhesion test. Both of these tests are somewhat objective and indicate that to be readily able to quantify advances in ice-phobic and even slippery coatings, especially transparent ones, further advances are required across instrumentation and that further measurement standards must be set globally and agreed upon.

第 2 章　Bio-inspired Slippery and Ice-repellent Coatings – Fast Growing Fields in Materials Science

5　Ice Binding Proteins

Hagiwara and coworkers recently produced glass surfaces coated with a polypeptide by using a coupling agent and a linker [21]. The polypeptides had amino-acid sequence identical to a partial sequence of winter flounder antifreeze protein. They conducted experiments on the freezing of sessile water droplets on glass surfaces and measured the droplet temperature, contact angle, contact area and surface roughness. The results showed that the supercooling temperature decreased noticeably where a higher concentration solution of polypeptide was used for the coating. That is, the lag time increased. Also, the adhesion strength of frozen droplets was lowest in the same case. In addition, they observed many nanoscale humps on the coated surface, which were thought to be formed by polypeptide aggregates in the solution. It was then argued that the combination of the hydrophilic humps and the hydrophobic base surfaces caused water molecules adjacent to the surfaces to have a variety of orientations in that plane, even after the ice layer started to grow. This then induced a misfit of water-molecule spacing in the ice layers and consequent formation of fragile polycrystalline structure. This explained the lower values of ice adhesion strength and supercooling enhancement in the cases of the polypeptide-coated glass plates.

In an earlier work, Wilson et al. [22] examined the effects that antifreeze proteins have on the supercooling and ice-nucleating abilities of aqueous solutions. Using an ALTA arrangement and several dilution series of Type I antifreeze proteins they were able to show that, above a concentration of ∼8 mg/mL, ice nucleation is enhanced rather than hindered. For more dilute concentrations however, the AFP molecules did indeed decrease the efficiency of the nucleation. It must be noted however that those AFP molecules were in solution, or had possibly bound to the potential nucleation sites of the container (a scratch in the wall etc) and so may have presented a hydrophobic surface to the solutions, thus decreasing nucleation probability. It is important to consider for future work on ice-phobicity with polymers, or AFP as coatings that care must be taken when interpreting the method of operation of the molecules, i.e. how are they actually affecting the formation of the ice embryo prior to the nucleation event, are they masking the "best" nucleation site and so on.

6　Conclusion

Many groups worldwide are currently seeking to build mechanically robust, anti-icing coatings, in some cases transparent, some not necessarily so. These efforts are opening new avenues towards smooth, solid coatings for applications in windows, windshields of automobiles,

生物の優れた機能から着想を得た新しいものづくり

energy-harvesting devices, and aerospace components. Equally, they are optimising slippery coatings at the same time, some for lining blood transfusion tubes, for air hoses in aquaculture and for ketchup bottles, to name but a few.

In the case of ice-phobic coatings two aspects are clearly critical to master, manipulation of the nucleation properties of the system and ice adhesion strength. Generally, it is not possible to supercool indefinitely and to avoid nucleation and ice growth. At some point ice will grow but it is desirable for it to not adhere strongly to the substrate in question.

Wu *et al.*[19] found that even though the ice-adhesion strength of all their samples depended less on surface roughness, the icing-delay time and ice-nucleation temperature were affected significantly by surface roughness. The transparent anti-icing coatings they produced demonstrated good hardness and pencil-scratch resistance, as well as excellent adhesion to glass substrates. These mechanically robust anti-icing coatings are progress toward the smooth solid coatings currently sought for windows, windshields, energy-harvesting devices, and aerospace components.

Recently, a US patent application (US20180016383A1) revealed a transparent anti-icing coating which exhibited a kinetic delay of water freezing and depression of an ice melting point, the ice-adhesion strength of the coating was not reported. To date, fabrication of a transparent anti-icing coating with good mechanical properties remains somewhat a challenge. However, continued research efforts are expected to be channeled into this area.

References

1) Patankar, N.A., *Langmuir*, **20**, 8209-8213 (2004)
2) Yao, X., Song, Y. and Jiang L., A*dvanced Materials*, **23**, 719 (2011)
3) Jung, Y.C. and Bhushan B., *Langmuir*, **24**, 6262-6269 (2008)
4) Kulinich, S.A. and Farzaneh M., *Langmuir*, **25**, 8854-8856 (2009)
5) Sarkar, D.K. and Farzaneh, M., *J. Adhes. Sci. Technol.*, **23**, 1215-1237 (2009)
6) Cao, L.L., Jones, A.K., Sikka, V.K., Wu, J.Z. and Gao D., *Langmuir*, **25**, 12444-12448 (2009)
7) Kim, P., Wong, T-S., Alvarenga, J., Kreder, M.J., Adorno-Martinez, W.E., Aizenberg, J., *ACS Nano*, **6**, 6569-6577 (2012)
8) Kreder, M.J., Alvarenga, J., Kim, P., Aizenberg, J., *Nature Reviews Materials*, **1**, 1-15 (2016)
9) Mishchenko, L., Hatton, B., Bahadur, V., Taylor, J.A., Krupenkin, T. and Aizenberg, J., *ACS Nano*, **4**, 7699-7707 (2010)
10) Jung, S., Dorrestijn, M., Raps, D., Das, A., Megaridis, C.M. and Poulikakos, D., *Langmuir*, **27**, 3059-3066 (2011)

第2章　Bio-inspired Slippery and Ice-repellent Coatings – Fast Growing Fields in Materials Science

11) Lin, Y., Chen, H., Wang, G. and Liu, A., *Coatings* **8**, 208 (2018); doi:10.3390/coatings8060208

12) Tourkine, P., Le Merrer, M. and Quere, D., *Langmuir*, **25**, 7214-7216 (2009)

13) He, M., Wang, J.X., Li, H.L., Jin, X.L., Wang, J.J., Liu, B.Q. and Song, Y.L., *Soft Matter*, **6**, 2396-2398 (2010)

14) Barlow, T.W. and Haymet, A.D.J., *Rev. Sci. Instrum.* **66**(4), 2996-3007 (1995)

15) Henaghan, A., P.W. Wilson, Wang, G. and Haymet, A.D.J., *J. Chem. Phys.* **115**, 7599 (2001)

16) Heneghan, A.F., Wilson, P.W. and Haymet, A.D.J., *Proc. Natl. Acad. Sci.*, **99**, 9631-9634 (2002)

17) Wilson, P.W., Lu, W., Xu, H., Kim, P., Kreder M.J., Alvarenga J., Aizenberg J., *Phys. Chem. Chem. Phys.*, **15**, 581-585 (2013)

18) Lai, Y., Tang, Y., Gong, J., Gong, D., Chi, L., Lin, C. and Chen, Z., *J. Mater. Chem.*, **22**, 7420-7426 (2012)

19) Wu, X., Tang, Y., Silberschmidt, V.V., Wilson, P.W. and Chen, Z., *Advanced Materials Interfaces*, 1800773 (1-10) (2018)

20) Menini, R. and Farzaneh, M., *J. Adhes. Sci. Technol.*, **25**, 971 (2011)

21) Koshio, K., Arai, K., Waku, T., Wilson, P.W. and Hagiwara, Y., In press in PLOS One (2018)

22) Wilson, P.W., Osterday, K.E., Heneghan, A.F. and Haymet, A.D.J., *J. Biol. Chem.* **285**, 34741-34745 (2010)

第3章　鮮やかな光沢フィルムの開発と展開

藤本信貴[*1]，桑原純平[*2]，神原貴樹[*3]

1　はじめに

　現在の私たちの身の回りにある工業製品も非常にきれいな色で彩られるようになっている。その表面のテクスチャを特徴づける感覚的因子として，高輝感，つや感，深み感，凹凸感などがあり，近年では，テクスチャが商品のイメージを特徴づける重要な因子として注目されている[1]。プラスチックは，機能性，賦形性，軽量性，低コストなど多くの利点を有する一方，冷たい感じがする，安っぽく見えるなどの負のイメージがある。現在，自動車分野をはじめ，各種家電機器や建築部材などのあらゆる部材に対して，機能に加えて，消費者の感性に即した色，質感，見栄え，高級感などの装飾性やデザイン性が求められている。

　プラスチック表面の塗装やメッキ・蒸着などの処理は，部材の質感や色合いを向上させるためには欠かせない加飾技術である。特にメタリック塗装は意匠性や高級感を高める用途として広く用いられており，アルミや真鍮などの金属が微粒子（フレーク）として含有されている。しかしながら，一般的なメタリック塗料では，金属微粒子の分散安定性が十分ではないため，色ずれや隠蔽力が低下する，また，塗膜中で金属微粒子の配向が異なり色・光沢のずれが生じる，金属微粒子が腐食する，メタリック塗料が用いられた装飾品が金属アレルギーを引き起こすなどのおそれがある。さらに，携帯電話やIoT機器などのモバイル端末を加飾する場合，金属粉を混ぜたメタリック塗装や金属メッキ，アルミの真空蒸着膜では受送信の際の電波干渉が課題となる。

　近年のユビキタスネットワーク社会の広がりを背景に，種々の無線通信機器が生活環境のあらゆるところに利用されるようになってきている（図1）ことから，電波障害を起こさずに金属調光沢が発現する有機化合物を利用した加飾材料技術の開発が盛んに行われている。

　一方，自然界は色に囲まれた世界であり，色が生物にとって重要な機能を担っていることを示している。色は，およそ400～750 nmの波長をもつ光（可視光）により，視覚を構成する視細胞が刺激を受けることによって感じられるものであり，色素と呼ばれる有機化合物によって可視光線が吸収あるいは放出されることに由来するもの（色素色）と，光の波長程度あるいはそれ以下の微細な生物の構造による光の干渉に由来するもの（構造色）の二つに大別される。自然界に学ぶものづくりの一つとして，コガネムシ（図2），タマムシやモルフォチョウの羽の発色（構

＊1　Nobutaka Fujimoto　住友精化㈱　技術室　主席
＊2　Junpei Kuwabara　筑波大学　数理物質系　講師
＊3　Takaki Kanbara　筑波大学　数理物質系　教授

第3章 鮮やかな光沢フィルムの開発と展開

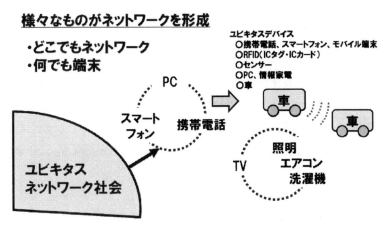

図1 ユビキタスネットワーク社会の広がり

図2 金色のコガネムシ

造色）の仕組みが解明され[2]，それを模倣して，金属光沢を持つ繊維やフィルムなどのモノづくりへ展開されている。

代表的な開発事例としては，近年，東レ㈱（PICASUS）や帝人㈱（テフレックス）が開発したナノ積層フィルムが挙げられる[3,4]。屈折率の異なるポリマーを数百層から数千層をナノメートルオーダーの薄さで積層し，この微細な構造が光のブラッグ回折や干渉を起こして光沢をもたらす，いわゆる構造色の原理を加飾に応用したポリエステルのフィルムである。最近では光の透過と反射を波長毎に制御できる波長選択性も実現され，金属調光沢感を持つ加飾フィルムとして市場を開拓している。

本解説では，著者らのポリマー鎖中に色素を導入した含色素ポリアニリン類縁体を中心に，金属光沢をもつ有機材料について紹介する。

2 金属光沢をもつ有機材料

2.1 π共役系チオフェン－ピロール系有機化合物

小倉らは，図3に示すような化合物を合成し，金属光沢結晶を形成することを示した。この化合物はπ共役分子であり，アセトンなどの汎用の有機溶媒に溶解し，その有機溶媒を蒸発させることで金属光沢を有する結晶を形成する[5~7]。置換基Yの変化によって，ブロンズ色，赤紫色，金色，緑色など，様々な色彩の金属光沢有機結晶を作製することができる。この金属光沢は，分子間で形成されるπ電子系の相互作用によるものと考察されている。

2.2 アゾベンゼン基を有する有機化合物

近藤らは,4,4'-bis{1[2(N,N-dimethylamino)]ethoxy}azobenzene および bis[4(3-methylbutoxy)phenyl]-diazene を合成し（図4），その固形化物が金属光沢を有する結晶になることを示した[8]。これらは，2.1項と同様に，π電子系の相互作用によるものと考察されている。

2.3 チオフェン系オリゴマー

2.1項と同様な原理から，チオフェン系オリゴマー（図5）では，金色の金属光沢をもつフィルムが得られている。星野らは，過塩素酸アニオンをドープさせたチオフェン系オリゴマーのニトロメタン溶液をガラスに滴下し，大気圧下で静置することでガラス基板上に金属光沢フィルムを得ている[9]。これらは，2.1項と同様に，π電子系の相互作用によるものと考察されている。

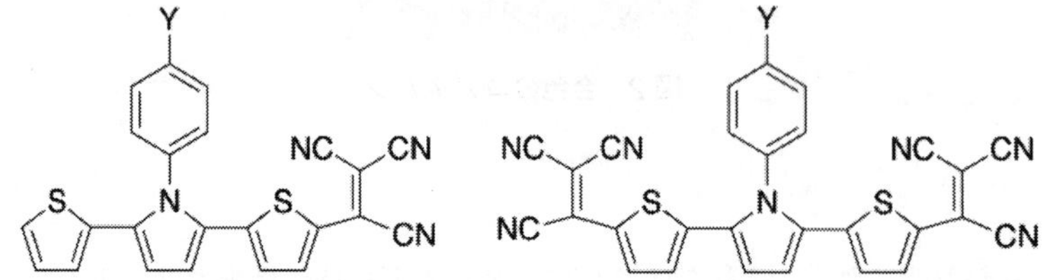

化合物［1］　　　　　　　　化合物［2］

Y=Me，Etなど，CN，Cl，Brなど

図3　金色光沢結晶を形成するピロール系有機化合物

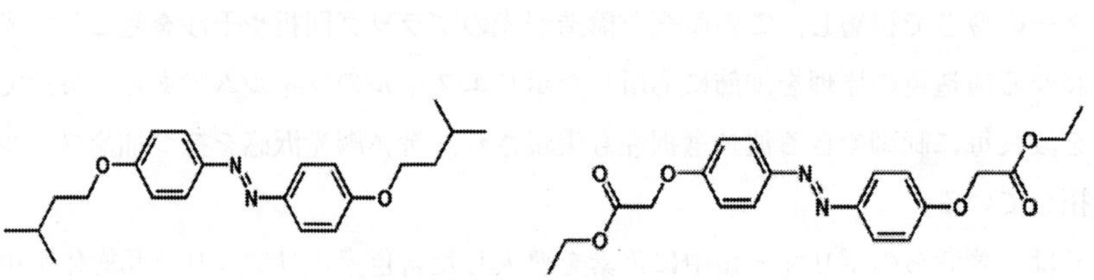

図4　アゾベンゼン誘導体

第3章 鮮やかな光沢フィルムの開発と展開

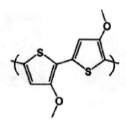

図5 3-メトキシチオフェンのオリゴマー

3 金属光沢をもつ含色素ポリアニリン類縁体

著者らは，ポリマー鎖中に色素を導入した含色素ポリアニリン類縁体からフィルムを作製すると金属調光沢（色素色）が発現することを見出した。これら含色素ポリアニリン類縁体では，色素ユニットの構造を選択することで，金属調光沢の色調が制御できる[10～12]。

3.1 含色素ポリアニリン類縁体の合成

含色素ポリアニリン類縁体は，遷移金属錯体触媒を用いる炭素－窒素結合形成反応を重縮合に応用することで簡便に合成できる[13]。また，使用する原料モノマーの芳香族ユニットを変えることで，種々の類縁体を容易に作り分けることが可能である（(1)式）。

含色素ポリアニリン類縁体の合成

長鎖アルキル側鎖を導入した含色素ポリアニリン類縁体はいずれも有機溶媒に可溶であり，スピンコートにより薄膜が，シャーレ上でのキャストにより厚膜が作製できる。アゾベンゼン色素を高分子主鎖骨格として導入した含色素ポリアニリン類縁体（固体状態で赤色）（Polymer 1）のクロロホルム溶液，クロロホルム溶液から作製した厚さの異なるフィルムを示す（図6）。薄膜フィルムはポリマー粉末（固体状態）と同じ赤色を呈するが，厚膜フィルムではエメラルドグリーンの金属調光沢が発現する。

図7に，Polymer 1の溶液，薄膜の吸収スペクトルと厚膜の反射スペクトルを示す。赤色色素

(a) 固体状態　(b) 溶液状態　(c) 薄膜フィルム (3 μm)　(d) 厚膜フィルム (150 μm)

図6　含色素ポリアニリン類縁体（Polymer 1），溶液およびフィルム

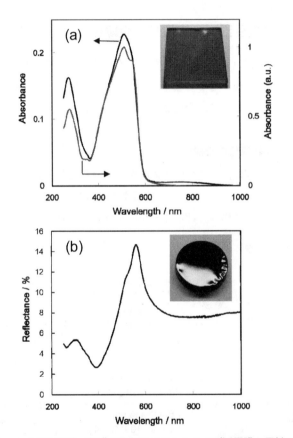

図7　Polymer 1 の(a)溶液，薄膜の吸収スペクトルおよび(b)厚膜の反射スペクトル

であるアミノアゾベンゼン骨格を有する Polymer 1 は，溶液，薄膜状態では 510 nm 付近に吸収極大を持ち赤色を呈している。一方，厚膜の反射スペクトルからは 560 nm 付近にピークを持つ緑色の反射光が確認できる。

　使用する原料モノマーの芳香族ユニットを変えることで，種々の類縁体を作り分けることが可能である。いずれのポリマーも厚膜フィルムで金属調光沢が確認できる（図8）。

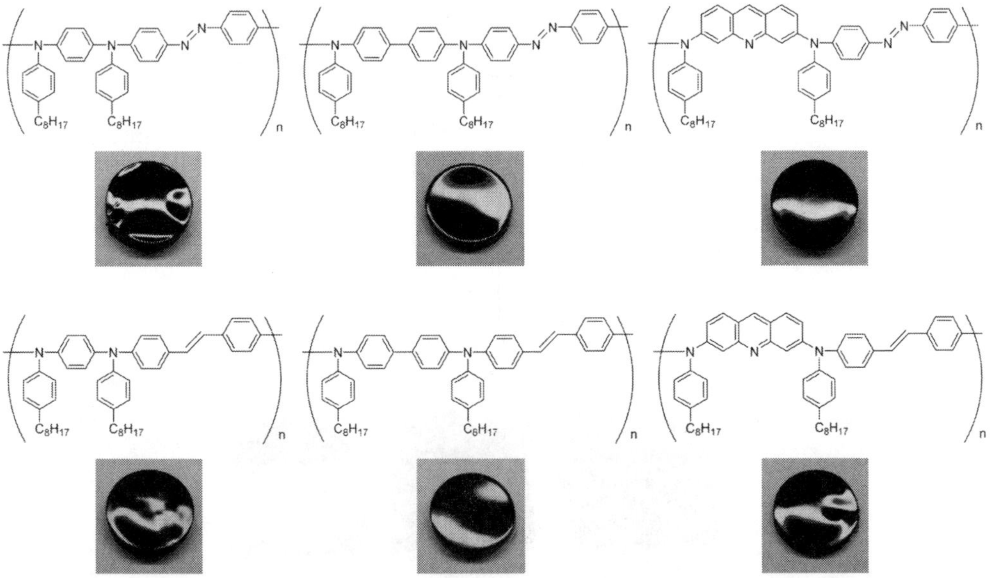

第 3 章 鮮やかな光沢フィルムの開発と展開

図 8 種々の含色素ポリアニリン類縁体のフィルム

　アゾベンゼンユニットを導入した含色素ポリアニリン類縁体では，エメラルドグリーンの金属
調光沢が見られた。スチルベンユニットに置き換えた類縁体の厚膜フィルムからは青色の光沢が
得られた。これらの結果は，これらのフィルムの金属調光沢の発現において，ポリマーの主鎖に
導入する色素分子の光吸収特性が光沢フィルムの特徴的な色調を生み出すことを示している。

3.2　光学特性

3.2.1　色度

　色調の膜厚依存性を数値化して評価するために，分光測色計を用いて色度座標を作製した（図
9）。ガラス基板上にキャストした Polymer 1 では，膜厚の増加に伴い，a^* が負側にシフトして
おり，赤から緑に変化していることが色度座標からも確認できる。一方で，黒色基板にキャスト
した Polymer 1 では 3 μm 程度の薄膜でも緑色の色調が観測できる。

3.2.2　光沢度

　JIS 規格（JIS Z8741）に準拠し，含色素ポリアニリン類縁体フィルムの光沢度を測定した。光
沢度とフィルム表面の凹凸には相関性が確認でき，表面が粗くなるにつれて，光沢度は減少した
（図 10）。

3.2.3　反射光

　一般に構造色に基づく発色現象では，見る角度に応じて様々な色彩がみられる。これに対し，
含色素ポリアニリン類縁体の厚膜フィルム（Polymer 1）では，反射光の極大波長は照射光の入
射角度にはほとんど依存せず（図 11），前述のナノ積層フィルムで見られるような光の干渉に基

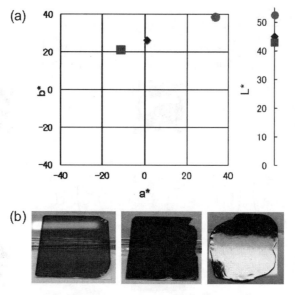

図9 Polymer 1 フィルムの色調の厚さ依存性
(a) L*a*b*色度座標　1 μm (●), 3 μm (◆), 35 μm (■)
(b) 外観

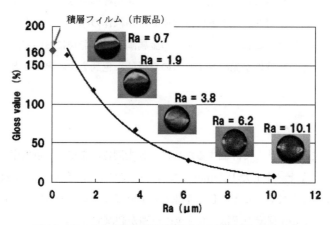

図10 フィルムの光沢度と表面粗さの相関 (Polymer 1)

づく反射光の変化は確認されない。

3.2.4　金属調光沢の発現機構

　高い光沢度を有する金属では，自由電子の電界遮蔽により電界を有する光が反射されること，および滑らかな表面を有することが関与している。一方，有機分子のような束縛された電子を持つ物質では，電子と電磁波の相互作用はローレンツモデルで取り扱うことができる。含色素ポリアニリン類縁体の光沢フィルムの反射スペクトルが，ローレンツモデルから求めた反射率の波長

第3章　鮮やかな光沢フィルムの開発と展開

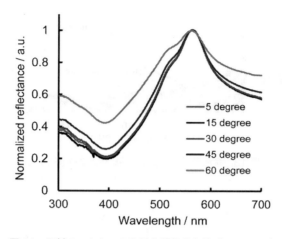

図11　反射スペクトルの入射光角度依存性（Polymer 1）

依存性と良い相関が得られていることから（図12），上記の Polymer 1 のフィルムで視認できるエメラルドグリーンの金属調光沢は，含色素ポリアニリン類縁体主鎖中の色素が特定波長領域において大きな屈折率と減衰係数を持つことに起因する，いわゆる色素色に基づく反射光であると判断できる。

3.2.5　電磁波透過性

高級感のある加飾として多くの用途で用いられている鮮やかな金属調光沢は，ドルーデモデルによって説明される金属の自由電子と入射した光の相互作用によって発現するものであり，低エネルギー領域の電磁波は容易に反射される[14～16]。

一方，含色素ポリアニリン類縁体は高分子半導体である。高分子半導体では自由電子密度が小さく，金属の反射（ドルーデモデル）とは異なるため，自由電子によるドルーデモデルのような

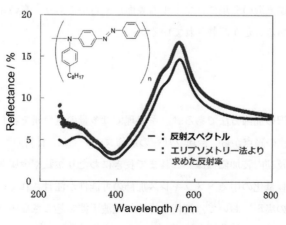

図12　光沢フィルムの反射率の波長依存性

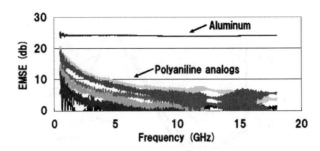

図13 含色素ポリアニリン類縁体の電磁波透過性
(ポリアニリン類縁体フィルムの厚さ約50〜100μm, アルミ箔の厚さ約10μm)

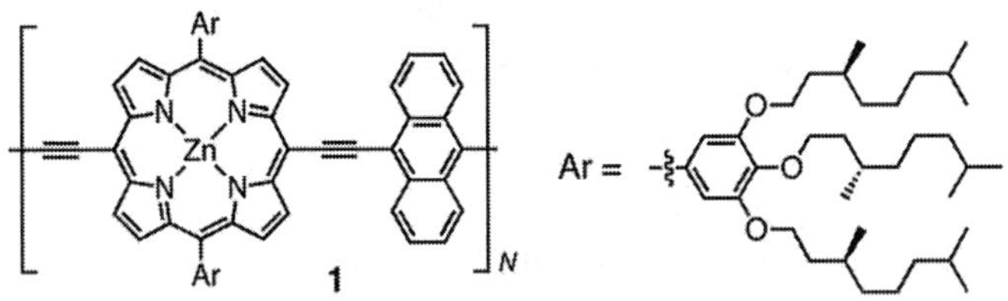

図14 ポルフィリン含有共役エチニレンポリマー

低エネルギー領域の電磁波の反射は起こらず,電磁波透過性を持つことが期待される。
　そこで,同軸管法(ASTM D4935)による電磁波透過性を評価した。含色素ポリアニリン類縁体(Polymer 1)の0.5 GHzから18.0 GHzにおける電磁波シールド性はアルミニウムに比べて低く,含色素ポリアニリン類縁体は良好な電磁波透過性を有している[11,12](図13)。

3.2.6 その他の色素ポリマー

　同様な色素色を起源とした光沢フィルムとして,森末らは,ポルフィリン含有の共役エチニレンポリマーを合成し(図14),緑色の金属光沢が発現することを報告している[17]。この色素フィルムにおいても,金属光沢の発現にはフィルム表面が滑らかであり,高い屈折率と高い吸光係数を持つことが重要であることが記載されている。

4 おわりに

　代表的な金属調光沢の加飾方法であるメッキ処理では多量の重金属を含む廃液の処理が必要であり,環境負荷低減化の観点から,金属フリーの加飾コーティング材料のニーズが高まっている。特に,自動車の外装及び内装加飾には,これまで長きにわたり塗装や金属メッキが使用されてきたが,近年,車体の軽量化の中で,メッキレス加飾の可能性が注目されている。また,ユビキタスネットワーク社会の実現において,簡便な操作で電波干渉を起こさないフィルムを作製できるコーティング材料の開発は,新たな素材(ポリマー)市場の開拓につながるものと考えられる。

第3章　鮮やかな光沢フィルムの開発と展開

　本章では，単純なキャスト法により金属調光沢を発現するとともに，電磁波透過性を有する高分子フィルムの開発事例を紹介した。これらの鮮やかな光沢は高分子主鎖中の色素色に基づくものであり，構成色素の化学構造を適宜変更することで，多彩な色調の光沢フィルムを作製できる。実際，青色色素を導入することで赤色（690 nm）の光沢フィルムが得られ[18]，図9のポリマーと合わせて RGB 三原色の光沢フィルムを調製でき，青〜赤色の色調の光沢フィルムの作製できることを実証済である。

　しかしながら，フィルムの光沢度，耐候性や機械的強度などのさらなる高機能化への技術的な課題も残っている。また，鮮やかな色調の光沢フィルムを調整するためには，フィルムの平坦性や平滑性も重要な要因であり，溶解性が高く高分子量の含色素ポリアニリン類縁体を設計・合成する手法の確立も今後の課題である。

　さらに多彩な色調を与える高分子色素の合成を進めるとともに，得られるフィルムの耐候性や機械的強度などの向上に向けた分子設計・開発を行い，既存の塗装・メッキにはないフィルムならではのフィルムだからこそできる機能・性能や，フィルム採用による付加価値を提案して，社会的ニーズに適する金属調光沢フィルムを展開したい。

　含色素ポリアニリン類縁体が，衣料，バッグや靴，カーテンやインテリア資材，塗装，貼合紙，ラベル，パソコンの外面カバーなど，意匠性や高級感が求められる各種家電機器や建築材料などの部材に適する加飾材料としてのフィルムおよびコーティング剤に供する素材（ポリマー）市場へ展開するほか，電磁波透過性を活かして携帯電話を初めとする種々の無線通信機器の外装に供する素材（ポリマー）市場へ展開されることに期待したい。

文　　献

1)　日経デザイン，日経 BP 社，**4**，60（2001）
2)　佐藤勝昭，金属の色の物理的起源，http://home.sato-gallery.com/education/kouza/metal_color_seminar.pdf
3)　JETI, **64**, 71（2016）
4)　広瀬治子，高分子，**60**，298-301（2011），TEIJIN LABORATORIES, 14-15
5)　R. Zhao, M. Akazone, S. Matsumoto, K. Ogura, *Tetrahedron*, **58**, 10225（2002）
6)　K. Ogura, R. Zhao, M. Jiang, M. Akazone, S. Matsumoto, K. Yamaguchi, *Tetrahedron, Lett.*, **44**, 3595（2003）
7)　K. Ogura, R. Zhao, T. Mizuoka, M. Akazone, S. Matsumoto, *Org. Biomol, Chem.*, **1**, 3845（2003）
8)　(a) A. Matsumoto, M. Kawaharazuka, Y. Takahashi, N. Yoshino, T. Kawai, Y. Kondo, *J. Oleo Sci.*, **59**, 151（2010）; (b) Y. Kondo, A. Matsumoto, K. Fukuyasu, K. Nakajima, Y. Takahashi, *Langmuir*, **30**, 4422（2014）; (c) Y. Kondo, K. Nakajima, M. Kato, H. Ohrui,

Y. Takahashi, *Color. Technol.*, **131**, 255 (2015)

9) (a)星野勝義, 色材協会誌, **88**, 101 (2015); (b) R. Tagawa, H. Masu, T. Itoh, K. Hoshino, *RSC Adv.*, **4**, 24053 (2014); (c) T. Tokuda, K. Hoshino, *Polym. J.*, **48**, 1141 (2016)

10) M. Kukino, J. Kuwabara, K. Matsuishi, T. Fukuda, T. Kanbara, *Chem. Lett.*, **39**, 1248 (2010)

11) 宮原亮, 藤本信貴, ポリマー材料フォーラム講演予稿集, **22**, 23 (2013)

12) H. Yamada, M. Kukino, Z.A. Wang, R. Miyabara, N. Fujimoto, J. Kuwabara, K. Matsuishi, T. Kanbara, *J. Appl. Polym. Sci.*, **132**, 41275/1-7 (2014)

13) 桑原純平, 神原貴樹, 高分子論文集, **68**, 281 (2011)

14) E. Hecht, Optics, 4th ed., Addison-Wesley (2002)

15) M. Born, E. Wolf, "Principle of Optics, 7th ed.", Cambridge University Press (1999)

16) F. Wooten, "Optical Properties of Solids", Academic Press (1972)

17) M. Morisue, Y. Hoshino, M. Shimizu, S. Tomita, S. Sasaki, S. Sakurai, T. Hikima, A. Kawamura, M. Kohri, J. Matsui, T. Yamao, *Chem. Commun.*, **53**, 10703 (2017)

18) Z. Wang, J. Kuwabara, T. Kanbara, KJF-ICOMEP2014 Abstract, PA073 (2014)

【第2編　流体】

第1章　寒天ゲルを利用した流れの抵抗低減

小方　聡[*1]，大保忠司[*2]，能見基彦[*3]

　寒天ゲル壁を利用することで，圧力損失や摩擦抵抗の低減が可能であることを明らかにした。
本研究では，矩形管流れ，一様流中に置かれた平板周りの流れ，染み込み深さ測定などの一連の
実験結果より，寒天ゲル壁の抵抗低減効果はゲル濃度に大きく依存し，寒天ゲルの濃度が低いほ
ど抵抗低減量が増加することが示された。

1　はじめに

　流体摩擦抵抗の低減は省エネルギー化・省資源化の問題を解決する手段の一つとして非常に重
要なテーマである。これに関連して，魚類はその進化の過程で流体抵抗を低減させる効果を有し
ていることは良く知られている[1]。流体抵抗は形状抵抗と摩擦抵抗に分類され，魚類が有してい
る流線型は形状抵抗を減少させることができる。一方，鮫肌などに代表される魚類の体表でも摩
擦抵抗が低減可能であり，その工業的応用例はリブレットとして実用化されている[2]。また，魚
類は一般的に体の表面が親水性の粘液で覆われており，その粘液は摩擦抵抗低減効果を有す
る[3]。この粘液は高分子であり，これらの水溶液である高分子水溶液の抵抗減少効果はトムズ効
果[4]として知られ，現在も研究が続けられている。また，高分子はバルク中に溶解させずに，
壁面から連続的に抽出させることでも効果的に抵抗低減させることができる[5]。しかしながら，
魚が粘液を出し続けながら遊泳するとは考えにくく，粘液は表皮に留まっているはずである。魚
類が摩擦抵抗を低減するなら，この留まっている親水性の粘液が摩擦抵抗を低減に重要な役割を
担っていると思われる。

　粘液が魚類の表皮に留まった構造と類似しているものとして，寒天などに代表されるハイドロ
ゲル壁が挙げられる。ハイドロゲルとは水触媒の高分子ゲルであり，3次元の網目状分子構造を
持つ。そして，寒天などのハイドロゲルではゲルの網目構造の隙間を水分子が移動する性質を有
している。小島ら[6]は，寒天ゲルから染み出す水分について調べ，寒天ゲルの持つゼリー強度
および，寒天の濃度が水分量に影響していることを示した。そして，濃度1%以下の寒天ゲルで

＊1　Satoshi Ogata　首都大学東京　システムデザイン学部　機械システム工学科　准教授

＊2　Tadashi Obo　㈱荏原製作所　技術・研究開発統括部　基盤技術研究部　化学研究課

＊3　Motohiko Nohmi　㈱荏原製作所　技術・研究開発統括部　基盤技術研究部
　　　　　　　　　　　熱流体研究課

生物の優れた機能から着想を得た新しいものづくり

は染み出す水分量が多くなることを明らかにした。林ら[7] は、テコを用いて数種類の寒天ゲルを圧力脱水し水分量を調べ、ゲルにおける寒天の濃度が薄いほど、また加える圧力が大きいほど、染み出す水分量が増加することを示した。このように、寒天濃度とゲルに加わる圧力は、染み出す水分量に大きく影響する。横山ら[8] は、内部を移動する水に着目し開放流路による寒天ゲル壁上の流体の流速分布測定を行い、寒天ゲル表面における流体のすべり速度を得た。さらにその結果を寒天ゲルの含水量（膨潤度）で整理し、膨潤度が高いほど大きいすべり速度になることを示した。彼らはすべり速度が得られた原因を、寒天ゲル内部に生じた流速分布によるものと予測した[9]。このように寒天ゲル内部に流速分布が生じているのなら、供試壁に寒天ゲルを用いた場合に抵抗低減効果が得られる可能性があると考えられるが、寒天ゲルによる抵抗低減効果の報告はほとんどなく、せん断が加わった場合にどの程度内部で水が流動するか知見が不足していると考えられる。

　本研究では、チャネル流路および回流水槽を用いて、寒天ゲル壁の圧力損失や摩擦抵抗を測定することで、寒天ゲルの抵抗低減効果について実験的に明らかにすることを目的とする。

2　装置および方法

2.1　供試寒天ゲル壁

　供試親水性ゲル壁は市販の粉末寒天を用いて製作した。寒天の主成分であるアガロースは鎖状の分子構造をもつ高分子であり、ゲル化する際に網目状の三次元架橋構造を作り、合間に水分子を含有する。供試寒天ゲル壁を製作する際の溶媒温度やpHによってゲルの性質が変化することが知られている[7]。均一な性質の寒天ゲルを得るために、溶媒として精製水を用い、一定の温度条件下で供試壁を製作した。寒天ゲルに含まれる水分量は以下で示される膨潤度Sで表される。本実験では実験結果を膨潤度で整理している。

$$S = (m_{\text{water}} + m_{\text{gel}}) / m_{\text{gel}} \tag{1}$$

ここで、m_{water}は溶媒の質量、m_{gel}は粉末寒天の乾燥時質量である。粉末寒天の濃度は3, 1.5, 0.75% の3種類であり、それらに対する膨潤度Sは33, 66, 133となる。

2.2　矩形流路実験装置

　実験装置を図1に示す[10]。装置はコンプレッサー、圧力タンク、試験流路で構成されている。試験流路の詳細を図2に示す。コンプレッサーによってタンク内の圧力を高め、管路入口に設置されたバルブによって一定の流量を試験流路に送った。作動流体は水道水である。水温はタンク内で測定した。管路出口とタンク内の水温の差は最大0.2℃であった。圧力損失は圧力変換器（DP15-30, Validyne）を用いて測定し、流量測定には重量法を用いた。

　試験流路は4枚のステンレス鋼板（SUS304）で構成されており、上から（Top plate,

第1章　寒天ゲルを利用した流れの抵抗低減

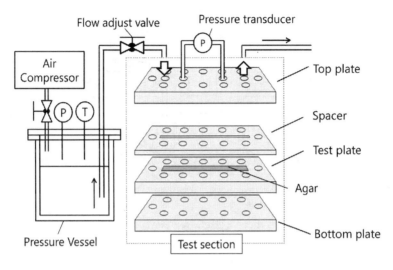

図1　圧力損失測定装置

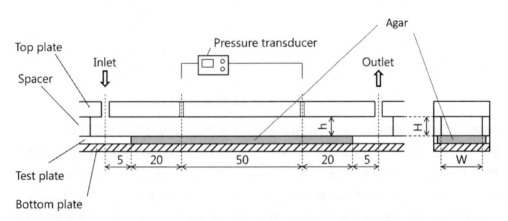

図2　チャネル流路断面

Spacer, Test plate, Bottom plate) である。矩形流路の断面寸法は幅 W = 10 mm，高さ H = 1 mm，長さ100 mmとした。寒天ゲルはTest plateの隙間に図に示すように設置した。寒天ゲルの流路への露出部は長さ90 mm，幅 W = 10 mm，厚さはTest plateと同一となり5 mmである。圧力差は下流側の L = 50 mmの区間について測定した。レイノルズ数 Re は 20 < Re < 2700 の範囲で実験を行った。

2.3　流路高さ測定
寒天ゲルの表面は柔らかく壁面位置の特定が難しい。さらに，流動により変形する可能性や，矩形断面の高さが流速に応じて変化することも考えられる。流路高さは実験結果に大きく影響す

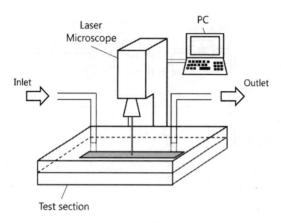

図3 流路深さ測定装置模式図

表1 寒天濃度と膨潤度および壁面高さの関係

Concentration of agar %	Swelling degree S	Channel height h mm
3	33	0.917
1.5	66	0.946
0.75	133	0.937

るため，それぞれの供試ゲル壁における流路高さ h を装置に取り付けた状態で測定した．詳細を図3に示す．測定には形状測定マイクロスコープ（VK-X200, Keyence）を用い，流路上部のアクリル樹脂越しに流路中央部にて測定を行った．寒天ゲルの流路高さを調べた結果を表1に示す．表1より，寒天ゲル壁は流路側に若干膨らんでいる構造を有しており，設計流路高さ H = 1 mm に対して −54〜−83 μm 以内で一致していることがわかった．また，流れ方向およびスパン方向の測定結果のばらつきは，±5 μm 以内と非常に微小であった．一方，Re = 20 で流動させながら同様の測定を行ったが，すべての壁面において流動による高さの変化は前述のばらつきと同様に ±5 μm 以内であり，流動が壁面位置に及ぼす影響はほとんど生じなかった．

2.4 染み込み深さ測定

前述したように，水を分散媒とするハイドロゲルは，圧力を加えることによってゲル内部で水分子の移動が生じる．寒天ゲル内部でどの程度の深さまで水が移動（浸透）することが可能かを実験的に調査するために，本実験では寒天ゲル外部からインクの浸透具合を評価した．実験は一般的な 20 mL のプラスチック製のシリンジを用い，シリンジ内に中心がくぼんだ寒天を作製し，くぼみにインクで着色した水滴を垂らした．一定時間経過後（5分，15分，60分），寒天を取り出して縦に切断し断面を撮影した．実験は，ピストンを用いてゲージ圧で約 50 kPa に寒天壁を

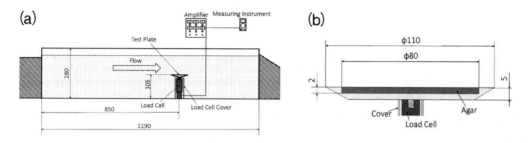

図4 (a)抗力測定装置概要，(b)供試円盤詳細図

加圧した場合と，加圧しない場合（大気圧）の両方で行った。

2.5 抗力測定

試験部の概略図を図4(a)に示す[11]。本実験では垂直循環型の小型の回流水槽を使用した。回流水槽は長さ1190 mm，幅300 mm，深さ280 mmの試験部を有する。回流水槽の試験部に防水型微小荷重検出器（LMC-1944-1N，日章電機㈱）を設置し，試験平板に作用する流動抵抗を直接測定する。荷重検出器は増幅器に接続され，それによって増幅された信号を計測器によって読み取る。

試験円盤の詳細図を図4(b)に示す。試験平板はアルミニウム製で，図のような円錐台型に加工されている。供試壁として直径80 mm，深さ2 mmの寒天ゲル部を有する寒天ゲル平板と，穴部分が加工されていない平板の2種類を用意した。平板の寒天ゲル部の面積は上面積の約53%である。

3 実験結果および考察

3.1 圧力損失測定結果

寒天ゲル壁を一片に有する矩形管の管摩擦係数 λ の実験結果を図5に示す。図中の実線は本矩形管に対する厳密解である。本実験装置の助走区間を考慮すると，図5(a)の $Re = 200$ 以下では十分発達した流れであり，その領域では，ステンレス製壁の管摩擦係数は厳密解とよく一致することが分かる。一方，図5(b)の $Re > 1000$ のステンレス製壁の測定データは厳密解よりも増加している。これは，本実験装置では $Re > 1000$ の領域の助走区間が十分足りていなかったためと考えられる。

図5(a)より，$Re < 200$ の低レイノルズ数域では，すべての膨潤度（濃度）の寒天ゲル壁で管摩擦係数が低減していることが分かる。一方，高レイノルズ数域では濃度の高い（硬い）寒天ゲル壁である膨潤度 $S = 33$ の場合のみステンレス壁と同様の傾向を示し管摩擦係数の減少は見られなかったが，濃度の低い（やわらかい）寒天ゲル壁では低レイノルズ数の実験結果と同様にス

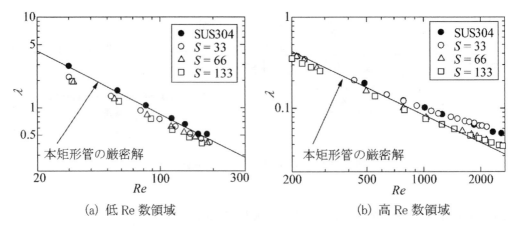

図5　1辺に寒天ゲル壁を有する矩形管の管摩擦係数

テンレス製壁より管摩擦係数は低減した。

　寒天ゲル壁の抵抗低減量を定量的に評価するために，次式で示す抵抗低減率 DR を用いて図5の実験結果を整理した。その結果を図6(a)および(b)に示す。

$$DR(\%) = (\lambda_{sus} - \lambda_{ag})/\lambda_{sus} \times 100(\%) \tag{2}$$

ここで，λ_{sus} はステンレス製壁の管摩擦係数を，λ_{ag} は寒天ゲル壁の管摩擦係数を示す。図6(a)より明らかなように，$Re < 200$ の場合，膨潤度 S の値に関わらず抵抗低減効果が生じており，レイノルズ数の減少とともに DR は増加した。一番濃度が低くやわらかい壁面である $S=133$ において，最大で28.4%の抵抗低減効果を示した。S が増加するほど DR も増加した。図6(b)より，$Re > 500$ の場合，$S=66$ および133ではすべてのレイノルズ数において抵抗低減効果が得られたが，$Re < 200$ の場合に見られたようなレイノルズ数依存性は生じなかった。また，$S=66$，

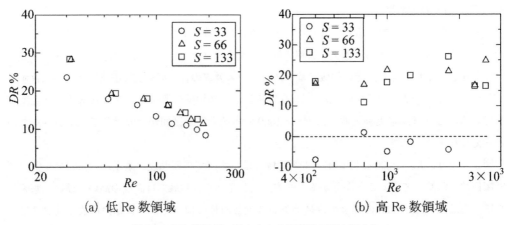

図6　1辺に寒天ゲル壁を有する矩形管の抵抗低減率

133では $Re=2500$ 付近でも 20% 程度の DR が生じていることから，遷移域でも抵抗低減効果をもつ可能性があるが，その詳細は不明である。

抵抗低減は撥水性壁面の抵抗低減効果[12]と同様に，固体-流体間のすべりによって生じると考えられる。従来の研究[8]によればすべりは膨潤度 S に依存すると考えられる。図7に膨潤度 S で整理した抵抗低減率 DR を示す。図7より，膨潤度の増加とともに DR が増加する傾向が

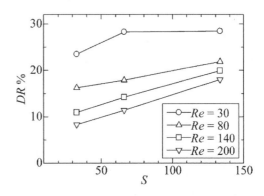

図7　抵抗低減率と膨潤度の関係

みられた。ゲルの膨潤度が大きいほどゲル分子と化学的に結合していない水分子がゲル内部に増え，その結果，すべりを増幅させると考えられる。また，レイノルズ数の増加とともに DR は減少するが，S の値によって，その減少の度合いは異なることが分かる。$Re=80$，140，200 では，S の増加とともに線形的に DR は増加するが，$Re=30$ では $S=66$ 以上において DR は変化しなくなった。この結果は膨潤度 S だけでなく，流速や寒天ゲルに加わる圧力も流体のすべりに起因する抵抗低減効果に大きな影響を及ぼすことを示唆していると考えられる。

3.2　染み込み深さ測定結果

寒天上部からのインクの浸透実験結果を図8に示す。図8は上部半円部分からインクが浸透している断面を撮影したものである。大気圧の場合は，インクは分子拡散と重力で寒天ゲル内部へ染み込みと考えられる。圧力を付加した場合は，上記に加え圧力による浸透力の増加および寒天ゲルから染み出す水の量が増えることにより，染み込み量が変化することが考えられる。図8の

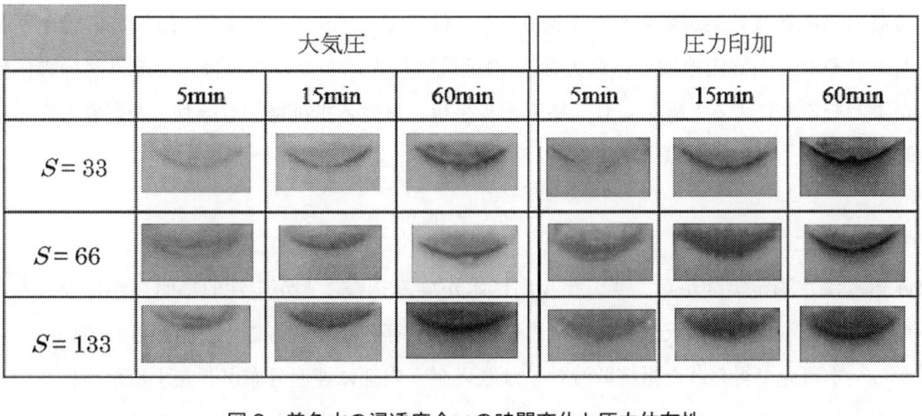

図8　着色水の浸透度合いの時間変化と圧力依存性

結果から定量評価することは難しいが，どの膨潤度の寒天ゲル壁でも時間の経過とともにインクが内部へ染み込んでいることが分かる。この染み込み量は，寒天ゲル壁の膨潤度が高い（濃度が薄くやわらかい）ほど増加する。一方，寒天ゲル壁の膨潤度が低い（濃度が高くて硬い）ものでは，寒天ゲル壁に加える圧力が高い場合は染み込み量が増加したが，寒天の膨潤度が高いものはほとんど変化が見られなかった。従来の研究[7]では，ゲルに加わる圧力が大きいほど，水の移動も大きくなると報告されているが，本研究結果からその影響は明確に観察できなかった。

本可視化結果から，寒天内部への浸透深さをおおよそ見積もると最大約 0.84 mm であった。ここで浸透深さはインク色素の浸透位置から算出しているが，色素よりも水分子の方が分子量が小さく浸透しやすいと考えられ，水分子はこの長さ以上に深くまで浸透することが推測される。

3.3 抗力測定結果

図9に各平板の抗力測定結果をレイノルズ数 Re と抵抗低減率 DR で整理した結果を示す。レイノルズ数の代表寸法は平板の直径とした。図9より，膨潤度 $S=133$ の場合の寒天ゲル平板はアルミニウム製平板に比べて全領域で抵抗低減していることが分かる。一方，$S=66$ および 33 では，低流速域においてのみ抵抗低減を示し，高流速域においては逆に抵抗が増加した。また，寒天ゲルの膨潤度が大きいほど抵抗低減率は増加した。この傾向は前節の矩形管内流れの実験結果と一致した。

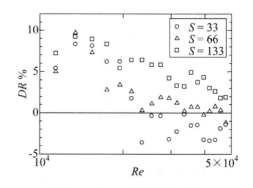

図9　レイノルズ数と抵抗低減率

寒天ゲル平板の抵抗低減効果は，前節のように寒天ゲル内部におけるすべり速度に起因すると考えられる。高流速域で抵抗低減効果が失われた原因は，寒天ゲル壁面の変形による圧力抵抗の増加などが考えられる。また，寒天ゲルを装着しない状態で測定を行った場合，寒天ゲル平板において最も抵抗低減効果が得られた流速 0.1 m/s 付近で，アルミニウム平板より 5% ほど抵抗が増加した。そして，高流速域では最大 20% の抵抗増加を示した。これは，くぼみ部分の内壁で流れがよどむことによると考えられ，寒天ゲル平板における抵抗増加もそれらが影響した可能性が示唆されるが，その詳細は不明である。

3.4 低減メカニズムの考察

染み込み深さ測定実験から，寒天ゲル内に水が染み込むことが定性的に明らかになった。また，従来の研究[6,7]でも寒天ゲル内に自由に動く水が存在していることが指摘されている。このことから，本研究で得られた抵抗低減効果は寒天ゲル内部に速度分布が存在するために生じることが考えられる。ここでは矩形管の実験において，寒天ゲル内にどの程度の深さまで流動が生じ

第1章 寒天ゲルを利用した流れの抵抗低減

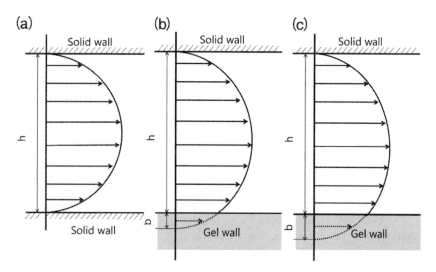

図10 寒天ゲル壁の抵抗減少効果のメカニズムイメージ

れば，本研究で得られた抵抗低減量が得られるか考察する。

　寒天ゲルによる抵抗減少効果のメカニズムのイメージを図10に示す。通常の固体壁面では図10(a)に示すように速度はゼロになるが，寒天ゲル内部に流体が存在し速度分布がバルク流体中から連続すると仮定すると図10(b)，(c)に示すような分布になる。つまり，寒天ゲル内部に原点（速度ゼロの点）がbだけ奥に移動したと考えることができる。このbは撥水性壁の研究でよく用いられるパラメータですべり長さとして知られている[12]。一般的にはすべり長さが大きいと抵抗低減量も大きくなる。

　寒天ゲル内の流体の粘度はバルクの粘度と同じと仮定し，圧力勾配一定のもとで速度分布を断面で積分すれば，流量とすべり長さの関係が得られる。ここでは，簡単のために2次元ポアズイユ流れを仮定した。2次元ポアズイユ流れにおける単位幅当たりの流量Qは，流路高さh，水の粘度μ，流れ方向の圧力勾配(dp/dz)を用いて，以下のように計算することができる[13]。

$$Q = h^3/(12\mu) \cdot (dp/dz) \tag{3}$$

一方，すべり長さbを有している場合の流量Q_bも同様に以下のようになる。

$$Q_b = (h+b)^3/(12\mu) \cdot (dp/dz) \tag{4}$$

(4)式より，圧力勾配(dp/dz)一定の条件では，すべり長さbの増加分だけ流量が増加していることが分かる。よって，抵抗低減率を以下に示す流量増加率で定義し直して，(3)式および(4)式を代入すると，抵抗減少率DRと流路高さhおよびすべり長さbの関係は以下のように表される。

$$DR = (Q_b - Q)/Q \times 100 = 100((1+b/h)^3 - 1) \tag{5}$$

(5)式のすべり長さbと抵抗低減率DRの関係を，本実験で用いた流路高さ$h=$ 1 mmの場合について示すと図11のようになる。図11より，従来の研究[12]と同様にすべり長さの増加とともに抵抗低減率は増加することが示される。また，寒天ゲル内部に40〜120 μmの深さまで速度があれば，本研究で得られた抵抗低減率が得られることが分かった。そして，このすべり長さの値は，3.2項で得られた染み込み深さとオーダーが一致した。しかしながら，寒天ゲル内部の速度分布には不明な点が多く，このメカニズムの詳細を明らかにするためには，寒天壁近傍の速度分布の測定だけでなく，実際に寒天壁内部の流動の観察も行う必要があると考えられる。

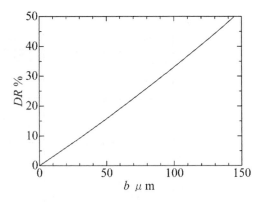

図11 抵抗低減率とすべり長さ（染み込み深さ）の関係

4 おわりに

チャネル流路および回流水槽を用いて，寒天ゲル壁の圧力損失や摩擦抵抗を測定した。寒天ゲルの膨潤度Sは33，66，133（濃度は3，1.5，0.75%）の三種類を用意した。本研究で得られた結論を以下に示す。

① 寒天ゲル壁は層流域のチャネル流れにおいて抵抗低減効果を生じさせることが明らかになった。本実験で得られた最大抵抗低減率は膨潤度が$S=133$（寒天ゲル濃度0.75%）の場合で28.4%であった。その抵抗減少効果は膨潤度の増加（濃度の減少）とともに増加する。

② 一様流れ場におかれた寒天ゲル平板の摩擦抵抗において，低流速域で抵抗低減効果が得られた。チャネル流れと同様に，寒天ゲルの膨潤度が高い（濃度が低い）ほど大きな抵抗低減効果となった。しかしながら，流速の増加とともに抵抗低減効果は失われ，低膨潤度（高濃度）の寒天平板は抵抗が増加した。

③ 寒天ゲル内部に速度分布が生じると仮定したモデルを用いることで，寒天ゲルの抵抗減少効果のメカニズムを説明できることを示した。具体的には40〜120 μm程度のすべり長さが生じれば，本研究で得られた抵抗減少効果が生じることが分かった。この値は可視化実験から得られた浸透深さとオーダーが一致した。

謝辞

本実験に協力された当時学生の有賀信氏，工藤翔氏に記して謝意を表する。

第 1 章　寒天ゲルを利用した流れの抵抗低減

文　　　献

1)　塚本勝巳，比較生理生化学，**10**(4)，249-262（1993）
2)　M.J. WALSH, AIAA Paper, 84-0347（1984）
3)　M.W. Rosen, N.E. Cornford, *Nature*, **234**, 49-51（1971）
4)　J.L. Lumley, *Annual Review of Fluid Mechanics*, **1**, 367-384（1969）
5)　W.G. Tiederman, T.S. Luchik, D.G. Bogard, *J. Fluid Mech.*, **156**, 419-437（1985）
6)　小島良夫，田川昭治，山田芳生，水産講研報，**10**，43（1960）
7)　林金雄，岡崎彰夫，寒天ハンドブック，光琳書院（1970）
8)　横山真男，菊地謙次，窪田佳寛，望月修，日本流体力学会誌，**32**(4)，319-326（2013）
9)　菊地謙次，市川誠司，望月修，日本流体力学会年会講演論文集，p.356（2009）
10)　有賀信，小方聡，日本機械学会関東支部第 21 期総会講演論文集，No.11008（2015）
11)　工藤翔，有賀信，小方聡，日本機械学会第 93 期流体工学部門講演論文集（2015）
12)　J.P. Rothstein, *Annual Review of Fluid Mechanics*, **42**, 89-109（2010）
13)　例えば，日本機械学会，機械工学便覧 α 4 編　流体工学，p.30（2014）

第2章　小型飛翔機械の開発に向けた
トンボの空力制御研究

山中拓己[*1]，福井智宏[*2]，森西晃嗣[*3]

　羽ばたき型の小型飛翔機械（MAV）の開発には，飛翔昆虫の空力特性評価が不可欠である。特にトンボはホバリング，急加速，急旋回など優れた機動力を実現しており，そのメカニズムを解明することは，優れた MAV 開発へ繋がる可能性が高い。本稿ではトンボの空力に着目した数値解析によるアプローチを紹介する。

1　はじめに

　近年，長さ・幅・高さ共に 15 cm 以下，質量と荷重合計が 50 g 以下の小型飛翔機械（MAV：Micro Air Vehicle）の研究開発が盛んに行われている[1]。MAV 開発の大きな目的の一つは，人が踏み入れることが困難な極限環境の調査である[2]。例えば，地震で倒壊した建物内の被災者位置調査や汚染された建物の内部調査が考えられる。このような調査には，非常に狭い空間の飛行が予想されるためにホバリング飛行や急旋回などの高い飛行性能，補給なしで長時間飛行できる航続性能，建物内部へ深く入り込んでも制御できる通信性能が要求される。そのほかに，火星探査機への応用も検討されている[3]。火星大気の密度は地球に比べて非常に低く，従来の固定翼型では航空が難しい。航空機の火星大気中の飛行条件と MAV の地球における飛行条件はおおよそ一致しており，両社の開発には密接な関係があると考えられている。

　MAV の飛行システムとしては固定翼機[4]，回転翼機[5]，羽ばたき機[6] などが考えられている。それぞれの構造イメージと長所と短所について図1にまとめる。固定翼機は高速飛行，旋回性能に優れているが，ホバリング飛行できないという欠点がある。逆に，回転翼機はホバリング飛行が可能であるが，飛行速度が遅いことなどの欠点がある。羽ばたき機はこれらの長所を両方兼ね備えることができる可能性があるが，羽ばたき運動の空力メカニズムが十分に明らかにされていないため，制御が難しいという問題点がある[3]。

　以上のことから，飛翔昆虫の羽ばたき運動の空力が制御可能となると，ホバリング可能で機動

＊1　Takumi Yamanaka　㈱コベルコ科研　機械・プロセスソリューション事業部
　　　　　　　　　　　　プロセス技術部　流熱技術室　主査
＊2　Tomohiro Fukui　京都工芸繊維大学　機械工学系　助教
＊3　Koji Morinishi　京都工芸繊維大学　機械工学系　教授

第2章　小型飛翔機械の開発に向けたトンボの空力制御研究

固定翼機	回転翼機	羽ばたき機
構造イメージ 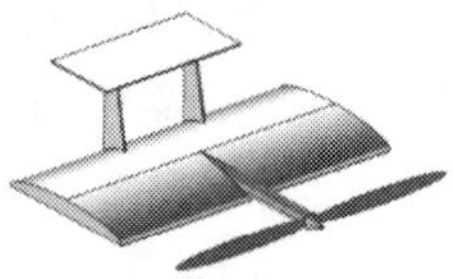	構造イメージ 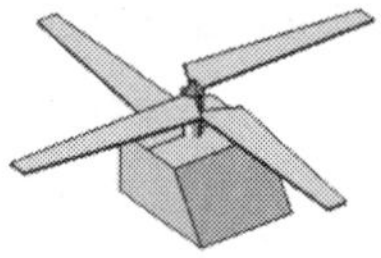	構造イメージ 
長所 高速飛行，旋回性能が高い	長所 ホバリング飛行が可能	長所 ホバリング飛行が可能 機動性が高い
短所 ホバリング飛行が不可	短所 飛行速度が遅い	短所 空力メカニズムに不明点あり 自動制御が困難

図1　MAV 飛行システムそれぞれの構造イメージと長所・短所

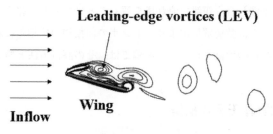

図2　剥離渦計算例，渦度等値線

性の高い，高性能な MAV の開発に繋がる可能性があることがわかる。MAV が注目される以前から，長年，飛翔昆虫の羽ばたき運動の空力メカニズムを解明しようと多くの研究がなされてきた。その結果，飛翔昆虫は翅周りに生じる渦，特に翼の前縁から剥離して生じる渦が翅表面上に存在することで大きな負圧が生じ，これを利用して揚力を発生させているということが実験や数値計算を用いた研究で明らかになっている[3, 7, 8]。剥離渦の計算例を図2に示す。図のように，剥離渦は翅周りに複雑に生じており，これらが空力に大きな影響を与えていることが示唆されている。

　飛翔昆虫の中でもトンボはホバリング，急加速，急旋回など非常に優れた機動力を実現しており，トンボを対象とした様々な研究が行われている。1984年には，Alexander により直進飛行，旋回飛行における前翅と後翅の位相関係や，羽ばたき飛行には一般的に考えられるよりも大きな力が必要であることなどが報告されている[9]。その後，旋回飛行時における研究も報告されている[10]。同時期に Azuma らは，トンボの上昇飛行を撮影し，トンボの飛行について詳細な解析や，風洞内での自由飛行など，飛行性能に関する計算を様々な速度に関して行っている[11, 12]。

生物の優れた機能から着想を得た新しいものづくり

そのほかにトンボの滑空飛行[13]と羽ばたき飛行[14]，自由飛行するトンボに対して準定常的な解析[15]，トンボの翅で作成されたグライダーモデルを用いてトンボの翅と胴体の空力特性評価[16]，飛行時のトンボの翅構造評価[17,18]など，トンボを対象とした研究が盛んに行われている。

トンボの特徴は，4枚の翅がそれぞれ独立に運動できることであり，前翅と後翅の羽ばたき運動に位相差を付けることが，前翅により発生する流れと後翅の流れが干渉し，優れた機動力を実現する重要な要因の一つになっていると考えられている[19]。実際，トンボの前翅と後翅の羽ばたき運動の位相差は飛び方に応じて異なることが知られている[9,14]。Wakelingらによるとトンボは後翅先行とすると前後翅位相差は離陸や急加速時に0°，高速で前進する時に54°から100°，ホバリングや旋回運動時に180°で飛行する[14]。しかし，トンボは位相差だけでなく，フラッピング角やフェザリング角，羽ばたき周波数などを同時に変えているため，トンボ観察による研究では位相差のみの影響を抽出することは難しい。高橋ら[16]は羽ばたき位相差のみが異なるトンボ型羽ばたき機を製作し，飛行速度に応じて最適な位相差があることを示した。しかし，三次元的な渦形状や揚力係数，推力係数などの力学的なパラメータに基づいた評価は実験では困難であった。また，位相差を与えた羽ばたき運動の数値解析[20,21]は行われているが，前翅が発生する流れと後翅の流れが干渉し合う複雑な流れ場を解くことになるため報告例は少ない。

以上の背景から，著者らは数値解析により，トンボの前後翅の位相差に着目したトンボの羽ばたき運動における空力特性の評価を行った。本稿では，その評価方法と結果について紹介する。

2 トンボの空力計算モデル構築

2.1 数値流体力学（CFD）

数値流体力学（CFD）は，対象とする流動現象の方程式に対して，近似解を計算し，流れ場を再現，予測する手法である。トンボの空力を評価するには，翅周りの空気の流動に対応する連続の式およびNavier-Stokes方程式に対して，圧力，流速の近似解を求める必要がある。流れ場には空間依存性が存在するため，離散化により近似する。一般的な方法としては，微小に分割した対象領域（メッシュ，計算格子と呼ばれる）を構築し，これらの領域上に流れ場を再現する。

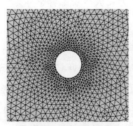
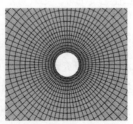

(a) Triangular Meshes　　(b) Quadrilateral Meshes

図3　円柱周りの流体力計算に必要なメッシュ例

第 2 章 小型飛翔機械の開発に向けたトンボの空力制御研究

流れ場に物体（固体）があり，その物体に加わる流体力を計算する場合，最も基本的な方法としては物体形状に沿ったメッシュを構築して物体と流れ場の界面から，流体と物体との相互作用を計算する。円柱周りの流体力計算に必要なメッシュ例を図3に示す。図のように，メッシュには2次元計算では三角形，四角形，3次元計算では四面体，六面体など，いくつかの種類と特徴があり，計算対象に応じて決定される。

2.2 空力計算モデルのモデル形状

トンボの全長は数cmとなるものが多いが，これに対して翅の厚みは1mm以下で非常に薄い。表面には凹凸があり，これが流れに大きな影響を与えていると示唆する研究[18]もある。また，羽ばたき時には空力により翅は大きくたわみ，これが流れに影響を与えると考えられている。胴体部は翅周りの流れには大きな影響を与えないと考えられるが，翅の付け根の部分において流れが淀むことで，渦の挙動が変わる可能性がある。

今回紹介する計算で使用するモデル形状を図4に示す。ウスバキトンボ[22]を参考に，図に示すような4枚の翅と頭部，胸部，腹部で構成されるモデルを作成した。このとき，翅の最大幅を$D=1$cmとし，全長は約5cm×7cmである。翅は簡易的に薄い平板モデル（シェル）として扱い，たわみの影響は考慮しないものとする。胴体部に関しては楕円形状を用いて簡易的に模擬する。次項で詳細を述べるが，この4枚の翅モデルを移動させることで，羽ばたきを再現する。

2.3 空力計算モデルのメッシュ

トンボの羽ばたきを再現するためには，物体の移動を考慮する必要がある。対象とする流れ場全体が一様に移動する場合はこれに相当する慣性力をメッシュ全体に与えて再現でき，小規模な

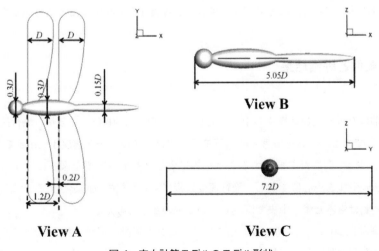

図4 空力計算モデルのモデル形状

生物の優れた機能から着想を得た新しいものづくり

移動や変形であればメッシュを変形させる（リメッシュ）ことで，再現できる。ただし，一部の動きが異なるなどの複雑で大規模な物体移動がある場合は，処理に工夫が必要となる。例えばプロペラを再現する場合は，ブレードの回転するメッシュと本体の静止しているメッシュをそれぞれ作成し，メッシュ界面情報をそれぞれ補間することでこれを実現できる。

しかし，トンボの羽ばたきの場合は左右の翅の動きが異なるために，これらの手法を用いても，計算上の処理だけで大きな労力となることが予想される。

これらのことから，今回紹介する計算では物体形状に関係ないメッシュを構築し，その中で物体形状の影響を考慮する方法をとる。最も計算しやすい直交の六面体メッシュを物体に関係なく配置する。物体形状の影響を考慮する手法としては，外力として与える方法[23]などが考案されているが，今回は物理量（圧力，流速）の変化として与える方法[24]を使用する。このような手法を用いることで，羽ばたきを再現する際の計算処理上の労力を低減することが可能となる。

2.4 使用する計算スキーム

対象とする流れ場は羽ばたく翅の周りの空気流動であり，強い時間依存性のため，流れの非定常性を考慮する必要がある。また，流速は数 m/s でありマッハ数は非常に低いため，非圧縮性流体として扱うことが好ましい。このように非圧縮性流体の非定常流れを計算する場合，一般的には，次の時間ステップに進む度に圧力と流速を補正するための収束計算をする必要がある。羽ばたきによる複雑で非定常性の強い流れ場を解く場合は，収束計算による計算負荷が大きくなると予想される。

今回紹介する計算では，近年研究が進んでいる格子ボルツマン法[25]を使用する。当計算手法は，分子気体力学のボルツマン方程式に類似した方程式を用いて，流れ場を計算するものである。注目すべき長所として，圧力と速度の補正なしで高精度で非圧縮性流れが再現できる，Navier-Stokes 方程式を解く場合と比べてはるかにアルゴリズムが単純となり計算効率が高いなど，非圧縮性流体の非定常流れを計算する場合の計算負荷を低減することが可能となる。

3 飛行条件と評価結果

3.1 飛行条件

トンボの羽ばたき周波数は昆虫の中ではあまり高くない約 30 Hz[2]であり，飛行速度はおおよそ 1〜5 m/s[22]である。これを参考に，計算モデルでは空気中を一定速度 1.5 m/s で直進飛行し，一定周波数 30 Hz で羽ばたき飛行することを想定する。モデル概要を図 5 に示す。図のようにトンボのモデル形状を中心に配置し，飛行速度に相当する空気の流動を与える。ここで，トンボ胴体の回転運動は考慮せず，中央で固定しているものとして考える。

羽ばたき運動については，図 6 のようにフラッピング運動（羽軸を振り上げて下ろす運動)，ピッチング運動（羽軸周りに回転する運動）に分類し，フラッピング角，ピッチング角に時間依

第2章　小型飛翔機械の開発に向けたトンボの空力制御研究

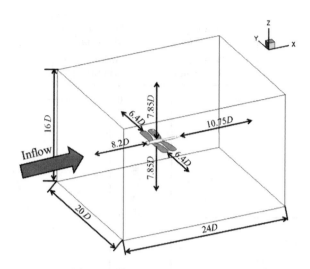

図5　空気領域の計算モデルとトンボモデルの配置

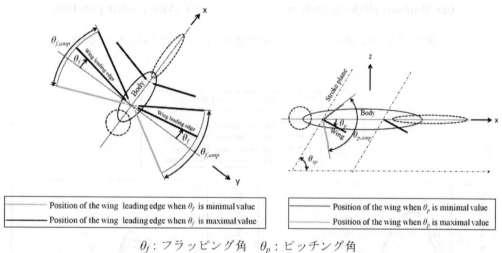

θ_f：フラッピング角　θ_p：ピッチング角

図6　フラッピング角およびピッチング角の定義

存性を与えることでこれらの運動を再現する．さらに，羽軸と胴体との角度であるストロークプレーン角を与え，計3つの角度で定義する．実際のトンボは，これらの角度を複雑に変化させて飛行しているが，本計算モデルでは，フラッピング角，ピッチング角について三角関数を用いてこの運動を近似する．このとき，フラッピング運動については前翅と後翅にそれぞれ位相差を設け，この影響を評価する．なお，ストロークプレーン角については，一定と仮定する．

まずピッチング運動の影響を調査し，次に前後翅位相差の影響を評価する．

53

生物の優れた機能から着想を得た新しいものづくり

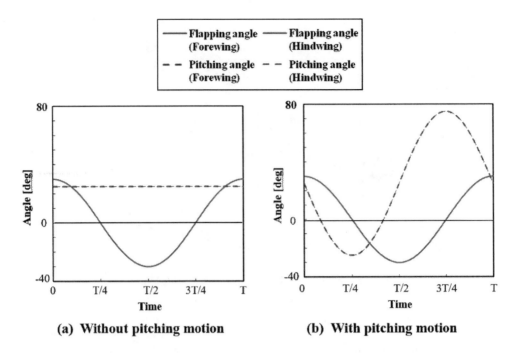

図7 フラッピング角，ピッチング角時間履歴，ピッチング運動有無による比較

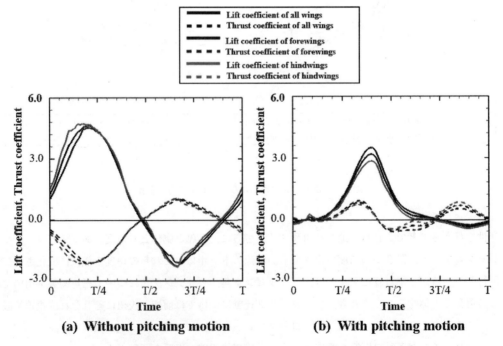

図8 揚力係数，推力係数の時間履歴，ピッチング運動有無による比較

第2章　小型飛翔機械の開発に向けたトンボの空力制御研究

3.2　ピッチング運動が空気流動に与える影響

まず，ピッチング運動（羽軸周りに回転する運動）が空気流動に与える影響を調査するため，ピッチング運動の有無で計算結果を比較する．なお，前後翅位相差はなしとし，前後の翅は同期させる．図7にフラッピング角，ピッチング角の時間履歴を示す．

図8にピッチング運動の有無それぞれにおける揚力係数，推力係数の時間履歴，表1に各パラメータの周期平均値を示す．また，図9, 10に揚力係数が最大となる時刻の渦度等値面，表面圧力分布を示す．ピッチング運動を行わない場合は行う場合に比べ，揚力係数，推力係数，力の変動が大きくなっており，揚力が0を下回る時間が長いことがわかる．その原因としては，渦度等値面からも分かるように，ピッチング運動を行わない場合ではダウンストローク時に非常に細かく強い渦が翅上面に無数に発生し，アップストローク時にはほとんど流されるが，ピッチング運動を行う場合はダウンストローク時に縦長の前縁剥離渦が翅上面に生じ，アップストローク開始時にも翅根に渦が残っていることが考えられる．つまり，アップストローク時にも翅根に渦が残っていることで負圧が生じ，揚力の低下を抑えていると考えられる．また，最大揚力を得る時

表1　揚力係数，推力係数の周期平均値，ピッチング運動有無による比較

Parameter	Constant pitching angle	Variable pitching angle
Averaged lift coefficient of all wings	0.990	0.602
Averaged thrust coefficient of all wings	−0.454	0.104
Averaged lift coefficient of forewings	0.857	0.715
Averaged thrust coefficient of forewings	−0.401	0.056
Averaged lift coefficient of hindwings	1.127	0.492
Averaged thrust coefficient of hindwings	−0.510	0.151
Averaged lift force of all wings	3.578 [mN]	2.136 [mN]
Averaged thrust force of all wings	1.645 [mN]	−0.330 [mN]

(a) Without pitching motion

(b) With pitching motion
※点線：前縁剥離渦位置

図9　最大揚力時の渦度等値面，ピッチング運動有無による比較

生物の優れた機能から着想を得た新しいものづくり

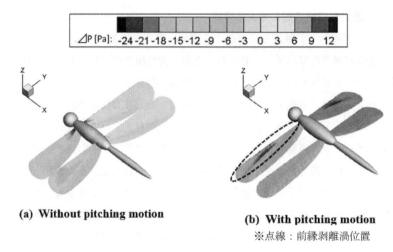

図10　最大揚力時の表面圧力分布，ピッチング運動有無による比較

刻がピッチング運動を行わない場合は $t=0.21T$ のダウンストローク中盤であるのに対し，ピッチング運動を行う場合は $t=0.39T$ のダウンストローク終盤である．ダウンストローク中盤で羽ばたき速度が最大値となることを考えると，ピッチング運動を行わない場合は単純に羽ばたき速度の増加に伴い翼下面に大きな圧力が生じることで最大揚力を得ているが，ピッチング運動を行う場合はダウンストローク終盤に生じる前縁剥離渦による負圧が最大揚力を得ている主な要因であると考えられる．つまり，ピッチング運動の有無により揚力を得るメカニズムが異なっていることが考えられる．

ピッチング運動を行う場合の計算結果に着目する．前述の通り，ダウンストローク終盤で最大揚力は生じるが，ほぼ同時に最大推力を得ていることも分かる．表2より，周期平均値としてモデル全体に 2.136 mN の揚力が生じており，トンボの自重はおよそ2～3 mN [2] であるので，本モデルが実際のトンボと比べ小さいことを考慮すると自重とおよそ釣り合う揚力が得られている．また，推力の周期平均値も 0.330 mN であり，揚力と比較して小さいが正の値となっている．従って，このモデルは羽ばたき運動により，自重に釣り合う揚力と 1.5 m/s 以上に加速する推力を得ていることが分かる．なお，前縁剥離渦の生じ方は一枚翼のピッチング運動を行う羽ばたき運動の結果[3] と定性的に一致している．

以上のことから，トンボの空力特性についてはピッチング運動の存在が極めて重要であると考えられる．

3.3　前後翅位相差が空力に与える影響

前後翅位相差を 0°，60°，90°，180°とした場合の計算結果を比較する．図11にフラッピング角，ピッチング角の時間履歴を示す．図12にピッチング運動の有無それぞれにおける揚力係数，

第 2 章　小型飛翔機械の開発に向けたトンボの空力制御研究

表 2　揚力係数，推力係数の周期平均値，前後翅位相差による比較

Parameter	Phase Difference			
	0°	60°	90°	180°
Averaged lift coefficient of all wings	0.602	0.577	0.559	0.526
Averaged thrust coefficient of all wings	0.104	0.090	0.070	0.003
Averaged lift coefficient of forewings	0.715	0.618	0.585	0.610
Averaged thrust coefficient of forewings	0.056	0.033	0.044	0.062
Averaged lift coefficient of hindwings	0.492	0.537	0.535	0.444
Averaged thrust coefficient of hindwings	0.151	0.146	0.095	-0.056
Averaged lift force of all wings	2.136 [mN]	2.041 [mN]	1.980 [mN]	1.870 [mN]
Averaged thrust force of all wings	−0.330 [mN]	−0.279 [mN]	−0.206 [mN]	0.028 [mN]

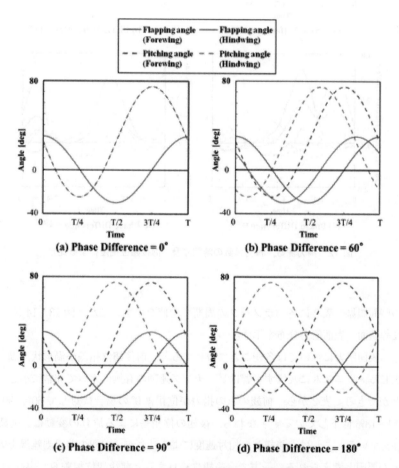

図 11　フラッピング角，ピッチング角時間履歴，前後翅位相差による比較

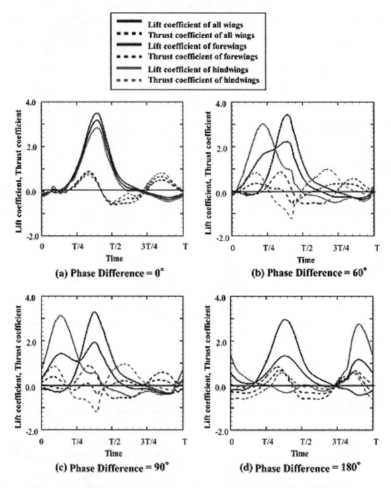

図12 揚力係数，推力係数の時間履歴，前後翅位相差による比較

推力係数の時間履歴，表2に各パラメータの周期平均値を示す．また，図13, 14 に $t = 0.39T$ における渦度等値面，表面圧力分布を示す．

渦の構造，表面圧力については各翅ごとに着目すると，前後翅位相差が渦形状，渦の生じる位置，渦の生じるメカニズムに及ぼす影響はピッチング運動の有無に比べて非常に小さいことを確認することができる．表2から，前翅のみの揚力が位相差0°の場合に対して60°，90°，180°の場合，約14～18%低下している．すなわち，後翅の位相差による流れの変動は，前翅の揚力に悪影響を与えている．これは，後翅との相対速度による乱れが，前翅の前縁剥離渦を剥がれやすくしたことが要因と考えられる．一方で，後翅に着目すると前後翅位相差60°，90°は0°に比べて揚力が約9%上昇している．これは，前翅が最大揚力を得るアップストローク時において前翅の打ち下ろしによって前翅下の空気圧力が上昇し，後翅下に移流したことが要因であると考えら

第 2 章　小型飛翔機械の開発に向けたトンボの空力制御研究

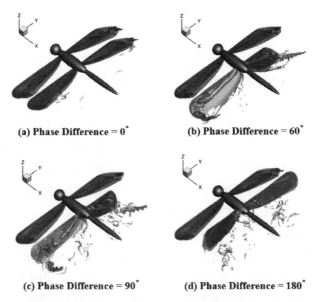

図 13　$t=0.39T$ における渦度等値面，前後翅位相差による比較

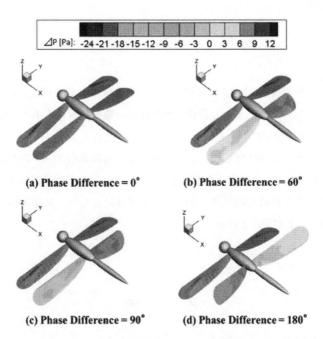

図 14　$t=0.39T$ における表面圧力分布，前後翅位相差による比較

れる。しかし，前後翅を総合した場合，前後翅位相差が大きいほど揚力は低下する結果となった。

　実際のトンボの前後翅位相差は後翅先行とすると離陸や急加速時に0°，高速で前進する時に54°から100°，ホバリングや旋回運動時に180°で飛行する[14]。従って，ホバリング，旋回時に比べて急加速時や高速前進時の方がより高い推力が必要であることを考えると，この解析結果はトンボが前後翅位相差を変えることで必要な揚力，推力を得ていることが示唆される。しかし，必要な揚力，推力を得るためならば，羽ばたき振動数を変化させるなどの方法もあり，前後翅位相差を変化させる理由はこれだけではなく，例えば姿勢制御や方向転換等に起因することも考えられる。実際に，表2から前後翅位相差が0°，180°の場合，前後翅の揚力比は約1.4に対し，60°，90°の場合は約1.1となり，前後翅の揚力差が小さくなっている。このことが，姿勢制御に影響している可能性がある。

　また，前後翅位相差ごとに適切なピッチング運動をすることでさらなる揚力，推力を向上させている可能性もある。Wangら[20]の結果では前後翅位相差0〜180°の揚力，推力はほぼ同じであり本研究の結果と異なる。この結果の違いは，Wangらは前後翅位相差ごとにピッチング角の変化量を調節しているのに対し，本研究ではピッチング角の変化は同一のものを用いていたためであると考えられる。

4　まとめ

　羽ばたき型の小型飛翔機械（MAV）の開発と，それを背景とした飛翔昆虫，特にトンボの飛行研究事例について紹介した。また，著者らが実施した数値解析によるトンボ空力評価について，具体的な手法とその結果について紹介した。

　現状で羽ばたき機械の制御は難しく，ドローンなどの回転翼型MAVが主流になっていると考えられる。しかし日常でも目にすることができるトンボの優れた飛行性能を完全に制御できれば，従来では考えられないほど高性能なMAVが開発可能となり，災害現場の調査や火星探査に大きく貢献されることが期待される。

文　　　献

1)　劉浩，日本機械学会2006年次大会講演資料集，W8(5)，pp.329-330 (2006)
2)　飯田明由ほか，日本機械学会論文集（B編），**73**(733)，3-11 (2007)
3)　山﨑佑希ほか，第23回数値シンポジウム論文集，B7-3 (2009)
4)　Z.S. Kuo *et al.*, *Trans. Japan Soc. Aero. Space Sci.*, **53**(181), 180 (2010)
5)　D. Iwakura *et al.*, *J. System Design and Dynamics*, **5**(1), 17 (2011)

第 2 章　小型飛翔機械の開発に向けたトンボの空力制御研究

6) T. Kizu *et al.*, THE 59TH JAPAN JOINT AUTOMATIC CONTROL CONFERENCE, **59**, p.490 （2016）

7) T. Weis-Fgh, *J. Exp. Biol.*, **59**, 169-230 （1973）

8) H. Liu, *J. Comput. Phys.*, **228**(2), 439 （2009）

9) D.E. Alexander, *J. Exp. Biol.*, **109**, 379-383 （1984）

10) D.E. Alexander, *J. Exp. Biol.*, **122**, 81-98 （1986）

11) A. Azuma *et al.*, *J. Exp. Biol.*, **166**, 79-107 （1985）

12) A. Azuma *et al.*, *J. Exp. Biol.*, **137**, 221-252 （1988）

13) J.M. Wakeling *et al.*, *J. Exp. Biol.*, **200**, 543-556 （1997）

14) J.M. Wakeling *et al.*, *J. Exp. Biol.*, **200**, 557-582 （1997）

15) J.M. Wakeling *et al.*, *J. Exp. Biol.*, **200**, 583-600 （1997）

16) M. Okamoto *et al.*, *J. Exp. Biol.*, **199**, 281-294 （1996）

17) S. Sudo *et al.*, *JSME International Journal*, **42**, 721-729 （1999）

18) 露木浩二ほか，日本機械学会論文集（B編），**68**(676)，164-171 （2002）

19) 高橋英俊ほか，日本機械学会論文集（B編），**76**(768)，79-85 （2010）

20) J. K.Wang *et al.*, *J. Exp. Biol.*, **208**, 3785-3804 （2005）

21) M. Sun *et al.*, *J. Exp. Biol.*, **207**, 1887-1901 （2004）

22) 望月博昭ほか，可視化情報学会論文集，**23**(12)，115-121 （2003）

23) C.S. Peskin, *J. Comput. Phys.*, **25**, 220-252 （1977）

24) I. Tanno *et al.*, *JSME International Journal*, **B49**(4) ,1141-1148 （2006）

25) X. He *et al.*, *ANNALS OF SURGERY*, 927-944 （1985）

第3章 昆虫規範型ロボットのはばたき位相差が飛翔特性に及ぼす影響

伊藤慎一郎*

1 初めに

　空を飛べる鳥と昆虫との違いは飛翔速度と翼の大きさであり，羽ばたき周波数（無次元周波数）である．身体の小さな昆虫が鳥と同じような緩やかな羽ばたきによる飛び方をすると飛行できなくなる．鳥や飛行機は安定した流れを翼回りに発生させて揚力を発生させる．これらはいわゆるベルヌーイの定理によって，翼の上面下面の速度差によって翼上面の圧力が下がり，引っ張り上げられることによって翼には揚力を生じる．そのためにこれらの翼には厚みがあり，前縁は流れを表面から剥離させないように丸みがついている．飛行機の翼は静止しており翼周りの流れは定常状態である．鳥の翼も速度 u，大きさ（翼弦長 c）と周波数 f（角速度 ω）からなる無次元周波数（$k=\omega c/2u=\pi fc/u<0.2$）から準定常状態とみなすことができ，同じ理屈による揚力発生機構で空を飛ぶ．しかしながら，小さな昆虫は同じ理屈では飛ぶことができない．彼らは体の大きさに比して自重が重いため鳥のように厚みのある大きな翼を持つことができないので，薄い翼すなわち翅で飛ぶ．前縁は鋭いエッジ状態である．そうなると翼前縁からの剥離は必然となるが，彼らはこの前縁剥離を揚力発生に積極的に利用した．図1に示すように前縁から大きな剥離渦（Leading Edge Vortex: LEV）を発生させることにより翼上面に生ずる渦中心の低い圧力に

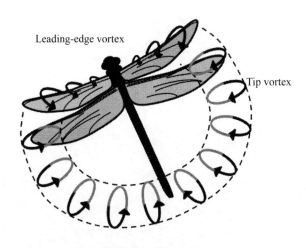

図1　飛翔トンボ周りの渦とLEV

---

*　Shinichiro Ito　工学院大学　工学部　機械工学科　教授

第3章　昆虫規範型ロボットのはばたき位相差が飛翔特性に及ぼす影響

より引っ張り上げることで揚力を発生させる。これは粘性の影響の高いレイノルズ数 1,000 以下の流場で生ずる渦をうまく使ったものである。昆虫のように小さい翼の場合は高い周波数によりこの LEV を多数発生させることで，高い揚力が得られる。これらを Weis-Fogh[1] による解明された非定常流場の揚力発生機構 Weis-Fogh mechanism of lift generation と呼び，Ellington[2] によると定常の揚力発生機構の平均の揚力係数 は 3〜4 倍程度と大きなものになる。

　昆虫は前翅後翅の 4 枚羽根で飛ぶものが多い。その中でもトンボは特にホバリングや急旋回といった高度な飛行が可能である。1 枚の翅がそれぞれ独立にフラッピング（羽ばたき），リードラグ（前後変化），フェザリング（迎角）運動が可能で，さらに前翅後翅の位相差を変えることによって前縁剥離渦の発生を巧みに操作し，前翅が発生する流れと後翅の流れが干渉して，優れた機動力を実現する重要な要因の 1 つになっている。トンボの前翅と後翅の羽ばたき運動の位相差は飛び方に応じて異なることが知られている。トンボは後翅が若干大きく，後翅の位相を基準とすることが多い。 Wakeling ら[3] は自由飛翔のトンボとイトトンボにおいて前翅の位相差が高速飛行で後翅の位相基準で 260°〜306°で飛行し，離陸と突然の加速時には 0°の位相差で飛行することを報告している。特にイトトンボは背面で左右の前後翅をぶつけて広げる Clap & Fling と呼ばれる動作によってトンボよりも半分の周波数によって無次元速度はトンボよりも速く飛ぶことを報告している。羽ばたき位相差の飛行に対する役割を持つかを調べるために数値計算による解析[4] も行われている。Wang ら[5]，南[6] による数値計算では、流れは同様に複雑であるため、まだ明らかにされていない。 高橋ら[7] は Wakeling ら[3] によるトンボの飛翔状態をもとに細かく分類し，これをもとにフラップ動作のみのロボットを用いた位相差の役割を報告し，トンボ型羽ばたきロボットを用いて，各羽ばたき位相差の飛翔性能ついて報告している。工藤[8]，中村[9] は翼根で翼が共振し，その共振を利用して羽ばたき振幅を大きくし，揚力を稼ぐ機構を有するトンボ規範型ロボットを用いて，流体力実験を通して各位相差の羽ばたき現象を定量的に評価している。いずれも羽ばたき位相差ごとに飛翔能力に違いが出たことという評価はしているが，翼周りの流れと力の関連付けまでには至っていなかった。森山[10] は翅が共振しないトンボ型ロボットにより，位相差，飛翔性能と流れの様子の関係を示している。今回は中村[9]，森山[10] の研究を中心にこれらの昆虫規範型ロボットによって得られた位相差が飛翔特性に及ぼす影響と流れの状態について述べる。

63

2 供試対象トンボ規範型ロボット（MAV）

　図2にその概形を示す供試トンボ規範型ロボット（MAV1, MAV2）の諸元を表1および2に示す。MAV1における翅の共振機構を図3(a)に示す。前翅と後翅の位相は図3(b)に示すピンジョイントにより90°ごとの位相差をつけることが可能である。

表1　実際のトンボとの比較

Specification	Dragonfly	MAV1	MAV2
Reynolds number [－]	$10^3 \sim 10^4$	10^4	10^4
Reduced frequency [－]	0.2〜0.4	0.33	0.33
Aspect ratio [－]	10〜12	10.4	10.8
Wing loading [N/m^2]	3〜9	7.2	5.6

表2　トンボロボット（MAV）諸元

Parameter	MAV1 Spec	MAV2 Spec
Size [mm]	330×330×35	300×340×35
Weight [N]	0.15	0.1
Materials	Vinyl Sheet and Carbon	Vinyl Sheet and Carbon
Flapping angles [°]	20	20
Flapping frequency [Hz]	11〜12	11〜12
Wing section [m^2]	0.0208	0.0174

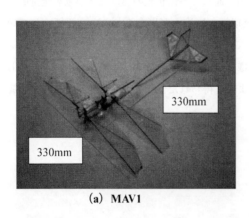
(a) MAV1

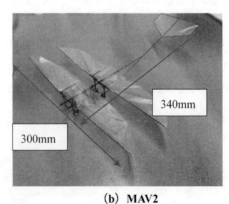
(b) MAV2

図2　トンボ規範型ロボット

第3章　昆虫規範型ロボットのはばたき位相差が飛翔特性に及ぼす影響

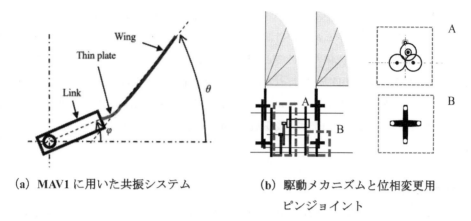

(a) MAV1 に用いた共振システム　　(b) 駆動メカニズムと位相変更用ピンジョイント

図3 ロボットトンボのメカニズム

3　実験

3.1　自律飛行実験

図4に示すようにマーキングした壁近傍で手投げによってMAVを射出し，その様子を高速度カメラで撮影した。その動画像を解析し，MAVの飛翔速度および姿勢角度，羽根への迎角をPC上から求めた。手投げの初速による影響を考慮してマーカー前半部1m，後半部1mに分けて姿勢角，飛行速度をそれぞれ計測し，その結果をもとに風洞実験解析を行った。

3.2　風洞試験

風洞を使った流体力計測では，定常状態の羽ばたきなしの状態と非定常状態の羽ばたきありの状態を計測した。羽ばたきによるサポートの振動を避けるために図5に示すように下方から1軸

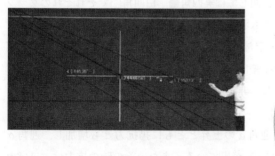

図4　自律飛行状態における飛行姿勢と迎角計測の様子　　図5　風洞実験による流体力測定方法とスモークワイヤー法による可視化実験

でサポートし，角度トラバース装置を介して MAV を取り付けた．流体力計測には，定格揚抗力 50 N の日章電機の（Fx, Fy, Fz）が計測可能な 3 分力計（LMC-3502A-50NWP）を用いた．自律飛行実測結果に従った流体力計測では，風速 2.1 m/s で，迎角 α =0°〜45° まで，5° 刻みで変化させ，羽ばたき周波数約 11 Hz で行った．時間平均（定常）状態および時系列変化（非定常）状態を計測した．非定常状態においては，サンプリング周波数 1 KHz にて時系列データを取って解析した．前翅，後翅の位相差は，後翅基準の前翅位相角度 ψ = −90°，0°，90°，180° の 4 種類で行った．

3.3 可視化実験

図 5 に示すように風洞出口に波状に細工したニクロム線を貼り，エチレングリコール液を発熱させたワイヤに自動的に滴下させて筋状のスモークを発生させ，MAV の翅に当てて前後翅周りの流れを高速度ビデオ撮影した．

4 実験結果と考察

4.1 飛行実験と流体力試験結果

水平飛行の動画解析から，水平飛行時のそれぞれの姿勢角と飛翔速度を決定した．これらの結果をもとに行った風速 2.1 m/s，羽ばたき周波数 11 Hz の風洞実験において，前翅の羽ばたき位相差 ψ をベースとした迎角変化に伴う時間平均による揚抗力の結果を図 6〜9 に示す．それぞれ，後翅位相基準で前翅位相差 ψ は −90°，0°，90°，180° の結果である．それぞれのグラフに，翼固定状態における揚力と抗力に関してそれぞれ実丸●，白丸○で示し，MAV の自重 0.15 N を実線で，推力の基準値 0 N を破線で示している．定常状態の揚力に関しては迎角 α が大きくなるにしたがって大きくなるが，最大で 0.05 N 付近であり，揚力が自重を下回り固定翼状態では飛翔できないことがわかる．

羽ばたき・非定常状態における揚力と抗力に関しては実四角■，白四角□でそれぞれのグラフに示している．いずれの前翅位相差 ψ においても羽ばたき・非定常状態における揚力■は実飛行状態である迎角 α =30° 近傍においては固定・定常状態の揚力●の 3 倍程度の 0.15 N を示し，同様に非定常状態における抗力■はいずれの位相差においてもある程度の迎角までは定常状態抗力○には現れない負の抗力，すなわち推力を示し，非定常揚力が定常揚力よりも高いという Weis-Fogh Mechanism を示している．

図 6 に示す前翅位相差 ψ = −90° の時は，迎角 α の上昇とともに揚抗力とも増加し，迎角 α =35° の時に，MAV の自重と釣り合う揚力 0.15 N が出ている．また，その時の抗力は，ほぼゼロとなっており，等速運動状態であることを示している．さらに迎角が増しても揚抗力ともに増加することを示しており，安定飛行状態であることを示す．この状態は自律飛行時とほぼ等しい状態である．

第3章　昆虫規範型ロボットのはばたき位相差が飛翔特性に及ぼす影響

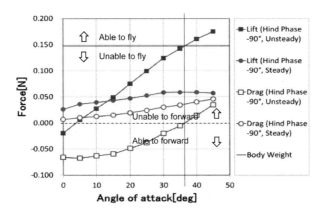

図6　後翅位相基準での前翅位相差 $\psi=-90°$ における羽ばたき飛行

定常状態と比較して非定常における揚抗力が確認できる．迎角 $\alpha=35°$ において揚力・抗力とも自重，抵抗がゼロとなり等速度水平飛行状態を示す．迎角が増すと揚抗力ともに増加することを示しており，安定飛行状態であることを示す．

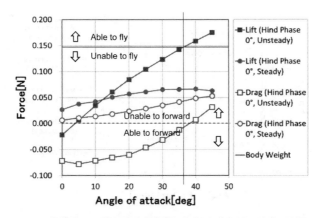

図7　前後翅シンクロ動作位相差 $\psi=0°$ における羽ばたき飛行

定常状態と比較して非定常における揚抗力が確認できる．迎角 $\alpha=37°$ において揚力と自重がつり合い，抗力は負であるために加速状態を示し，余力のある飛行状態を示す．迎角が増すと揚抗力ともに増加することを示しており，安定飛行であることを示す．

図7に示す前翅位相差 $\psi=0°$ の時も迎角 α の上昇とともに揚抗力とも増加し，迎角 $\alpha=37°$ において揚力と自重がつり合いを示している．この時，抗力は負であるために加速状態を示し，余力のある飛行状態を示す．さらに迎角が増すと揚抗力ともに増加することを示しており，安定飛行であることを示す．$\alpha=40°$ の時の抗力は，ほぼゼロ．すなわち，主流速度 2.1 m/s の等速で飛翔している状態と考えられる．この時は揚力が自重よりも大きく若干上昇傾向にあることを示している．実験誤差を考慮すると，このMAVが自律飛行している時とほぼ等しい状態と考えてよい．

生物の優れた機能から着想を得た新しいものづくり

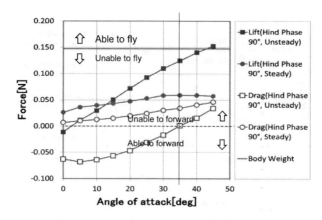

図8　前翅位相差 ψ=90°における羽ばたき飛行

定常状態と比較して非定常における揚抗力が確認できるが，迎角 α=35°において抗力は無負荷の状態となるが，揚力は自重には至らず，飛翔不能である。迎角が増すと揚力は得られ α=43°で自重と釣り合うが，その状態では抗力が正であるため，推進力が得られずに速度が減衰し更に揚力を保てない。不安定飛行状態を示す。

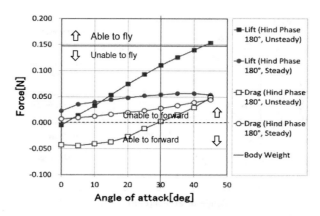

図9　前翅位相差 ψ=180°における羽ばたき飛行

非定常における揚抗力が確認できるが，迎角 α=30°において抗力は無負荷の状態となるが，揚力は自重には至らず，飛翔不能である。迎角が増すと揚力は得られ α=43°で自重と釣り合うが，その状態では抗力が正であるため，推進力が得られずに速度が減衰し更に揚力を保てない。不安定飛行状態を示す。

　図8に示す前翅位相差 ψ=90°の時も，定常状態と比較して非定常における特異な揚抗力が確認できる。迎角 α=35°において抗力は無負荷の状態で等速運動状態となるが，揚力は自重には至っておらず，飛翔不能である。迎角が増すと揚力は得られ α=43°で自重と釣り合うが，その状態では抗力値が正であるため，推進力が得られずに減速し，更に揚力を保てなくなる。すなわち不安定飛行状態を示している。

　図9に示す前翅位相差 ψ=180°の時は，迎角 α=30°において抗力は無負荷の状態で等速運動状

第3章 昆虫規範型ロボットのはばたき位相差が飛翔特性に及ぼす影響

態となるが,この時,揚力は自重には至らず,落下する。迎角が増すと揚力は得られ$\alpha=43°$で自重と釣り合うが,その状態では抗力が正であるため,推進力が得られずに速度が減衰し更に揚力を保てない。同様に不安定飛行状態を示している。実際にこれらのロボットの自律飛行状態では落下し始めるが,落下により飛行速度が上がり,再度飛翔に転じ,その後落下していた。

　以上の結果より,風速2.1 m/sで自重を支えながら飛翔可能なのは,MAV1では前翅位相差ψが$-90°$,0°ということがわかった。すなわち前者においては前翅が後翅の羽ばたきよりも90°位相を進めることにより,その流れを後翅で利用することで推力と揚力を得る状態である。後者は前翅後翅を一体化させて翼面積を増やすことにより,飛翔に必要な推力と揚力を得ているものと思われる。

　MAV2においては高橋ら[7]と同様に,飛翔速度ベースで前後翅の位相差を分類した。図10に自律飛行実験から得られた平均飛翔速度を示す。こちらはWakelingら[3],Azumaら[4]の報告にあるように実際のトンボの位相差利用と同様の状態を再現している。すなわち前翅位相差$\psi=-90°$のものは前翅で後翅より位相を進め,その流れを後翅で利用することによりより高い推力を得て,2.7 m/sの高速度飛行に繋げ,後者は前翅後翅を一体化させて翼面積を増やすことで例えば離陸,展開時などに揚抗力を利用していることが考えられる。

　表3にMAV2,高橋ら[7]のロボット,Wakelingら[3]による実際のトンボの翅位相差による飛

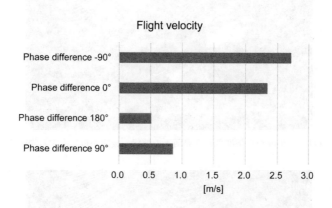

図10　位相差の違いによる飛行速度の違い
$\psi=-90°$,0°の前翅位相差は速度が高い。

表3　研究対象の違いによる位相差と速度モードの違い

Flight mode	MAV2	Dragonfly robot by 高橋ほか	Dragonfly by Wakeling et al.
High speed	$-90°(270°)$	$-90°(270°)$, $-45°(315°)$	$-100°(260°)\sim-54°(306°)$
Low speed	180°	180°	180°
Acceleration	0°	0°	0°

行の違いを比べたものを示す．いずれも後翅基準の前翅位相差ψで示してある．これらより，いずれの位相差運動の特徴が同じことから，MAVの前翅位相差ψがトンボの飛行運動を再現できていると考えられる．

4.2 可視化実験結果

推力の高い前翅位相差$\psi=-90°$および位相差$\psi=0°$におけるスモークワイヤ法による可視化結果をそれぞれ図11，12に示す．図11(a)においては前翅，後翅の後流に見える鋭角の流跡線より，それぞれのLEVから発生した三次元の渦輪が類推され，それらの渦輪から誘起される流れによって前翅後翅の間の流れが加速され，その反作用で推進力を産み出している様子が類推される．

同様に前翅後翅が同一位相の場合すなわち$\psi=0°$の場合を図12に示す．前翅後翅が一体となり，図12(a)に示すように，一つの大きな渦輪を形成し，図12(b)に示すようにその渦輪からの加速流が作用することによる反作用で揚抗力が産み出されていると思われる．このように流れのパターンと発生する流体力は矛盾しない．

(a) 流跡線から類推される翼面上の前翅，後翅から発生する渦輪群

(b) その渦輪群から誘起される前翅と後翅の間の速い流れ

図11 前翅位相差$\psi=-90°$におけるスモークワイヤ法による流跡線

第3章　昆虫規範型ロボットのはばたき位相差が飛翔特性に及ぼす影響

(a) 流跡線から類推される一体化された翼面上に発生する1つの渦輪

(b) その渦輪群から誘起される速い流れ

図12　前翅位相差 $\psi=0°$ におけるスモークワイヤ法による流跡線

5　終わりに

　生物の動きの物理現象を再現することは非常に難しい。特に昆虫の飛翔は前縁剥離渦を利用した非定常流れによる揚抗力の発生であるために，飛翔特性の検証には生物規範型のロボットの作製は不可欠である。

　従来から，トンボに関しては前翅後翅の位相差に関しての知見は得られていたが，それが何故にそのような飛翔特性を持つのかまでには至っていなかった。巧みな飛行特性を有するトンボの翅をロボットで全てを再現するのは非常に困難ではあるが，位相差のみに絞ると比較的容易ではある。

　ロボットによって，いずれの前翅位相差においても定常状態とは大きく異なる非定常の揚抗力（今回は約3倍の揚力と負の抗力）がすなわち Weis-Fogh mechanism の確認ができたことは興味深い。

　研究者によって位相差を前翅位相基準に取るもの，後翅位相基準に取るものが見られたが，トンボの翅を観察すると後翅が比較的大きいことに気づく。すなわち後翅によって主なる飛翔特性

71

を産み出しているのである。実際に可視化実験からも後翅位相が基準となって流体力の発生を類推することができた。

　今回の位相差に関する飛翔特性をまとめる課程において，実際のトンボと作成したロボット特性が一致したことにより，飛翔特性に関しては前翅が後翅よりも早めに（$\psi = -90°$，トンボでは$-100° \sim -54°$）動くことによって後翅の流れに影響をもたらし揚抗力を稼ぐということが解明できた。この観点から見ると多くの研究者の$\psi = 270°$とする表記法は不適当であることがわかる。

　また，スモークワイヤー法による流れの可視化実験結果から，前翅の作り出した流れを後翅が利用し，揚抗力を高めていることを裏付ける流れのパターンを確認することができた。

文　　献

1) TORKEL WEIS-FOGH, *J. Exp. Biol.*, **59**, 169-230 (1973)
2) Ellington, C. P.,"Swimming and Flying in Nature", Wu, T-Y. ed., Vol.2, p.596 (1975)
3) Wakeling J.M., Ellington C.P., *J. Exp. Biol.*, **200**, 557-582 (1997)
4) Azuma, A., Azuma, S., Watanabe, I., Furuta, T., *J. exp. Biol.*, **116**, 79-107 (1985)
5) Wang. J.K., Sun, M., *J. Exp. Biol.*, **208**, 3785-3804 (2005)
6) 南慶輔，稲室隆二，数理解析研究所講究録，**1900**，1-10 (2014)
7) 高橋英俊，田中博人，松本潔，下山勲，日本機械学会論文集B編，**76**(768), 1199-1205 (2010)
8) 工藤憲作，鈴木健司，髙信英明，三浦宏文，日本機械学会論文集C編，**78**(792), 2914-2923 (2012)
9) 中村晃洋，伊藤慎一郎，工藤憲作，鈴木健司，トンボ規範型ロボットの翼位相変化に伴う空力特性，第1回 生物の優れた機能から着想を得た新しいものづくりシンポジウム，京都工芸繊維大学 (2012)
10) 森山幸俊，平塚将起，伊藤慎一郎，金野祥久，トンボの翅の位相差による空力特性と流れ場の様子，C212，第45回可視化情報シンポジウム講演論文集，工学院大学 (2017)

第4章 イルカの表皮から着想を得た波状面による乱流摩擦抵抗低減

米澤 翔[*1]，萩原良道[*2]

　イルカの皮膚の変形が皮膚近傍の乱流水流の構造を変えること，変形した皮膚を模擬する波状プレートを用いた実験により摩擦抗力や圧力抗力増加は二次元波状面の結果より下回ること，波状面の硬度や表面性状が抗力に影響を与えることを示した。さらに，皮膚のはがれや柔軟性についても結果を紹介した。

1 はじめに

　一般に，流体中を移動する物体には，物体の前面部における接近流体による高圧と，物体の後面部近傍のせん断層のはく離による低圧との差によって圧力抵抗が生じる。また，流体の粘性のため，移動物体表面に摩擦抵抗が生じる。水の粘性が空気のそれと比較して大きいために水棲生物は，同じ速さで移動する陸上生物よりもはるかに大きな摩擦抵抗を水から受ける。そのため，大型水棲生物は摩擦抵抗を低減させるメカニズムを持っていると考えられる。イルカは，カジキ，マグロ，カツオについで高速で泳ぎ，かつそれらの魚よりも大型であるため，効率的に摩擦抵抗と圧力抵抗を下げる秘密があると考えられる。そのため，イルカに着想を得た抵抗低減技術の開発に関連する多くの研究が行われてきた。以下では，そのような研究の一部を紹介する。

2 圧力抵抗

　圧力抵抗を下げるためには，①物体の前面部の断面積を徐々に増やして圧力増加を抑える，②物体の後面部の断面積を徐々に減らしてはく離と圧力低下を抑える，③せん断層のはく離を起こしにくくするといった方法が有効である。①と②については，いわゆる流線形が有効である。多くの種類の魚やイルカの胴体は流線形であり，圧力抵抗を低減している。

　背びれや胸びれは，遊泳の安定性や方向性の制御に役立っているが，流線形を崩すため圧力抵抗の増加を引き起こしてしまう。しかし，③に有効な乱れの発生を促進することが，コンピュータシミュレーションにより得られた[1)]。また，ザトウクジラの胸ビレの前縁部には凹凸があり，

＊1　Sho Yonezawa　京都工芸繊維大学　大学院工芸科学研究科　機械物理学専攻
＊2　Yoshimichi Hagiwara　京都工芸繊維大学　機械工学系　教授

生物の優れた機能から着想を得た新しいものづくり

これによって後縁に向かう流れが乱れて前縁と後縁の圧力差が小さくなること，および揚力が高くなることが明らかになった[2,3]。なお，カジキは，背びれを折りたたんで体内に格納するための溝や，胸びれを体につけて突起部を減らすための窪みを持っている。

3　摩擦抵抗

3.1　イルカの皮膚

　総面積の約4割を占める頭部と背部の皮膚は，硬く弾力がなく，硬度約70度の天然ゴムに似た感触である。他方，胸腹部の皮膚は軟らかく弾力があり，硬度約50度のシリコーンゴムに似た感触である。皮膚の下の組織の影響もあり，腹部の皮膚は背部の皮膚に比べて変形しやすい。

　イルカの表皮は，低速で泳いでいるときには滑らかであるが，高速で泳いでいるときには，胸腹部の一部分にしわが現れる[4]。しわは，水と柔軟な皮膚との相互作用の結果と考えられる。基本的に肛門付近を除いて皮膚のしわの動きや変形は確認できない。

3.2　皮膚の剥がれ

　イルカの皮膚は，部位によらず，小片となって頻繁に剥がれる。水族館のイルカショーで演技した直後のイルカの表皮を布や手でぬぐうと，手や布には何もつかないが，約2時間後の次のショーの直前に同様にぬぐうと，サブミリサイズの多数の小片が布あるいは手につく。剥がれた小片は，乱流構造を変化させて，その結果抵抗低減に寄与する可能性のあることが，数値シミュレーションにより予測された[5]。

　皮膚の小片のはがれ方は不明であるが，水流のせん断により小片がずり運動をしている可能性がある。すなわち，小片はある瞬間に直ちに完全にはく離するのではなく，徐々にずり動いて，ある距離を越えたときに，水中に放出されると仮定できる。これは，表面の平均流体速度が0でないことを示唆している。そこで，波状面表面にすべり速度を与え，波状面の振幅を変えて数値シミュレーションを行った[6]。その結果，波状面の振幅が大きく，すべり面であるほど壁近傍での速度勾配が減少し，摩擦抵抗が低減された。

3.3　柔軟壁

　一般に柔軟面に沿う乱流は，面の変形の有無に関わらず変化する。そのため，イルカの皮膚に限らず，表面の柔軟性の流れへの影響に関する研究が行われてきた。Choiら[7]は，水流中のシリコーンゴムで覆われた物体の摩擦抵抗を測定し，抵抗低減結果を得た。また，Gadel-Hak[8]は，長い水槽の水面上を柔軟な膜に覆われた板を移動させた実験を行い，全抗力の減少を得た。このとき表面にはしわが現れ，移動した。このことは，表面のしわの移動が抵抗低減に寄与することを示す。しかしながら，しわの形状は不規則であり，再現性に乏しかった。さらにEndo and Himeno[9]は，皮下脂肪の弾性効果を考慮する式を併用した数値シミュレーションを行い，

第4章　イルカの表皮から着想を得た波状面による乱流摩擦抵抗低減

弾性が摩擦抵抗低減に効果的であることを示した。

3.4　二次元波状面

　3.1 項で述べたように，しわの動きを確認できないので，しわを伴う皮膚を二次元正弦波状面で近似することが考えられる。この波状面に沿う乱流については，過去に多くの研究がある。それらの研究結果より，波状面の振幅 a と波長 λ の比 a/λ が重要な因子であることが明らかになった。具体的には，$a/\lambda > 0.02$ では波状面の下り坂と谷を含む領域の一部分に循環流が発生する[10]。これは，山部を乗り越えた流れが下り面に沿わずに下流側の上り面に衝突し，その一部が谷部から下り面へと逆流することによって生じる。このとき，局所的に壁面における速度勾配，したがって壁面摩擦応力は負の値を取る。a/λ の増加とともに，循環流は顕著になり，$a/\lambda > 0.045$ において摩擦抗力係数 C_F は，平板のそれより低くなる。つまり摩擦抵抗低減が実現できる。しかし，循環流に隣接する流れが上り坂に接近するため，上り坂と山を含む領域の圧力は急増してしまう。また，圧力抗力係数 C_P は，a/λ の約 2 乗に比例して高くなる[10, 11]。したがって，全抗力係数 C_T は，a/λ の増加とともに増加する。

　イルカの変形した皮膚の振幅を測定することはきわめて困難であるので，イルカの変形した皮膚の a/λ の値は求められない。しかしながら，もしイルカの変形した皮膚が固体波状面で近似できるとすれば，イルカの全抵抗が増していることになり，速く泳ぐ妨げになる。このことは，二次元正弦波状固体面とイルカの変形した皮膚との差に，全抵抗を減らす技術のヒントがあることを示唆している。以下では，この差に注目した研究結果を紹介する。

3.5　有限幅の固体波状面

　イルカの胸腹部表面は曲面であること，および皮膚のしわが局在化していることを考慮すると，しわを模擬する波状面の横幅を狭くすることが妥当である。図1に著者らが用いた幅 130 mm の波状プレートを示す[12]。このプレートを幅 270 mm の開水路底面に設置した。プレートの両側面と開水路側壁の間，およびプレートの上流側は，波状面の谷部と面一になるようにゴム板が敷かれた。プレートは，ステンレス鋼基板とシリコーンゴムシートからなり，両者は 20 mm 毎に細い両面テープで固定された。固定していない箇所のステンレス板とシートの間に，ステンレスパイプ（$\phi = 1.4$ mm）を挿入して，正弦波状面（$a/\lambda = 0.035$）を実現した。

　開水路流れは，直径約 0.05 mm のトレーサ粒子を用いて可視化した[4, 12]。光源には Nd：YVO$_4$ レーザを用い，レーザ光をミラー，シリンドリカルレンズ，幅 5 mm のスリットを用いて，開水路上方からシート状にして照射した（図2参照）。モノクロ C-MOS カメラを用いて，トレーサ粒子の散乱光を撮影した。撮影した画像はパソコンに保存し，画像を粒子追跡速度計測法（PTV 法）を用いて解析し，時間平均速度場を得た。壁面近傍の平均速度分布から壁面摩擦応力および摩擦抗力係数 C_F を得た。

　同じ波状プレートを用いて，別途全抗力を測定した。図3に，全抵抗計測システムを示

生物の優れた機能から着想を得た新しいものづくり

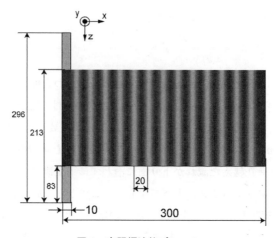

図1　有限幅波状プレート

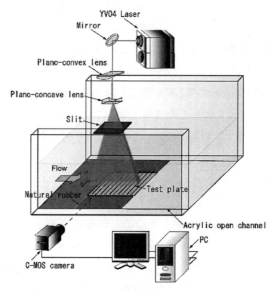

図2　速度場計測システム

す[4, 12]。プレートのステンレス鋼基板下面と開水路底面の間に多数の微小球形粒子を置いて，摩擦を可能な限り減らした。プレート基板前縁部両端に取り付けた小型U字アングルに，開水路の両側壁をくりぬいた部分に設置した片持ちばりの一端を接触させた。プレートが水流により流れ方向にわずかに移動するときに生じる片持ちばりのたわみを，貼り付けたひずみゲージにより検知した。データロガーを介して，ひずみゲージの出力信号をパソコンに保存した。較正実験で得られた式を用いて，この信号から全抵抗の時間平均値を算出し，全抵抗係数C_Tを得た。圧力抗力係数C_Pは，C_TとC_Fの差として評価した。

第4章 イルカの表皮から着想を得た波状面による乱流摩擦抵抗低減

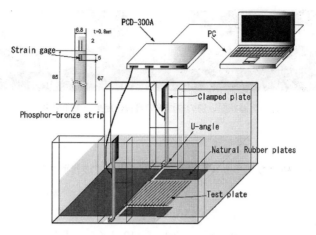

図3　全抵抗計測システム

　図4に，流速を2通りに変えた場合の各係数の値を，二次元波状面乱流の数値計算結果[10]と併せて示す。有限幅波状面の場合の抗力係数は，いずれも数値シミュレーション結果よりも低い。さらに，C_Fは平板の場合に比べてわずかに低い。これらの理由を明らかにする目的で，染料による流れの可視化を行った。その結果，波状面の下り坂部に発生する循環流は，その規模が小さく（図5参照），かつ間欠的に現れた。この間欠性は，循環流がプレート側面を流れる主流との干渉により弱められた結果である。したがって，有限幅の波状面は，摩擦抵抗低減と圧力抵抗増加の低減に有効であることがわかった。

3.6　硬度の異なる波状面
　3.4項で述べた全抵抗増加の原因に，波状面の弾性あるいは硬さが影響している可能性がある。

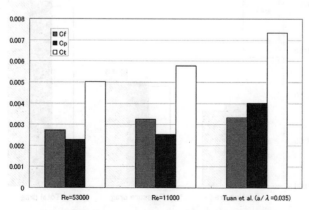

図4　有限幅波状プレートにおける抗力係数の比較

生物の優れた機能から着想を得た新しいものづくり

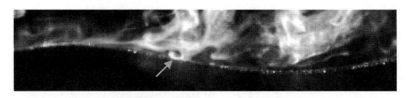

図5　波状面近傍の循環流の可視化結果（矢印の先）

そこで硬さの異なる三種類のシリコーンゴムシートを用いて波状面を作製し，抗力係数を測定した[13]。硬さの異なるシリコーンゴムシートとして，JIS K 6253 デュロメータタイプ A の規格に準ずる A10，A47，A70 の三種類を使用した。A70 はイルカの頭部や背部の皮膚の硬さに近く，A47 はイルカの腹部や胸部の皮膚の硬さに近い。A10 はさらに柔らかい。抗力の結果を図6に示す。全抵抗および圧力抵抗は，波状面が柔らかいほど小さくなることが分かった。各プレートの摩擦抵抗の差は，上り面において顕著に表れた。これは，波状面の微小な変形が影響していると考えられる。

3.7　微細溝を有する波状面

イルカの皮膚の表面には，微細な溝がある。その微細な溝は，実用化されている摩擦抵抗低減技術の一つであるサメ肌をヒントにしたリブレットと似ているので，抵抗を低減している可能性がある。そこで，微細溝を有する波状面を作製し，測定を行った[14]。微細溝の大きさは，幅 0.30 mm，高さ 0.60 mm であった（図7参照）。抗力係数の比較結果を図8に示す。微細溝（図中では riblet と表示）を有する波状面では，摩擦抵抗が低減された。局所的には上り面と頂上部

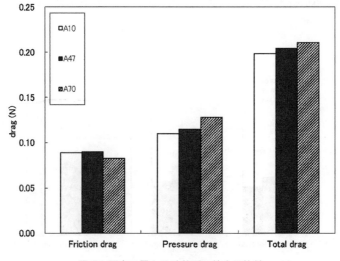

図6　硬度の異なる波状面の抗力の比較

第 4 章　イルカの表皮から着想を得た波状面による乱流摩擦抵抗低減

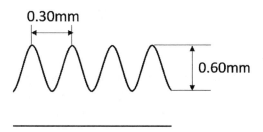

図 7　微細溝の形状

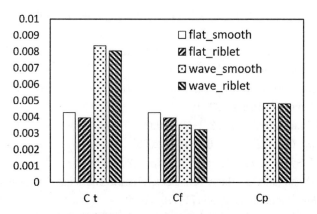

図 8　微細溝を有する波状面の力係数の比較

において低減効果が強く現れ，流れが斜面から離れやすくなった。また，谷部においては，乱流構造が持ち上がることにより，大きな循環流が生じたと考えられる。圧力抵抗は，大きな差はなかった。したがって，微細溝を施すことにより圧力抵抗を増加させずに，摩擦抵抗低減効果を得られることが確認できた。

4　おわりに

イルカの皮膚の変形が皮膚近傍の乱流水流の構造を変えること，変形した皮膚を模擬する波状プレートを用いた実験により摩擦抗力や圧力抗力増加は二次元波状面の結果より下回ること，波状面の硬度や表面性状が抗力に影響を与えることを示した。さらに，皮膚のはがれや柔軟性についても結果を紹介した。今後の更なる研究が必要ではあるが，イルカの皮膚に着想を得た新しい表面の創製とその応用が期待できる。

生物の優れた機能から着想を得た新しいものづくり

文　献

1) V.V. Pavlov, *J. Bioinspir. Biomim.*, **1**, 31-40 (2006)

2) F.E. Fish, L.E. Howle, M.M. Murry, *Integr. Comp. Biol.*, **48**, 788-800 (2008)

3) A. Skillen, A. Revell, J. Favier, A. Pinelli, U. Piomelli, Proc. 8th International Symposium on Turbulence and Shear Flow Phenomena, Paper no. CON4E, pp.1-6 (2013)

4) H. Zhang, N. Yoshitake, Y. Hagiwara, Bio-mechanisms of Swimming and Flying, N. Kato, S. Kamimura, chapter 8, pp. 91-102, Springer (2008)

5) H. Nagamine, K. Yamahata, Y. Hagiwara, R. Matsubara, *J. Turbul.*, **5**, 1-25 (2004)

6) R. Akaiwa, A. Nishida, Y. Hagiwara, Proc. 15th International Heat Transfer Conference, IHTC-15-9788 (2014)

7) K.-S. Choi, X. Yang, B.R. Clayton, E.J. Glover, M. Alter, B.N. Semenov, V.M. Kulik, *Proc. Royal Soc. London A*, **453**, 2229-2240 (1997)

8) M. Gad-el-Hak, Flow Control: Passive, Active and Reactive Flow Management, Cambridge University Press (2000)

9) T. Endo, R. Himeno, *J. Turbul.*, **3**, 1-10 (2002)

10) H.S. Yoon *et al.*, *Ocean Eng.*, **36**, 697-707 (2009)

11) D.S. Henn, R.I. Sykes, *J. Fluid Mech.*, **383**, 75-112 (1999)

12) Y. Ozaki, N. Yoshitake, Y. Hagiwara, Proc. 6th International Symposium on Turbulence and Shear Flow Phenomena, 2, pp.771-776 (2009)

13) 山田稜真, 萩原良道, 日本機械学会流体工学部門講演会講演論文集, 論文番号 0613 (2015)

14) 米澤翔, 山田稜真, 萩原良道, 日本機械学会, 論文番号 J0520402 (2017)

第5章 開水路底面に配置された角錐台の波状表面による 圧力抗力および摩擦抗力の低減効果の検証

新谷充弘[*1]，萩原良道[*2]

1 はじめに

　近年，船舶や自動車などの移動体の抵抗を低減する研究が盛んに行われている。この抵抗には，物体の形状による圧力抵抗，および流体により物体表面にはたらく摩擦抵抗が含まれる。これらの抵抗を低減する技術を開発するにあたり，水棲生物に発想を得る場合が多い。なぜならば，水棲生物が受ける抵抗は陸棲生物のそれに比べてはるかに大きいため，その状況に適した効率的な抵抗低減方法を兼ね備えているのではないかと想像できるからである。この抵抗低減方法を解明し，それを用いて角錐台の抵抗を低減することが本研究の目的である。

2 イルカの抵抗低減

　大型水棲生物に着想を得た抵抗低減技術において，特に，イルカのもつ抵抗低減メカニズムは多くの注目を集めている。イルカは，その体重から推測される筋肉量より算出される速度を超えて泳ぐことができるのが知られている[1]。この要因として，イルカの流線型の体型による圧力抗力の減少，および皮膚の剥がれや滑らかな皮膚による摩擦抗力の減少などが考えられる[2]。

2.1 圧力抗力の減少

　一般に，流体中の物体において，前面部では流体の接近により圧力が高い。物体前面部から側面部に沿って発達したせん断層が後面部付近ではく離すると，後面部の圧力が低くなる。そのため前面部と後面部の圧力差が大きくなる。この圧力差が前進する物体の抵抗となる。この抵抗を減少する方法として，はく離しにくい物体形状にする，あるいははく離しにくい流れにすることが考えられる。

　物体形状に関しては，前面部において，流れ方向の断面積が徐々に増加するような形状にすることで前面部の圧力増加を抑制することができる。また，後面部において，流れ方向の断面積が徐々に減少するようにすれば，物体の表面に沿って流体が流れ，後面部の圧力減少を抑制することができる。この物体形状は，流線形あるいは紡錘形と呼ばれ，イルカの体は理想的な流線形である。

＊1　Mitsuhiro Shintani　山本光学㈱　開発部　技術開発課　係長

＊2　Yoshimichi Hagiwara　京都工芸繊維大学　機械工学系　教授

生物の優れた機能から着想を得た新しいものづくり

流れの変化に関しては，乱流化やかくはんがある。物体周辺の流れが乱れると物体の後面部に流れこみやすくなり，後面部のはく離領域が減少する。そのため圧力が上がり，前面部との圧力差が減少する。イルカの背びれは常に体から突き出ており，この背びれの前縁と後縁では圧力差が生じる。背びれの付け根のあたりにおいて，水流の乱れがコンピューターシミュレーションにより得られた[3]。この乱れにより，圧力差が減少している可能性がある。

2.2　摩擦抗力の減少

イルカの皮膚の変形，柔軟性および剥がれが，摩擦抗力の減少に寄与していると考えられている。イルカの頭部と背部の皮膚は，硬度約70度の天然ゴムに似た感触であり，硬く弾力がない[4]。一方，全身の皮膚の5割弱を占める胸部と腹部の皮膚は，硬度50度のシリコーンに似た感触で，軟らかく弾力がある[5]。そのため，胸腹部の皮膚は背部の皮膚と比べて変形しやすい。

イルカの皮膚に限らず，柔軟な表面の乱流への影響に関する研究が行われてきた。Choi ら[6]は，実験により，シリコーンゴムで覆われた面の摩擦抵抗低減を得た。Endo ら[7]は，皮下脂肪の弾性効果を考慮する式を併用した数値シミュレーションを行い，弾性が摩擦抵抗低減に効果的であることを示した。

イルカの表皮は，部位によらず，小片となって頻繁に剥がれる[8]。剥がれた小片は，乱流構造を変化させて，その結果抵抗低減に寄与することが，数値シミュレーションにより予測された[8]。

Yoshitake ら[9]は，イルカが高速で泳ぐときのみ，胸部と腹部にできるしわに着目した。彼らは，そのしわを模擬した波状形状を施したテストプレートを作製し，抵抗測定を実施した。その結果，平板と比較して，全抵抗値と圧力抵抗値は増加するが，摩擦抵抗値は減少するという結果を得た。また，同様のプレートを用いた Ozaki ら[10]は，波状形状の振幅 a と波長 λ の比を a/λ ＝0.035 に設定した場合に，波状の谷部において循環流が間欠的に発生することを確認した。

3　立体物への応用

著者の一人は，所属する企業において，スイミングゴーグルの製品開発を行っており，イルカの表皮に着想を得た抵抗低減技術をスイミングゴーグルに応用してきた。スイミングゴーグルは，視界や顔への装着性などにより，物体形状に制限がある。そのため，物体形状による圧力抗力の大幅な減少は容易ではない。そこで，表面にイルカのしわを模擬した波状形状をつけて，摩擦抗力の減少を試みた。三次元形状を有するスイミングゴーグル表面に平滑な表面と波状形状の最上部を同じ位置にし，他の部分を振幅 a＝0.1 mm で凹ませた波状形状を施したモデルの全抵抗測定を行った[11]。表面に波状形状を施したモデルと平滑なモデルの測定値の比較を行った結果，流れの主流方向に対して同じ投影面積を持ちながら，前者の全抵抗値が低い結果を得た。しかし，立体物の表面に施した波状形状が抵抗に及ぼす影響についてのメカニズムは解明されてい

第5章　開水路底面に配置された角錐台の波状表面による圧力抗力および摩擦抗力の低減効果の検証

なかった。このメカニズムを解明するため，複雑な形状のスイミングゴーグルではなく，比較的単純な立体物である角錐台を用い，その表面に波状形状を施したものに関して全抗力測定，摩擦抗力測定および立体物の前面と後面の圧力差を検証した[12]。

4　実験方法

4.1　実験装置

図1に実験装置の概略図を示す。この実験装置は，文献9)～13)において使用された装置と同様である。高位水槽の水が開水路（全長2000 mm，幅270 mm，高さ150 mm）を通過し低位水槽へ流れ込み，低位水槽の水は水中ポンプ（鶴見製作所，80PU23.7）によって高位水槽に戻される循環水路である。開水路入口から1150 mmの位置に，テストセクションを設けた。テストプレート前縁部中央を原点とし，主流方向にx軸，鉛直方向にy軸，スパン方向にz軸座標を定義した。平均流速は，一般人の平泳ぎの速度をもとに決定した。水深を54 mmに設定し，水温が17±2℃の状態において測定を実施した。

4.2　角錐台

アクリル系樹脂製の角錐台の概略図を図2に示す。波状形状の振幅aと波長λの値を，表1のように5通りに変更した。それぞれの波状形状を得る際，波状面の頂部以外の部分を削りとったため，主流方向に対する投影面積は同一であった。また，重量を増やすために，図2(a)に記した点線の領域をくりぬき，ステンレス製のおもりを取り付けた。

圧力差の測定に用いた角錐台には，前面（主流方向に対して上流側）および後面（下流側）に直径0.7 mmの圧力孔を設けた。角錐台の側面に設けた導圧管取り付け部と圧力孔をつなぐため

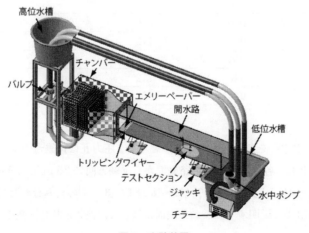

図1　実験装置

生物の優れた機能から着想を得た新しいものづくり

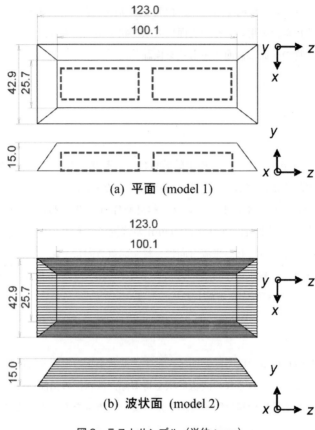

(a) 平面 (model 1)

(b) 波状面 (model 2)

図2 テストサンプル（単位：mm）

表1 各モデルの振幅 a，波長 λ，振幅と波長の比 a/λ および重量

model	振幅 a（mm）	波長 λ（mm）	比 a/λ	重量（g）
1	—	—	—	44.0
2	0.10	2.86	0.035	43.1
3	0.06	1.72	0.035	43.4
4	0.30	8.58	0.035	41.2
5	0.10	1.72	0.058	43.0
6	0.10	8.58	0.012	43.0

に，内径 0.7 mm の導水孔を角錐台の内部に作製した．圧力孔は角錐台の前面または後面を3等分した領域の中央とし，各圧力孔は開水路底面から y 軸方向に 2.5 mm，7.5 mm，12.5 mm の位置に設けた．差圧測定は，圧力孔(1)～(9)，(2)～(8)および(3)～(7)の組み合わせで行った．圧力孔の位置については，6.3項で説明する．なお，表面に施された波状形状は，表1と同様であった．

第 5 章　開水路底面に配置された角錐台の波状表面による圧力抗力および摩擦抗力の低減効果の検証

5　計測手法

5.1　全抗力計測手法

　角錐台にかかる全抗力値を測定する方法は，文献 9)〜13) と同様である。開水路底面に置かれた T 字型ステンレス板の表面に，角錐台を固定した。開水路底面とステンレス板下面底面の間にプラスチック球形粒子を散布し，摩擦を低減させた。ステンレス板の前縁部両側に取り付けた小型 U 字アングルに接触するように，金属薄片を開水路に取り付けた。薄片に貼り付けたひずみゲージ（共和電業，KFWS-type）の出力信号を，データロガー（共和電業，PCD-300A）を介して PC に保存した。この信号と較正実験で得られた較正式より，全抵抗の時間変動値を算出し，最終的に全抗力値を得た。

5.2　速度計測手法

　開水路乱流水流の平均速度分布と乱れ強さ分布を求めるために，文献 9)〜13) と同様に，流れに混入させたトレーサー粒子（ORGASOL，比重 1.03）の画像を粒子追跡速度計測法（Particle Tracking Velocimetry：以下 PTV 法と略す）を用いて処理した。撮影には，モノクロ C-MOS カメラ（PHOTRON，FASTCAM-1024PCI 100K）を用い，光源にはレンズとスリットにより得た Nd：YVO$_4$ レーザー光（JENOPTIK，λ = 532 nm）を用いた。得られた時間平均速度場から，表面近傍の平均速度分布と壁面せん断応力を求め，最終的に摩擦抗力値を得た。なお，角錐台を取り付けたステンレス板は開水路底面に固定した。

　開水路底面に角錐台を設置した場合における，角錐台の前面および後面の速度ベクトルを図 3 に示す。各速度成分は，以下の(1)，(2)式により求めた。

$$u_{uphill} = u\cos\theta + v\sin\theta, \quad v_{uphill} = v\cos\theta - u\sin\theta \tag{1}$$

$$u_{downhill} = u\cos\theta - v\sin\theta, \quad v_{downhill} = u\sin\theta + v\cos\theta \tag{2}$$

　流れ場とくに循環流の可視化には，撮影条件を変更することで得たトレーサー粒子の流跡を用

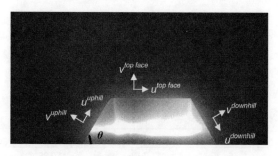

図 3　速度ベクトル

いた。それぞれの撮影条件を表2に示す。

5.3 差圧計測手法

外径 1.8 mm のポリウレタンチューブにより，導圧管と差圧計（長野計器，GC-50）をつないだ。まず，差圧計のゼロ校正を行った。つぎに，差圧計の空気抜きを行い，その後測定を開始した。差圧の時間変動値を算出し，最終的に圧力差を得た。

6 結果および考察

6.1 全抗力

表3に，各モデルの全抗力の平均値と標準偏差値を示す。各値は，水の密度，角錐台がない場合の主流方向最大平均速度，および角錐台の側面を除く表面積で無次元化した。表より，振幅が $0.06 < a < 0.30$ mm，波長が $1.72 < \lambda < 8.58$ mm の範囲においては，振幅 $a = 0.10$ mm，波長 $\lambda = 2.86$ mm の場合（model 2）に，全抗力値が最も低減し，表面が平面である model 1 の全抗力値よりも 7.9%低いという結果を得た。

表2 可視化画像取得撮影条件

		PTV	Path-lines
ピクセル数		1024×336	1024×512
フレームレート（fps）		3000	125
シャッター速度（s）		1/9000	1/125
レーザー出力（A）		25	8.5
フレーム数		9752×5	3000
ピクセル解像度（mm/pixel）	（前面）	0.051	0.034
	（上面）	0.028	0.034
	（後面）	0.056	0.034

表3 平均全抗力値および RMS 値

model	全抗力（×10^4）	RMS
1	7.43	0.08
2	6.84	0.07
3	6.86	0.07
4	7.24	0.08
5	6.95	0.34
6	7.13	0.25

第 5 章　開水路底面に配置された角錐台の波状表面による圧力抗力および摩擦抗力の低減効果の検証

6.2 摩擦抗力

図 4 に速度分布から壁面せん断応力を算出した際の領域を示す。各領域は，後述の循環流が発生する領域を考慮して区分した。得られた速度分布のうち，表面から法線方向に 1 点目の速度と(3)式を用いて，各モデルの前面，上面および後面における壁面せん断応力を算出した。

$$\tau_{w\,uphill} = \mu \cdot \frac{du^{uphill}}{dy^{uphill}}, \quad \tau_{w\,top\,face} = \mu \cdot \frac{du^{top\,face}}{dy^{top\,face}}, \quad \tau_{w\,downhill} = \mu \cdot \frac{du^{downhill}}{dy^{downhill}} \quad (3)$$

摩擦抗力値は，各領域のせん断応力と各領域の面積を掛けることにより算出した。摩擦抗力値の主流方向成分を表 4 に示す。なお，各値は，全抗力と同様に無次元化した。全てのモデルにおいて，主流方向に対して逆向きの流れによる負の摩擦抗力が発生した。表面に波状形状を施したモデル（model 2～6）の場合には，全て model 1 よりも摩擦抗力値が低い。しかしながら，全てのモデルにおいて，摩擦抗力値は全抗力値に比べてきわめて低いため，これらの結果から表 3 に記載した全抗力値のモデル依存性を説明することはできない。

6.3 圧力抗力

表 5 に，各モデルの各測定位置における差圧の平均値と標準偏差値を示す。圧力孔は，図 4 の前面の領域(1), (2), (3)の中央に，後面の領域(7), (8), (9)の中央の位置に設けた。圧力孔(1)は，領

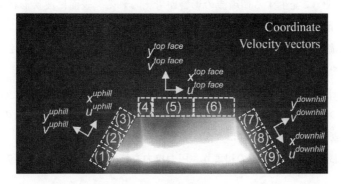

図 4　測定領域

表 4　平均摩擦抗力値

model	摩擦抗力（×10^2）
1	−0.76
2	−2.07
3	−2.21
4	−2.04
5	−2.19
6	−2.06

生物の優れた機能から着想を得た新しいものづくり

表5 差圧値および RMS 値（Unit：KPa）

model	(a)圧力孔(1)〜(9)		(b)圧力孔(2)〜(8)		(c)圧力孔(3)〜(7)	
	差圧	RMS	差圧	RMS	差圧	RMS
1	0.28	0.02	0.34	0.02	0.16	0.03
2	0.25	0.01	0.29	0.03	0.14	0.03
3	0.27	0.01	0.29	0.03	0.18	0.03
4	0.29	0.02	0.29	0.02	0.27	0.03
5	0.27	0.02	0.29	0.03	0.18	0.03
6	0.28	0.01	0.31	0.02	0.21	0.03

域(1)に設けられた圧力孔であり，他の圧力孔も同様である。まず，(a)の圧力孔(1)〜(9)に着目する。この場合には，時計回りの循環流が間欠的に発生した。各モデルにおいて，循環流の大きさや発生時間は異なった。波長 λ が 2.86 mm より短い角錐台である model 2，model 3 および model 5 を比較する。この3つのモデルの圧力差は，波長 λ が長い model 4，model 6 または表面が平面である model 1 よりも低い。すなわち，波長 λ が 2.86 mm より短い波状形状をもつ角錐台については，圧力差が減少した。

次に，(b)の圧力孔(2)〜(8)に着目する。この場合には，model 1 の圧力差が最も高い結果であった。これは，領域(1)で発生する循環流の影響が考えられる。表面に波状形状を施したモデル（model 2〜6）の前面に発生する循環流の大きさは，model 1 よりも大きかった。領域(2)に向かって流れる前方の流れは，循環流によって弱められた。そのため，循環流が小さい model 1 は前方の流れの影響を受け，圧力差が増加したと推測する。

最後に，(c)の圧力孔(3)〜(7)に着目する。model 3〜6 は，model 1 よりも圧力差が増加した。特に，model 4 の増加は顕著であった。また，波長 λ が 8.58 mm の波状表面の角錐台よりも，2.86 mm の波状表面をもつ角錐台のほうが圧力差は減少した。

表5の(a)，(b)および(c)の圧力差の和より，圧力抗力を算出した。表6に各モデルの平均圧力抗

表6 平均圧力抗力値

model	圧力抗力（$\times 10^1$）
1	6.05
2	5.25
3	5.95
4	6.83
5	5.94
6	6.25

力の結果を示す。この結果は、表3の全抗力のモデル依存性とほぼ同じであった。全抗力値との誤差は最大で23％であった。

6.4 循環流の影響

図5に，前面の循環流を流跡法により可視化した結果を示す。(a)は循環流がある瞬間，(b)は循環流がない瞬間の例を示す。(a)では，前面に接近する主流流れと底面のあいだで循環流が発生している。前面に衝突した流れは，傾斜の上方に前面に沿った流れと傾斜の下方に沿った流れに分かれた。この下方に沿った流れが循環流の一部である。一方，(b)においては，前方の主流方向流れの全てが前面遠方より角錐台の前面上部に沿って流れた。

次に，図6に後面の循環流を流跡法により可視化した結果を示す。(a)では角錐台の後方で循環流が発生しており，この循環流の影響により，後面に向かう流れが上方に向きをかえている。この循環流の影響で，後面に沿う流れの向きが上方へと変化した。一方，(b)においては，角錐台上面より後面の傾斜に沿って流れた。

以上をまとめると，後面付近に大きな循環流が発生することによる後面の圧力減少と，前面付近の衝突・接近流による圧力増加によって，圧力抗力および全抗力が増加した。波状形状を施し

(a) 循環流あり

(b) 循環流なし

図5　前面の流れ

(a) 循環流あり

(b) 循環流なし

図6　後面の流れ

た場合は，後面付近の循環流の発生が抑制されることにより，圧力抗力および全抗力が減少した。

7 おわりに

開水路底面に配置された角錐台の表面が波状形状と平板のものに対して圧力抵抗，摩擦抵抗および全抵抗を比較した結果，以下の結論を得た。

① 表面に波状形状を施したモデルは，表面が平面であるものよりも全抵抗値が減少した。特に，$a = 0.10$ mm，$\lambda = 2.86$ mm，$a/\lambda = 0.035$ のモデルでは，全抗力値が約 7.9% 減少した。

② 振幅 a をある程度に大きくし，その振幅 a に対して，$a/\lambda = 0.035$ になるように波長 λ を調整することにより，全抵抗が減少した。

③ 表面に波長 λ が 2.86 mm 以下の波状形状を施したモデルは，圧力差が減少した。特に，$a = 0.10$ mm，$\lambda = 2.86$ mm，$a/\lambda = 0.035$ のモデルでは，表面が平面であるものよりも圧力差が約 13.7% 減少した。

④ 波状形状を施した角錐台の後面の循環流の発生を抑制することにより，角錐台の前面と後面の圧力差が減少した。

文　　　献

1) J. Gray, *Journal of Experimental Biology*, **13**, 192 （1936）
2) F.E. Fish, *Journal of Bio-mimetics and Bio-inspiration*, **1**, R17 （2006）
3) V.V. Pavlov, *J. Bioinspiration and Biomimetics*, **1**, 31 （2006）
4) www.bridgestone.co.jp/csr/soc/region/japan/dolphin/history/ （2015 年 7 月 19 日）
5) 萩原良道，エアロアクアバイオメカニズム，エアロ・アクアバイオメカニズム研究会編，p.51，森北出版 （2010）
6) K.S. Choi *et al.*, *Proceedings of the Royal Society of London A*, **453**, 2229 （1997）
7) T. Endo, R. Himeno, *Journal of Turbulence*, **3**, 1 （2002）
8) H. Nagamine *et al.*, *Journal of Turbulence*, **5**, 1 （2004）
9) N. Yoshitake *et al.*, *Proceedings of the 22nd Int. Congress of Theoretical and Applied Mechanics*, **11760**, 1 （2008）
10) Y. Ozaki *et al.*, *Proceedings of 6th International Symposium on Turbulence and Shear Flow Phenomena*, **2**, 771 （2009）
11) 新谷充弘ほか，生物の優れた機能から着想を得た新しいものづくりシンポジウム, 1 （2012）
12) M. Shintani, Y. Hagiwara, *Journal of Fluid Science and Technology* （under reviewing）
13) D.C. Trieu *et al.*, *Journal of Aero Aqua Bio-mechanics*, **3**, 29 （2013）

第6章 海洋生物にヒントを得た超低燃費型船底防汚塗料の開発

山盛直樹[*1], 松田雅之[*2]

1 付着生物との闘い

　船底に生物が付着すると，船速が低下する。人類は古代より船とのかかわりは深く，交通，貿易や軍事的に船が使われてきた（図1）。恐らく，このような目的の船に関しては，付着生物について悩まされてきたであろう。BC.400年頃にはAristolleが船底にEchineisが付着し船速が低下することを述べている[2]（図2）。BC.300からBC.200年ころには船底の汚損防止に，ピッチ，蝋，タール，アスファルトを使用した。同じ頃，アルキメデスは船底に鉛を用い，銅のボルトで締めたとあり，鉛や銅には生物が付着しない効果を知っていたのではないかと思われる。

　ルネサンス時代になると，レオナルド・ダ・ヴィンチは熔融鉛を船底に汚損防止用として使用している。17世紀になると，船底を銅板で被覆し，寄生虫保護の為にタールを塗布したりした。このころは木船時代で，今で言う付着生物と木を食いあらす寄生虫との闘いであった。18世紀になると英国艦隊は全てを銅板で覆い，生物汚損を防止していた（図3）。

　19世紀になると，鉄船の時代になり（図4），寄生虫による船体汚損の心配は無くなったものの，付着生物の問題は残り，さらに，鉄を腐食から守るため，防汚塗料（生物の付着を防止する

図1　ハトシェプスト女王の船腹復元図
（エジプト第18王朝：BC1470年頃）[1]

図2　船底にEchineis（コバンザメ）が付着した寓話図[1]

＊1　Naoki Yamamori　日本ペイントマリン㈱　常勤顧問
＊2　Masayuki Matsuda　日本ペイントマリン㈱　技術本部　環境安全保証部　部長

図3　ビクトリー号模型
英国艦隊の旗艦，1765 年建造[1]

図4　明治丸
重要文化財，わが国に現存する唯一の鉄船

塗料）と防食塗料（腐食を防止する塗料）が明確に分類されるようになった。このころの樹脂は天然系樹脂や油脂を主体とする油性塗料が主流である。

20 世紀後半になると，合成樹脂を用いる塗料が現れ，塗料の性能は著しく向上した。防汚塗料としては，塩化ゴムに代表される海水に不活性な樹脂に防汚剤（主に銅系化合物）とこの防汚剤の溶出を促す溶出助剤（主にロジン）からなる塗料が使用された（「拡散型防汚塗料」）。1970 年代になると，海水に対して活性な有機スズ化合物を含む合成樹脂が出現し，自己研磨性機能により防汚期間が格段に延びた。しかし，有機スズは海洋汚染の問題から規制され，有機スズを含まずに同等の機能を有する樹脂や塗料が開発された。

このように，これまでの防汚塗料は船体に生物を付着させないことで生物付着による船体の抵抗増加（＝航行燃費の増加）を防止するものであったが，21 世紀になると，積極的に摩擦抵抗を低減させる防汚塗料が出現した。これが今回紹介する「低摩擦船底防汚塗料」である。

2　最近の船底防汚塗料[3]

2.1　はじめに

イガイ・カキ・フジツボなどの動物類やアオサなどの藻類は基盤に付着することで棲息できる生物で海洋付着生物とよばれる。この付着生物が船舶，漁網，海上構築物に付着すると重量や水流抵抗が増加し産業上の被害を及ぼす（図5）。このような経済上の理由から生物の付着を防止する種々の対策が施されている。特に船舶は生物が付着すると船体の抵抗が増大し，それにともない航行燃費も増大する。これを防ぐには，まず船体に生物を付着させないことが重要であり，船舶には薬物（防汚剤）で生物付着を防止する船底防汚塗料が広く用いられている。

ここでは，戦後の合成化学が発達した時期の船底防汚塗料の変遷をふりかえる。防汚塗料の性能は防汚寿命が保持される期間で決まり，これはバインダーである樹脂に依存している（表1）。

第6章 海洋生物にヒントを得た超低燃費型船底防汚塗料の開発

図5　船底に付着したフジツボ

2.2 拡散型防汚塗料

　有機スズポリマーが出現するまでの防汚塗料は，バインダーとして海水に安定な塩化ゴムを用い，これに海水を呼び込む作用のあるロジンを加えた拡散型防汚塗料が用いられていた（表1）。拡散型防汚塗料では，塗膜内に呼び込まれた海水に，塗膜中に分散されている防汚剤（主に亜酸化銅が使用される）が溶解し海水中に放出されることで防汚性を発現する（図6）。塗膜内部と表面では防汚剤の濃度勾配が生じ，防汚剤は表面への拡散で溶出する。このため，初期は海水接触表面の防汚剤が多量に海水中に溶出するが，期間が経つにつれ防汚剤の溶出量は減少し，やがて生物付着の防止に必要な防汚剤量（防汚限界値）以下となり，（銅で生物の付着を防止するには $10～15\,\mu g/cm^2/day$ 以上の溶出量が必要である）船底に生物が付着する。拡散型防汚塗料で

表1　各種防汚塗料の比較

	拡散型塗膜	崩壊型塗膜	自己研磨型塗膜		
樹脂	塩化ゴム／ロジン	塩化ゴム／ロジン	有機スズポリマー	金属アクリル樹脂	有機ケイ素系樹脂
塗膜の特徴	膜性能がある。海水で安定。	拡散型よりロジン比率が高い。膜性能が低く，崩壊溶出する。	膜形成能がある。海水で分解。		
防汚機構	防汚剤の濃度勾配で，防汚剤が海水へ拡散する。	膜の崩壊溶出時に防汚剤が放出される。	表層の樹脂が分解し，海水へ溶出する。このとき，防汚剤が放出される。		
防汚寿命	～1.5年	～1.5年	2年以上（膜厚に比例）		
省エネ	効果　無	不明	効果　有（船舶の航行燃費低減が期待できる）		
使用状況	従来から使用されている。	有機スズ規制を機に開発された。膜強度が弱く，安定した性能が得られない。	環境汚染で規制	有機スズ代替え樹脂として使用されている。	

生物の優れた機能から着想を得た新しいものづくり

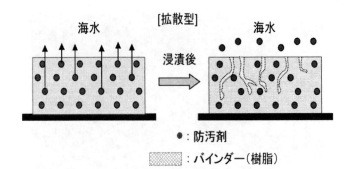

図6　拡散型防汚塗料の経時の塗膜挙動

は，このように塗膜内部の防汚剤が濃度勾配により塗膜と海水界面への拡散で防汚剤が溶出するため防汚寿命が約1.5年程度である（図12参照）。また海水接触面では，防汚剤が溶出した後に樹脂が残存する層（スケルトン層）が形成される。このスケルトン層は塗膜表面の粗度を大きくし，船舶と海水との摩擦抵抗を増大させるため，拡散型防汚塗料では船舶が航行するにつれ燃費が増大する傾向にある。

2.3　自己研磨型防汚塗料

1970年後半から，トリブチルスズ化合物を化学結合で導入した有機スズポリマー（図7）をバインダーとした船底防汚塗料が「Self Polishing Copolymer，SPC，自己研磨型」（海水中で分解することから「加水分解型」と呼ばれることもある）塗料として注目を浴び，当時の主流であった拡散型防汚塗料より優れた防汚性能と省エネ効果を示すことから2000年度には国内の船底防汚塗料中の約80％を占めるに到った。しかし，船底防汚塗料に使用されているトリブチルスズ，トリフェニルスズ化合物の海洋環境への影響から国内では化審法により第1種ないし第2種特定化学物質に指定され使用不可能な状態となる。また，世界的にも各国で独自の規制がなされてきたが，IMO（International Marine Organization）で世界規模の取り組みが計られ2003年にトリブチルスズの国際的禁止が決定し，有機スズポリマーに代わる新素材の開発が活発化した。

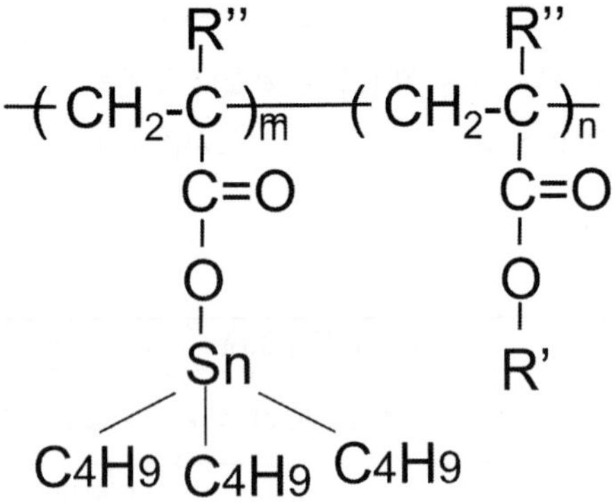

図7　有機スズポリマーの構造

自己研磨型塗料の特徴は従来にない長期間の防汚性能が維持できるほかに，拡散型塗料に比べ省エネ効果があり，これは樹脂の機能に依存するところが大きい（表1）。自己研磨型塗料に使用される加水分解型樹脂は樹脂側鎖のカルボン酸が異種元素でブロックされ，この部位が海水で

第6章 海洋生物にヒントを得た超低燃費型船底防汚塗料の開発

分解し，分解した樹脂は海水中に溶出するように設計されている（図8）。樹脂の分解は海水接触面でおこり，樹脂は親水化して溶出する。この時，この塗膜内に含まれている防汚剤も同時に溶出し，新しい塗膜面が現れる（図9）。この過程を順次繰り返すことで常に新しい塗膜に更新され，いわゆる「Self Polishing・自己研磨作用」が生まれる。この自己研磨作用は塗膜表面の凸部で選択的に起こるため，塗装時に存在する塗膜表面の凸凹が船舶の航行による自己研磨作用で塗膜表面が平滑になり，拡散型防汚塗料に比べて省エネ効果がある（図10）。

　有機スズポリマーに代わりうる材料として，樹脂の側鎖に銅（亜鉛）塩を導入した銅（亜鉛）アクリル樹脂をバインダーとした自己研磨型塗料が開発された[4]。銅（亜鉛）アクリル樹脂の海水中での挙動を図11に示す。海水中はpH＝8.2の微アルカリ性雰囲気で樹脂中の銅塩が海水中のアルカリ金属と交換し，有機スズポリマーと同様のメカニズムで樹脂は親水性になり海水に溶出する。樹脂中に分散されている防汚剤は樹脂の溶出量に比例して一定量溶出され，この防汚剤の溶出量を防汚限界値以上に設計することで，拡散型塗料に比べ不必要な防汚剤の溶出を抑制するとともに，塗膜が存在する期間は防汚性能を保持することができ，拡散型塗料より長い防汚期

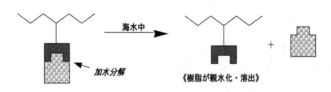

図8　加水分解樹脂の加水分解挙動の模式図

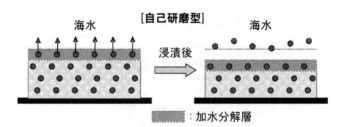

図9　自己研磨型防汚塗料の経時の塗膜挙動

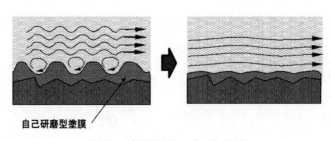

図10　自己研磨型の省エネ効果

間が得られる（図12）。

現在，銅（亜鉛）アクリル樹脂以外でカルボン酸をブロックした樹脂（図13に示す）が開発されている[5]。

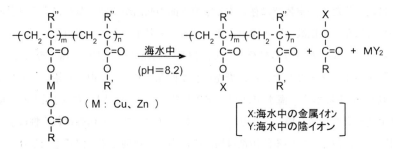

図11　銅（亜鉛）アクリル樹脂の加水分解挙動

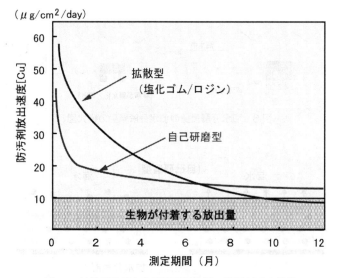

図12　拡散型塗料と自己研磨型塗料の防汚剤溶出挙動

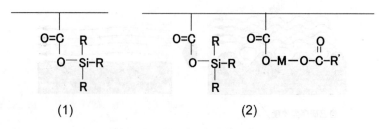

図13　その他の自己研磨塗料用樹脂

2.4 崩壊型防汚塗料

有機スズポリマーは自己研磨作用による省エネ効果と優れた防汚性能を持っていたが,海洋汚染から規制され,新しい自己研磨型塗料が望まれていた。この中で拡散型塗料より多くのロジンを含有し,摩擦抵抗で塗膜を消耗させる崩壊型塗料が開発された(図14)。しかしながら,崩壊型防汚塗料は塗膜強度や防汚性の点で,安定した性能を得るのは難しい。

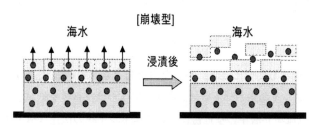

図14 崩壊型防汚塗料の経時の塗膜挙動

3 高速遊泳能力を持つ海洋生物の知恵に学ぶ[6,7]

海洋生物が高速で泳ぐことは早くから知られている。一般に遊泳に消費するエネルギーは速度の3乗に比例し,高速で泳ぐためには莫大なエネルギーが必要になる。イルカなどの哺乳類,マグロやカジキなどの魚類は,進化の過程でより速く,より効率的に少ないエネルギーで遊泳する方法を獲得してきた。

大型海洋生物が水中を泳ぐときに生じる主な抵抗力は「摩擦抵抗(体の表面に並行方向に生じる粘性抵抗)」と「圧力抵抗(体の表面に直角に作用する力)」がある。圧力抵抗は体を流線型にすることで抵抗力を減らしてきた。一方,摩擦抵抗に関しては,生物種により様々な方法で抵抗を減らしている。

3.1 サメ

サメの体表は鱗(楯鱗,皮歯ともいう)で覆われ,頭から尾に向けてなでると滑らかだが,逆に尾から頭に向けてなでるとザラザラしている。これがいわゆる鮫肌である[8](図15)。サメの体表の規則的な縦溝構造の大きさは,乱流境界層の壁近傍に発生する縦渦より少しだけピッチ(横方向の間隔)が小さい為に渦の回転が阻害され,その結果乱流エネルギーの伝播が弱められ,抵抗低減になるといわれている。すなわち,泳ぐときにできる水流の乱れを少なくし,層流を保つことで水の抵抗を減らすことに役立っていると考えられる。更に,この効果が雑音を減らし獲物に音も無く近づけることができる。この構造を模してリブレット(断面が微細三角構造の溝)が考案され[9](図16),1980年代の国際ヨットレース"アメリカンズカップ"に用いられた。

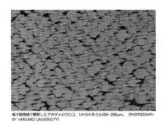
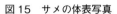

図15 サメの体表写真

図16 リブレット

図17 ペンギン

3.2 ペンギン

ペンギンは潜水し遊泳しているとき，小さな泡を発生させている（図17）。この発想からか，船体からマイクロバブルを発生させる空気潤滑法で船体の摩擦抵抗を低減させている船舶が建造された[10]（図18）。乱流境界層中の壁近傍においてエネルギーの伝達機構を司る流体運動の大きさがマイクロバブルの大きさで，その壁に直角方向の輸送を制約する役割をマイクロバブルが担い，乱流を制御し摩擦抵抗を低減している。

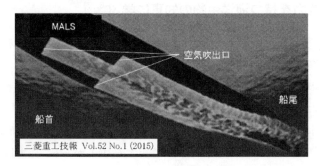

図18 船体への応用事例

3.3 イルカ

イルカは逃避行動をとるとき時速36〜54 km／hで泳ぐらしい（図19）。イルカは高速で泳ぐ

図19 イルカ

図20 マグロ

とき体表表面で進行方向に波打つ現象が見られ，この現象が摩擦抵抗を減らして高速に泳ぐと考えられている。体表の波打ち現象で境界層から乱流に遷移する際に発生する T-S 波を打ち消し摩擦抵抗を減らしていると言われている。

3.4 マグロ

マグロの瞬間的な速度は，時速 100 km を超えるとも言われている（図20）。このような高速で海水中を遊泳するためには，流線型の体型や，筋肉の生理的なメカニズムが大きく関与しているが，更に体表の表面に存在する物質が，摩擦抵抗を低減している可能性が示唆されている。マグロは体表がヌルヌルした滑面で被われている。このヌルヌル物質は高分子化合物で摩擦抵抗を著しく低減させている。マグロの場合，ヌルヌル表面で乱流状態の境界層を摩擦抵抗の極めて低い状態に保つことによる乱流制御によって，高速遊泳を実現している。

この物質はヌルヌルしたヒドロゲルであり，このヒドロゲルを船底防汚塗料に応用すれば摩擦抵抗を低減させる効果が期待できる。

4　低摩擦船底防汚塗料

4.1　社会的背景

国際海運（外航船）から排出される炭酸ガスは，2007 年の統計によると 8 億 4 千万トンと言われドイツ一国にあたる炭酸ガスを排出している。この様な背景から，国際海運からの地球温暖化ガス（GHG：Green House Gas，主に炭酸ガス）の排出を低減することを目的に，2013 年 1 月 1 日に発効する GHG 削減スキームを 2011 年 7 月の IMO 海洋環境保護委員会において採択した（マルポール条約附属書Ⅵ：船舶からの排出ガス規制）。この条約は，エネルギー効率設計指標 EEDI（Energy Efficiency Design Index）を用いた新造船の省エネ性能の見える化と規制値への適合および，船舶エネルギー効率管理計画書 SEEMP（Ship Energy Efficiency Management Plan）を用いた省エネ運航の促進を重要な構成としており，個々の船舶のエネルギー効率を改善することにより，GHG 排出量の低減につなげようとするものである [11]。

船舶の省エネ技術開発は，船体形状やエンジンに主眼が置かれ，船底塗料は長期間に渡り生物付着防止に注力していた。言い換えれば，船底塗料分野における省エネ技術開発の余地は残されていると言えよう。このような背景から船底塗料分野においても今までにない省エネ塗料の開発が望まれるに至った。

更に，原油の価格が 2005 年頃から急騰し [12]（図21），船舶の航行燃費の削減は経済的理由から急務になった。船底防汚塗料においては，自己研磨型防汚塗料による省エネ効果は期待されていたが，それ以上の機能を発揮する塗料は出現していなかった。そこで，自己研磨型防汚塗料の優れた防汚性能を基本に更なる燃費低減技術が必要になった。その一つがバイオミメティック（生物模倣）によるアプローチである。

99

生物の優れた機能から着想を得た新しいものづくり

図21　原油価格の推移

4.2　バイオミメティックから塗料へ

　マグロは高速で遊泳する。これは体表表面のヌルヌル物質によるといわれている（前節参照）。そこで，高分子でヌルヌル機能があるヒドロゲルに着目し，これを塗料に応用すれば従来にない低摩擦効果が実現するはずである。所謂ヒドロゲルは，高分子中に水酸基やカルボキシル基などの極性基を多数もち，水を含み膨潤しゲル状になる。コンニャク，寒天，ゼラチン，紙オムツなど，身の回りに多数存在するポピュラーな材料である。しかし，防汚塗料に使用するには水を多量に含み膨潤するヒドロゲルは塗膜欠陥などの理由で用いることができず，種々のヒドロゲルから水の膨潤度を抑え，且つ表面に多数の極性基を有する防汚塗料に適するヒドロゲルを選択した（図22）。このヒドロゲル機能を塗膜に付与した塗料が新規に開発したバイオミメティックによる低摩擦船底塗料である（図23）。

図22　ヒドロゲルの含水後の膨潤度合いの違い

第6章 海洋生物にヒントを得た超低燃費型船底防汚塗料の開発

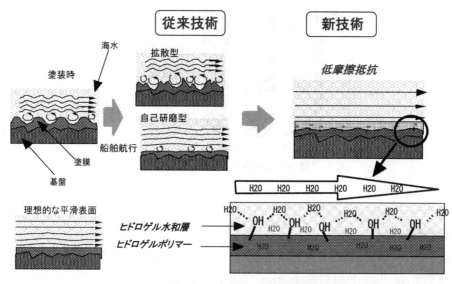

図23 バイオミメティックによる低摩擦効果

4.3 船舶の抵抗成分

船舶の抵抗は図24に示す成分で構成されている。その中で，塗料が寄与する抵抗成分は摩擦抵抗中の「相当平板の摩擦抵抗」である。図25は各船種の全抵抗に占める各抵抗成分のおおよその割合を示す。全抵抗は船舶の航行燃費と相関し，相当平板の摩擦抵抗を下げることで，燃費を下げることができる。但し，各船種により摩擦抵抗割合が異なり，塗料で摩擦抵抗を下げても，一律に各船舶の燃費を下げることはできない。例えば，塗料により摩擦抵抗を10%下げた場合，VLCC (Very Large Crude Carrier) の全抵抗に占める摩擦抵抗の割合を約80%とすると，計算で燃費低減は8%となる。回転円筒試験や模型船試験は各成分の計算により摩擦抵抗低減効果を求めることができ，船舶を用いる実船試験では燃費低減効果を求めることになる。

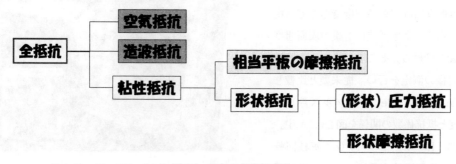

図24 船舶の各抵抗成分

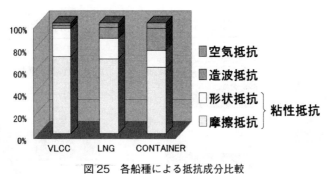

図25 各船種による抵抗成分比較

4.4 低摩擦船底塗料（LFC）

今まで培われてきた自己研磨型船底塗料にヒドロゲル技術を導入したのが，LFC（Low Friction Coating, Low Fuel Consumption，商品名：LF-Sea）である。

4.4.1 低摩擦船底塗料の効果の検証[13]

低摩擦船底塗料の効果を検証するため，従来の自己研磨型塗料（日本ペイントマリン㈱製エコロフレックス SPC シリーズ（従来型，Conv.））と，新規に開発した低摩擦型塗料として LFC 塗料（LFC）を用いた。

燃費低減効果の検証は従来の自己研磨型塗料との比較により行った。試験内容は回転円筒による摩擦抵抗計測，模型船による抵抗計測，実船による燃費計測である。

(1) 円筒を用いた摩擦抵抗試験

戸田らが既に開発した摩擦抵抗測定装置を用い直径 10 cm の円筒（図 26）に従来型塗料と LFC 塗料を塗布し所定期間海水に浸漬後，摩擦抵抗を計測した。図 27 は粗度約 90 μm での各速度での摩擦抵抗係数である。摩擦抵抗は塗膜の表面粗度の影響を受ける。そこで，様々な表面粗度で同様の測定を行い，従来型と比較した。$Re = 4 \times 10^6$（Re：レイノルズ数）での粗度と抵抗係数の関係を図 28 に示す。

なお，$Re = n\pi^2 D^2 / \nu$（n：毎秒回転数，D＝内側円筒直径，ν：水の動粘係

図26 回転円筒試験装置

第6章 海洋生物にヒントを得た超低燃費型船底防汚塗料の開発

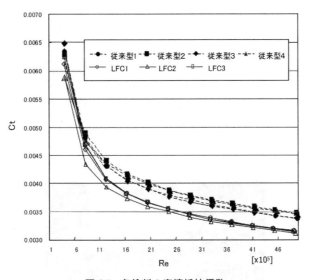

図27 各塗料の摩擦抵抗係数

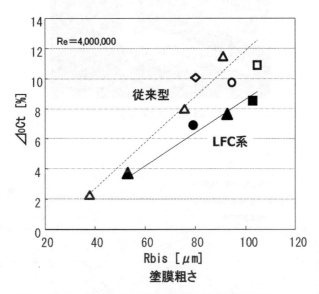

図28 各塗料の摩擦抵抗係数と表面粗度の関係
（Δ_0Ct：滑面の摩擦抵抗係数を基準とした時の差）

数）である。同一粗度で比較した場合 LFC は低い低摩擦性が見られた。

(2) **模型船による摩擦抵抗計測**

数式模型船（$y=B/2*(1-(z/d)**2)*(1-(2x/L)**2)$，$-0.5<x<0.5$　L：3m　B：0.5m　d：0.2m）に通常の船舶の粗度領域（100〜200μm）で従来型塗料と LFC 塗料を塗布し，大阪

生物の優れた機能から着想を得た新しいものづくり

大学船舶試験水槽で実施した（図29）。

　塗装した模型船の粗度は160μmと153μmであったため，粗度の摩擦抵抗への影響は無視した。曳航速度は2.4 m/sec.（Reで約$7×10^6$）まで実施し，各速度での全抵抗値を計測した。その結果を図30に示す。この計測値を全抵抗係数（C_T）とフルード数（Fn）で表したのが図31である。フルード数約0.4の速度域で，LFC塗膜は従来型塗膜に比べて全抵抗で約4％抵抗係数が低かった。粘性抵抗成分だけを抽出した結果を図32に示す（なおReは，Re＝VL／νであ

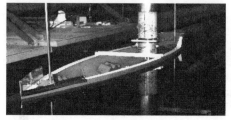

図29　数式模型船

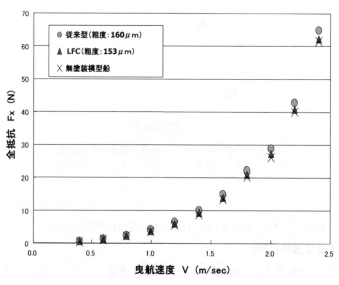

図30　模型船での各曳航速度での全抵抗計測結果

第6章　海洋生物にヒントを得た超低燃費型船底防汚塗料の開発

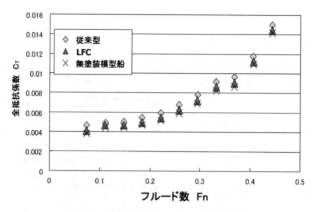

図31　全抵抗係数とフルード数の関係

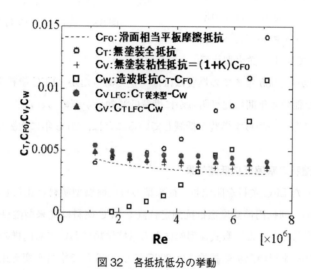

図32　各抵抗低分の挙動

る)。その結果，従来型塗膜に比べ約10%低減すると算出できた。これらの図によると，LFCは無塗装(ほぼ滑面)の抵抗値に近く，粗度の影響を受けにくい塗料であることが示唆された。

(3)　フェリーによる実船試験

実船試験は航路や速力の影響を受けにくく，定期航路を時間通りに運行するフェリーが好適である。宇和島運輸株式会社のフェリー(船名："えひめ")を用いて行った。"えひめ"は毎年入渠しその都度新しい船底塗料を塗装している。このフェリーで1年間の燃費データを追跡し，塗膜の効果を調べた。

"えひめ"は2004年から2006年にかけて，ほぼ同じ航路を航行していた。

2001年から2005年にかけては，従来型SPCを塗装し，2006年にLFCを塗装している。2005年(従来型SPC)との比較で2006年(LFC)は距離当たりで約3%，時間当たりで約4%の省

エネ効果が認められている。さらに、エンジンの出力推定曲線を用い、燃料ラック量×機関回転数よりエンジン出力と燃料消費率（一定の出力を出すのに必要な燃料消費量）が推定できる。

"えひめ"の場合、エンジンの燃料消費率は年間平均で約0.5％増加しているため、その増加を考慮すると、塗膜による燃費低減率（燃費低減率＝（燃料消費量／距離）／（エンジンの燃料消費率））は約4％と算出できる。"えひめ"は2006年で就航し5年になる。同様の解析を5年間、全データを用いて行った結果を図33に合わせて示す。従来型塗料

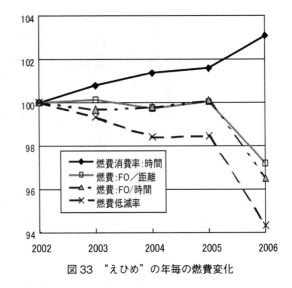

図33 "えひめ"の年毎の燃費変化

を塗布した2002年から2005年までの燃費はほぼ一定であったが、LFC塗料を塗布した2006年は従来型を塗装した他の4年間に比べ明らかに燃費低減効果が認められた。エンジンの燃料消費率が増加しているにもかかわらず燃費が低減していることは、2005年に塗装したLFC塗料の効果が現れている。

4.4.2 低摩擦船底塗料の摩擦抵抗低減効果

燃費低減を目指したLFC塗料を開発し、従来型の自己研磨型塗料と比較した結果、実船に近い粗度領域において、回転円筒式摩擦抵抗測定装置でLFC塗料は従来型塗料に比べて数％の摩擦抵抗低減効果を示した。また、数式模型船による抵抗試験においても同様の摩擦抵抗低減効果が得られた。フェリーを用いた実船試験では2005年と2006年で塗料を変え比較した実船試験でも燃費低減効果が認められ、LFC塗料は従来の自己研磨型塗料より、一層の燃費低減機能を持った塗料であることが実証でき、LFCは従来型自己研磨型塗料に比べ、約4％の低燃費効果が推定できる。

4.5 超低摩擦船底塗料（A-LFC）

LFCの知見を基に、更にヒドロゲル技術を強化した新規低摩擦型船底防汚塗料がA-LFC（Advanced LFC、商品名：A-LF-Sea）である。

4.5.1 超低摩擦船底塗料の効果の検証

効果の検証は低摩擦船底塗料と同様に、従来の自己研磨型塗料との比較で実施した。

(1) 深江丸での実船試験[14]

一般の商船では一定の海域で同一の条件設定による評価試験は困難であり、また、計測機器や実験に必要な要員の不足などの問題がある。そこで、これらの整った神戸大学の練習船：深江丸

第6章　海洋生物にヒントを得た超低燃費型船底防汚塗料の開発

図34　練習船：深江丸

図35　速力試験の実施航路

（図34）を用いて評価試験を継続し，データの取得と信頼性の向上を図った。速力試験は，日本の瀬戸内海，播磨灘西部の播磨灘航路第1号から第4号灯浮標間，航程16.0海里の往復路において実施した（図35）。速力試験は概ね風速10 m/秒以下の平穏な気象・海象下で実施した。

航行条件はCPP（可変ピッチ・プロペラ）の回転数を毎分305回転，プロペラの前進翼角を18.0度に設定した。尚，速力は潮流補正，風圧補正を行っている。

本検討には1種類の塗料についての実験期間が入渠から次回の入渠までのおよそ1年間を要する。既に最近3回の入渠工事で塗装した，従来型（SPC），低摩擦型（LFC）及び改良低摩擦型（A-LFC）の3種類の船底塗料について，速力試験により燃料消費と速力データを収集している。

深江丸（神戸大学　練習船）による就航解析（定点での燃費解析・速力解析）では，各塗料で約1年間にわたりn数回実施し，平均値より評価した（表2）。ここで，表2中の速度補正時の燃料消費量は，速力の3乗に比例するとし，各々の速力に於ける燃料消費量を12.4ノットに補正した時の値である。表2より，A-LFCは従来型SPCやLFCより高性能な低摩擦性能が検証できている。

表2　各塗料の燃費低減率

年	A/F塗料	n数	試験期間	平均速力（年平均）	燃料消費量（定点間）	速度補正（12.4ノット）	燃料削減率
				ノット	L	L	%
2010年	従来型（SPC）	24	2010.2-2011.1	12.41	242.0	242.0	基準
2011年	LFC	19	2011.2-2012.1	12.51	235.2	231.5	-4.4%
2012年	A-LFC	19	2012.2-2013.1	12.49	226.7	223.8	-7.5%

(2) 外航船による実船試験

A-LFC を全面に塗装し，同じ船もしくは同型船の前回塗装の従来型自己研磨塗料との比較において低燃費性能を評価した。用いたデータは，daily Log から抽出し，速力，主エンジン燃費，排水量，回転数，航行時間，天候条件（風力）を用いた。燃費は速力の3乗に比例するとし，特定速力での燃費で評価した。なお，使用したデータは6ヶ月以上の航行期間，航行時間が23時間以上，風力のビュフォードスケールが4以下である。

図36にその結果を示す（図はA-LFCを通常の下地処理後に塗装したデータであり，A-LF-Sea 塗装にブラスト処理，新開発の低粗度防食塗料は使用していない）。縦軸は評価した船舶の隻数，横軸は従来型自己研磨塗料と比較したときの燃費削減率である（＋はA-LFCの低燃費効果有り）。A-LFCの燃費低減率が図36によると約8％付近の隻数が多く，深江丸の結果とほぼ一致する。また，4％以上が燃費削減効果を発現したとすると，約85％の船舶に低燃費効果が検出された。

A-LFC 単独では船種により異なるものの従来型塗料（SPC）に比べて7～9％の燃費低減効果を得た。更に，新たに開発した表面粗度を低下させた下塗り塗料である防食塗料との組み合わせで10％程度の燃費低減効果があると考えている。

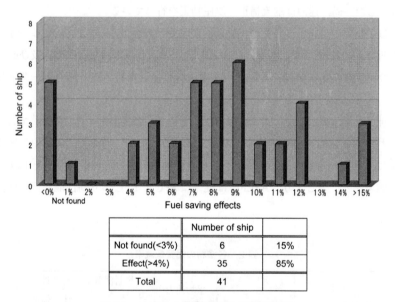

図36　A-LFCの燃費低減効果（外航船）

4.6 ヒドロゲルによる燃費低減効果の推定メカニズム[15]

マグロのヌルヌル表面に着目し，自己研磨型塗料にヒドロゲルを組み込み低摩擦性を実現した。模型船実験では塗膜の表面粗度が153μmにも係わらず粘性抵抗成分では平滑面に近い結果に

第6章　海洋生物にヒントを得た超低燃費型船底防汚塗料の開発

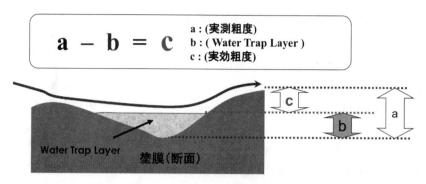

図37　Water Trap Layer の摩擦抵抗低減の推定図

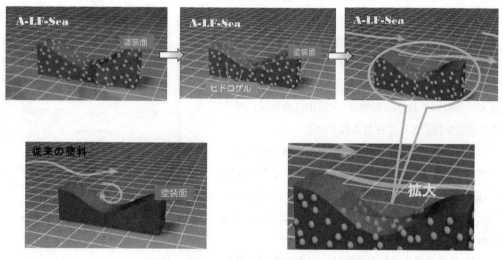

図38　ヒドロゲルの低摩擦効果のイメージ図

なった。これより，通常の塗膜は幾何学的粗度（実測粗度：図37中のa）で摩擦抵抗となるが，低摩擦船底塗料はヒドロゲルの効果で，（海）水を捕捉する層を形成し（Water Trap Layer：図37中のb），摩擦抵抗に関与する粗度（実効粗度：図37中のc）まで低下させ，これが低摩擦効果を発現していると推測している（図38）

5　おわりに

この塗料と塗装面を低粗度に仕上げることを可能にする下塗り塗料との塗装システムで，約10%の摩擦抵抗低減が見込め，今後，このような塗料が波及することで地球温暖化防止への寄与と新造船の省エネ設計にも効果が期待できる。

約10年におよぶ開発期間を経て，低燃費型船底防汚塗料（商品名：LF-Sea, A-LF-Sea）は市場に導入され，2017年10月現在2000隻以上の船舶に塗装され，低燃費効果を検証している。

地球温暖化の問題は，温室効果ガス（Greenhouse Gas, GHG）の排出抑制と合わせて，現在，国連などの舞台で盛んに議論されている。国際海運におけるGHGの排出規制についても国際海事機構（IMO）において議論されており，2015年1月1日以降に建造契約が結ばれる規制対象の新造船に対しては，設定された平均CO_2排出より10％以上の効率改善が要求されている。導入された規制により，何らの対策も講じない場合に比べ，2030年には約20％，2050年には約35％のCO_2排出量削減が期待されている。

そのため各方面での技術的な課題克服の取り組みも盛んに行われており，船舶からのGHGの削減に寄与する新たな技術として注目されている。

低摩擦船底塗料LF-Seaは2010年に第7回エコプロダクツ大賞審査委員長特別賞を受賞し，新型低摩擦船底塗料（A-LFC）の技術は2014年にはSeatrade Asia Award 2014におけるTechnical Innovation Awardを受賞した（図39）。

（超）低摩擦船底塗料の技術は，GHGの削減に貢献し，地球温暖化防止への寄与と新造船の省エネ設計の一つの有効な手段として発展していくものと考えている。

図39　低摩擦塗料の受賞歴
上段：エコプルダクツ大賞
下段：Seatrade Asia Award 2014

文　　献

1) 庄司邦昭，図説　船の歴史，河出書房新社（2010）
2) 宮崎時三，電気化学協会海生生物汚損対策懇談会"防汚塗装シンポジウム"予稿集，56（1984）
3) 山盛直樹，材料と環境，**48**，544（1999）
4) H. Ohsugi and N. Yamamori, 13th I.C.O.S.T. PRC. 273（1987）
5) 岸原雅人，化学工業，**49**，458（1998）

第6章　海洋生物にヒントを得た超低燃費型船底防汚塗料の開発

6)　永井實，イルカに学ぶ流体力学，オーム社（1999）

7)　小濱泰昭，パリティ，**17**(10)，39（2002）

8)　https://style.nikkei.com/article/DGXMZO27014850W8A210C1000000?channel=DF130120166100

9)　鈴木雄二，笠木伸英，システム／制御／情報，**4**，131（2004）

10)　川北千春ほか，三菱重工技報，**52**(1)，57（2015）

11)　高井章，色材協会誌，**86**(9)，326（2013）

12)　http://ecodb.net/commodity/crude_wti.html

13)　戸田保幸，山盛直樹，島田守，荒木英治，鈴木敏夫ほか，日本船舶海洋工学会講演会論文集，第4号，301（2007）

14)　矢野吉治，戸田保幸，山盛直樹，日本航海学会論文集，**125**，221（2011）

15)　松田雅之，山盛直樹，第10回固体潤滑シンポジウム予稿集，47（2014）

【第3編　熱】

第1章　不凍タンパク質の機能を活用した氷の核生成抑制技術

稲田孝明＊

1　不凍タンパク質（AFP）の機能

　不凍タンパク質（antifreeze protein：AFP）は，低温環境に生息する生物が持っているタンパク質である[1〜3]。これまでに，魚，昆虫，植物，微生物などの多様な生物から，さまざまな構造のAFPが発見されてきた。AFPは氷結晶に対して特殊な効果を持つことが知られており，それらの効果は生物が氷点下で生存する上で重要な役割を担っている。まず，AFPが氷結晶に対して示すいくつかの効果を紹介しよう。

　AFPを水に溶解しておくと氷の結晶成長が抑制され，氷・水の相平衡温度以下の条件であっても，ある臨界温度に到達するまでは氷の結晶成長が起こらない。氷結晶の融解開始温度と成長開始温度との差は熱ヒステリシス（thermal hysteresis）と呼ばれ，しばしばAFPの効果の指標として使われる[3,4]。熱ヒステリシスはAFPの種類や濃度によって変化し，魚のAFPでは最大で約1℃，昆虫のAFPでは10℃に達することもある[2]。図1(a)にAFPの熱ヒステリシスの測定例を示す[5]。大きさ数mmの単結晶氷を魚由来のⅠ型AFP水溶液中に固定し，単結晶氷の二方向で成長速度を水溶液温度に対して測定した結果である。成長速度が0となる温度域が熱ヒス

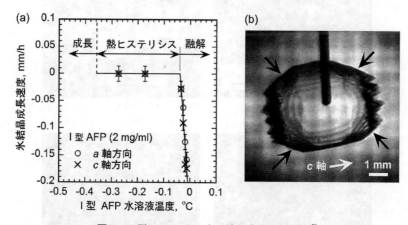

図1　Ⅰ型AFPによる氷の結晶成長抑制効果[5]
(a) Ⅰ型AFP水溶液（2 mg/mL）中の単結晶氷の成長速度，(b) Ⅰ型AFP水溶液（2 mg/mL）中の単結晶氷の成長モルフォロジー（黒矢印は {20$\bar{2}$1} 面を表す）

＊　Takaaki Inada　（国研）産業技術総合研究所　省エネルギー研究部門　研究グループ長

テリシスに相当する。

　AFPによる氷の結晶成長抑制は，AFP分子が氷の特定の結晶面に優先的に作用することによって起こると考えられている。そのため，AFPによって成長停止した氷結晶は，通常の氷の成長形には見られない特徴的な形状を示すことが多い[6]。図1(b)は熱ヒステリシスの温度域で成長停止したⅠ型AFP水溶液中の単結晶氷である[5]。黒い矢印で示した結晶面はミラー指数 $\{20\bar{2}1\}$ で表される結晶面であり，Ⅰ型AFP分子はこの氷結晶面に選択的に作用して，氷の結晶成長を抑制している[7]。

　AFPは氷の再結晶を抑制することでも知られる[8,9]。一般に，多結晶の氷を融点に近い氷点下温度で維持すると，時間の経過とともに多結晶氷に含まれる結晶粒子の平均粒径が大きくなり，結晶粒子の数は減少する。これは多結晶氷に含まれる小さい結晶粒子が消滅し，大きい結晶粒子が成長するために起こる現象であり，この現象を再結晶と呼ぶ。多結晶氷薄膜を氷点下温度に維持した際の観察結果を図2に示す[10]。AFPを含まない多結晶氷では再結晶が進行するが，Ⅰ型AFPを含んだ多結晶氷では再結晶が著しく抑制されることがわかる。

　このほかに，AFPは氷の核生成を抑制する効果も持つ[11]。微小な純水の水滴を冷却すると，−40℃近くまで氷の核生成が起こらずに，過冷却状態を維持することが知られている[12,13]。しかし一般的には水滴中に不純物粒子が存在し，その粒子表面が氷核活性を持つために，水滴は−40℃よりも高い温度で凍結する。図3は，直径25μm以下の多数の水滴を冷却した際に，水滴

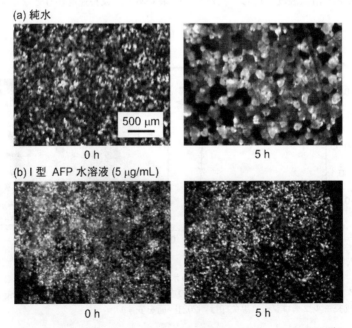

図2　Ⅰ型AFPによる氷の再結晶抑制効果（−2℃で5時間維持）[10]
(a)純水から生成した多結晶氷，(b)Ⅰ型AFP水溶液（5μg/mL）から生成した多結晶氷

第1章 不凍タンパク質の機能を活用した氷の核生成抑制技術

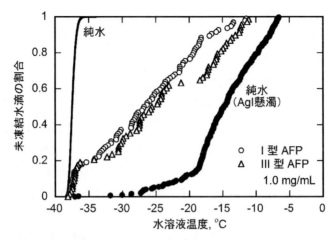

図3 I型及びIII型 AFP（1 mg/mL）による氷の核生成抑制効果 [15]

温度に対して未凍結水滴の割合を整理した結果であり，氷の核生成温度の分布を表している[14, 15]。不純物微粒子を除去した純水の水滴では，−38℃付近で氷の核生成が起こっているのに対して，不純物として粒径約1μmのヨウ化銀（AgI）微粒子を2〜8個懸濁した水滴を用いると，氷の核生成温度は−7〜−30℃に分布する。ここに魚由来のI型 AFP またはIII型 AFP を1 mg/mL の濃度で溶解すると，氷の核生成温度は低温側にシフトし，AFPが氷の核生成抑制に有効なことが確認できる。

以上のようなAFPの効果を活用した技術開発は，さまざまな産業分野において期待されている。AFPの大量生産や合成技術も進展しており[16〜18]，医療や食品の分野を中心に，AFPを活用した技術の実用化が進んできた[19〜21]。しかし，大容量の水を使用する工業分野においては，AFPの活用技術の導入に向けてコスト面での制約が大きい。そのため，AFPの機能を代替する安価な物質の開発も期待されている[22〜25]。

本稿では，特にAFPによる氷の核生成抑制効果に着目し，著者の研究成果を中心に，AFPの機能を代替する物質を紹介する。また，それらの代替物質を活用した技術の一例を紹介する。

2 氷の核生成抑制

図3では，AFPがAgI微粒子の氷核活性を不活性化し，氷の核生成を抑制する効果を持つことを示したが，AFPはAgI微粒子以外の氷核活性を抑制する効果も持つ[26〜28]。またAFPは，生物由来の氷核活性物質を起点とする氷の核生成を抑制する効果も持っており，生物の凍結回避に貢献している[29〜31]。一般に氷核活性を有する固体表面は均質ではなく，局所的に氷核活性の高いサイトを有することが知られている[32]。AFP分子は，このような氷核活性サイトに選択的に作用することで，固体表面の氷核活性を不活性化していると考えられている[15]。しかし，

AFPによる氷の核生成抑制効果には不明な点も多い。

AFPと同様に固体表面の氷核活性を不活性化し，氷の核生成を抑制する効果を持つ物質は数多く報告されている[15, 26, 33~51]。その中でもAFPと同等の効果を持つ合成高分子は，安価で入手しやすいことから，AFPの代替物質として期待されている。図4に，3種類の合成高分子の効果を測定した結果を示す[15]。図3の測定と同様に，AgI微粒子を2~8個懸濁した水滴に合成高分子を1 mg/mLの濃度で溶解すると，氷の核生成温度の分布は低温側へと大きくシフトする。この結果は，これらの合成高分子がAgI微粒子の氷核活性を不活性化し，氷の核生成を抑制していることを示している。図3との比較から，これらの合成高分子の効果はAFPの効果とほぼ同等であることがわかる。なお図4に示した合成高分子はいずれも市販品であり，安価で容易に入手可能である。

図5には，5種類のポリフェノール化合物による氷の核生成抑制効果を同様の手法で測定した結果を示す[46]。図3に示したAFPの結果と同じく，ここで示したポリフェノール化合物もAgI微粒子の氷核活性を不活性化し，氷の核生成を抑制する効果を持っている。これらのポリフェノール化合物は，凍結回避性を有する樹木から得られる物質の成分解析に基づいて，その効果が明らかになった物質である[40, 42~44]。この中で，フラボノイドの一種であるQ3(Glc)nとSEgaCGは，AFPや合成高分子とはやや傾向の異なる核生成温度の分布を示している。この結果は，AgI微粒子表面の氷核活性サイトに対する作用の選択性が，Q3(Glc)nやSEgaCGとほかの物質とでは異なることを示唆している。

図6には，7種類の界面活性剤による氷の核生成抑制効果を同様の手法で測定した結果を示す[50]。図3に示したAFPの結果と同じく，ここで示した界面活性剤もAgI微粒子の氷核活性を

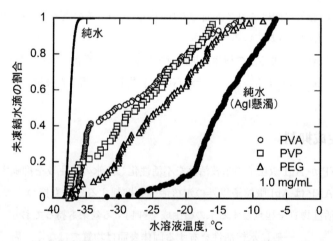

図4 合成高分子（1 mg/mL）による氷の核生成抑制効果[15]
PVA：ポリビニルアルコール（分子量13,000~23,000，けん化度0.98），PVP：ポリビニルピロリドン（分子量10,000），PEG：ポリエチレングリコール（分子量10,000）

第1章 不凍タンパク質の機能を活用した氷の核生成抑制技術

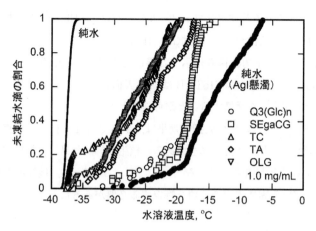

図5 ポリフェノール化合物（1 mg/mL）による氷の核生成抑制効果[46]
Q3(Glc)n：α-Oligoglucosyl quercetin 3-O-β-D-glucopyranoside, SEgaCG：（−）-Epigallocatechin gallate（主成分），TC：Tea catechin（主成分），TA：1,2,3,4,6-Pentagalloyl-β-D-glucopyranose, OLG：Proanthocyanidin oligomers

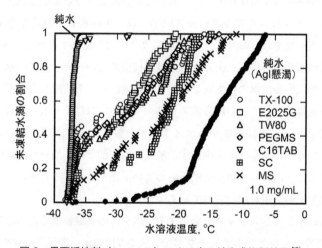

図6 界面活性剤（1 mg/mL）による氷の核生成抑制効果[50]
TX-100：Polyoxyethylene octylphenyl ether（Triton X-100），E2025G：Polyoxyethylene octyldodecyl ether（Emulgen 2025G），TW80：Polyoxyethylene sorbitan monooleate（Tween 80），PEGMS：Polyethylene glycol monostearate（n≈40），C16TAB：Hexadecyltrimethylammonium bromide，SC：sodium cholate，MS：Myristyl sulfobetaine

不活性化し，氷の核生成を抑制する効果を持っている。特にC16TABの核生成抑制効果は顕著であり，図3～5に示したAFP，合成高分子，ポリフェノール化合物の結果と比べると，その効果が際立っている。C16TABの結果は，不純物粒子を除去した純水の水滴を用いた場合とほぼ同じであり，AgIの氷核活性がC16TABによってほぼ完全に不活性化されていることを示している。

117

図4, 5に示した合成高分子及びポリフェノール化合物は，AFP分子と同様に，AgI微粒子表面に局所的に偏在する氷核活性サイトに選択的に作用することによって，氷核活性を不活性化していると考えられる[15, 46]。一方，図6に示した界面活性剤は，AgI微粒子表面の全域に均質に吸着していると考えられ，中でもC16TABはAgI表面に対して二分子層で吸着するために，AgIの氷核活性をほぼ完全に不活性することが可能だと推測される[50]。

なお，図3〜6で紹介した氷の核生成抑制効果は，すべてAgI微粒子を起点とした氷の核生成に対する抑制効果であることに注意すべきである。核生成抑制効果は，核生成の起点となる固体の種類に強く依存することが知られている[26, 37, 43, 44]。したがって，技術的な観点からは，まず核生成の起点となっている固体表面の種類を特定する必要があることを付記しておく。

3 過冷却器凍結閉塞防止への応用技術

氷の核生成を抑制する物質に対しては，さまざまな分野でその応用技術が期待されている。たとえば，水溶液の冷却時に氷の核生成を抑制できれば，水溶液のガラス化を促進することが可能となり，細胞や生体組織の凍結保存や，冷凍食品の品質向上への効果が見込まれる。図4で取り上げた合成高分子のポリビニルアルコール（PVA）は，生体物質を凍結保存する際のガラス化溶液としてすでに実用化されており[36, 37]，実際にガラス化を促進する効果が確認されている[52]。以下では，大容量の水を使用する工業分野における技術開発の一例として，氷スラリー製造で使われる過冷却器用熱交換器に氷の核生成を抑制する合成高分子を活用した研究例を紹介する[53]。

冷熱の貯蔵・輸送媒体として使われる氷スラリー（細かい氷粒子と水の混合物）の製造方法は多様である[54]。その中で，過冷却水から氷スラリーを製造する方法は，効率的かつ実用的な方法として知られているが，過冷却水を生成する熱交換器内部での予期せぬ凍結閉塞が大きな問題となっている。そこで，過冷却水用熱交換器での凍結閉塞を防止するために，氷の核生成抑制効果を有する合成高分子の活用が検討されている。

図7(a)は，過冷却水から氷スラリーを製造するシステムの実験装置である。過冷却水用熱交換器はステンレス製のシェルアンドチューブ型で，長さ710 mm，内径3 mmの31本の管路に水を流して，外側の液冷媒によって管路内の水を冷却する構造となっている。液冷媒の温度を通常の製氷条件よりも低い−4.8℃まで冷却し，1時間の製氷運転を行った際に凍結閉塞発生の有無を調べた結果を，図7(b)に示す。水に何も加えずに製氷運転した場合，凍結閉塞の発生率は80%であった。一方，図4で効果のあった合成高分子PVAまたはポリエチレングリコール（PEG）を濃度6 mg/mLで水に添加した場合には，凍結閉塞の発生率は明らかに減少しており，これらの合成高分子の添加が過冷却水用熱交換器の凍結閉塞防止に有効なことがわかる。

第1章 不凍タンパク質の機能を活用した氷の核生成抑制技術

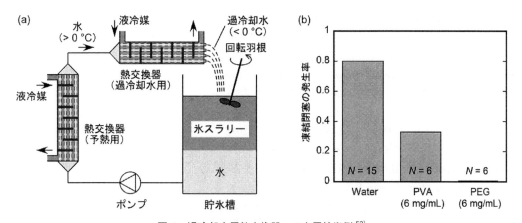

図7 過冷却水用熱交換器への応用技術例[53]
(a)過冷却水を利用した氷スラリー製造装置, (b)過冷却水用熱交換器における凍結閉塞の発生率

4 おわりに

　本稿では，AFPの機能を代替する物質として，氷の核生成抑制効果を持つ物質を紹介するとともに，その効果を活用した工業的な技術の研究例を紹介した。AFPの機能を活用した応用技術は，最近では医療や食品の分野を中心に急速に普及している。一方，コスト意識の高い工業的な分野においては，AFPの機能を活用した技術の導入が遅れている。今回紹介したAFPの機能を代替する物質のほとんどは，安価で取り扱いの容易な物質である。今後このような物質の研究開発がさらに進展し，それらを活用した技術が広範囲の産業分野に波及していくことを期待したい。

文　　献

1) Y. Yeh, R.E. Feeney, *Chem. Rev.*, **96**, 601（1996）
2) Z. Jia, P.L. Davies, *Trends Biochem. Sci.*, **27**, 101（2002）
3) P.L. Davies, *Trends Biochem. Sci.*, **39**, 548（2014）
4) A.L. DeVries, *Science*, **172**, 1152（1971）
5) T. Inada, Proceedings of 14th International Conference on the Properties of Water and Steam, p. 660, IAPWS（2004）
6) A.J. Scotter *et al.*, *Cryobiology*, **53**, 229（2006）
7) C.A. Knight *et al.*, *Biophys. J.*, **59**, 409（1991）
8) C.A. Knight *et al.*, *Nature*, **308**, 295（1984）

9) C.A. Knight *et al.*, *Cryobiology*, **32**, 23 (1995)

10) T. Inada, S. -S. Lu, *Cryst. Growth Des.*, **3**, 747 (2003)

11) A. Parody-Morreale *et al.*, *Nature*, **333**, 782 (1988)

12) C. Hoose *et al.*, *Atmos. Chem. Phys.*, **12**, 9817 (2012)

13) B.J. Murray *et al.*, *Chem. Soc. Rev.*, **41**, 6519 (2012)

14) T. Inada *et al.*, *J. Phys. Chem. B*, **115**, 7914 (2011)

15) T. Inada *et al.*, *J. Phys. Chem. B*, **116**, 5364 (2012)

16) 西宮佳志ほか, *Synthesiology*, **1**, 7 (2008)

17) J. Garner, M.M. Harding, *Chem Bio Chem*, **11**, 2489 (2010)

18) R. Peltier *et al.*, *Chem. Sci.*, **1**, 538 (2010)

19) M. Griffith, K.V. Ewart, *Biotechnol. Adv.*, **13**, 375 (1995)

20) R.E. Feeney, Y. Yeh, *Trends Food Sci. Technol.*, **9**, 102 (1998)

21) G. Petzold, J.M. Aguilera, *Food Biophys.*, **4**, 378 (2009)

22) M.I. Gibson, *Polym. Chem.*, **1**, 1141 (2010)

23) A.K. Balcerzak *et al.*, *RSC Adv.*, **4**, 42682 (2014)

24) I.K. Voets, *Soft Matter*, **13**, 4808 (2017)

25) C.I. Biggs *et al.*, *Nat. Commun.*, **8**, 1546 (2017)

26) C.B. Holt, *Cryoletters*, **24**, 323 (2003)

27) X.Y. Liu, N. Du, *J. Biol. Chem.*, **279**, 6124 (2004)

28) P.W. Wilson *et al.*, *J. Biol. Chem.*, **285**, 34741 (2010)

29) U. Gehrken, *J. Insect Physiol.*, **38**, 519 (1992)

30) P.W. Wilson, J.P. Leader, *Biophys. J.*, **68**, 2098 (1995)

31) T.M. Olsen, J.G. Duman, *J. Comp. Physiol. B*, **167**, 114 (1997)

32) D. Niedermeier *et al.*, *Atmos. Chem. Phys.*, **11**, 8767 (2011)

33) G. Caple *et al.*, *Cryoletters*, **4**, 51 (1983)

34) H. Kawahara, H. Obata, *J. Antibacterial Antifungal Agents*, **24**, 95 (1996)

35) H. Kawahara *et al.*, *Biosci. Biotechnol. Biochem.*, **64**, 2651 (2000)

36) B. Wowk *et al.*, *Cryobiology*, **40**, 228 (2000)

37) B. Wowk, G.M. Fahy, *Cryobiology*, **44**, 14 (2002)

38) Y. Yamashita *et al.*, *Biosci. Biotechnol. Biochem.*, **66**, 948 (2002)

39) E. Baruch, Y. Mastai, *Macromol. Rapid Commun.*, **28**, 2256 (2007)

40) J. Kasuga *et al.*, *Plant Cell Environ.*, **31**, 1335 (2008)

41) H. Kumano *et al.*, *Int. J. Refrig.*, **32**, 454 (2009)

42) J. Kasuga *et al.*, *Cryobiology*, **60**, 240 (2010)

43) C. Kuwabara *et al.*, *Cryobiology*, **64**, 279 (2012)

44) C. Kuwabara *et al.*, *Cryobiology*, **67**, 40 (2013)

45) K. Matsumoto *et al.*, *Int. J. Refrig.*, **36**, 1302 (2013)

46) T. Koyama *et al.*, *Cryobiology*, **69**, 223 (2014)

47) C. Kuwabara *et al.*, *Cryobiology*, **69**, 10 (2014)

48) T. Congdon *et al.*, *Biomacromolecules*, **16**, 2820 (2015)

49) K. Matsumoto *et al.*, *Int. J. Refrig.*, **58**, 199 (2015)

第1章　不凍タンパク質の機能を活用した氷の核生成抑制技術

50)　T. Inada *et al.*, *J. Phys. Chem. B*, **121**, 6580（2017）
51)　Z. Zhu *et al.*, *Langmuir*, **33**, 191（2017）
52)　H. -Y. Wang *et al.*, *Cryobiology*, **59**, 83（2009）
53)　小山寿恵, 稲田孝明, 冷凍, **86**, 569（2011）
54)　S. Fukusako *et al.*, 日本冷凍空調学会論文集, **17**, 413（2000）

第2章　冬カレイ由来の不凍タンパク質の代替物質である
ポリペプチドを用いた着氷を抑制する機能表面

小塩和弥[*1]，萩原良道[*2]

1　はじめに

　寒冷地に生息する魚，昆虫，植物などの生物は，低温環境下でも体内の細胞が凍結せず，生命を維持する機能を有する。この機能で重要な役割を担っているのが，不凍タンパク質（AFP：Anti-freeze Protein）という物質である。AFPには，以下のような優れた機能が存在する。①準平衡状態において，同モル濃度の塩化ナトリウムなどに比べ数百倍の凝固点降下を引き起こす。②氷の再結晶化を抑制する。③他の氷成長抑制物質とは異なり，浸透圧の上昇を抑制する。④準平衡状態の測定において，水溶液が融点以下になっても氷が成長できない温度域（サーマルヒステリシス）が存在する[1]。⑤毒性が極めて低い。このような優れた機能を持つことから一部の食品分野において応用がなされており，冷蔵・冷凍食品の品質保持や食感の向上[2]に寄与している。また，臓器・細胞の冷凍保存[3]，熱供給システムおよび冷熱蓄熱システムにおける配管系の閉塞回避[4]など，医療・工学といった様々な分野への応用が期待されている。

　寒冷地の昆虫や植物には，表面への霜や氷の付着という脅威もある。この霜・氷の付着は，冷熱機器や輸送機器といった工学分野において様々な問題となっている。例えば，冷熱機器の熱交換器や冷却壁面における着霜は冷却能力の低下を引き起こす[5]。また信号機や車の窓ガラスにおける着氷は視認性の低下を引き起こし，重大な事故を招く要因となっている。そのため，圧縮機から高温の気体冷媒を送ることにより霜を取り除く方法や，除氷剤を使用することにより氷を取り除く方法など様々な解決方法[6]が提案されている。しかし，これらの方法はエネルギーの損失や環境負荷といった問題を引き起こすため，新たな防霜・防氷技術の開発が不可欠である。

　著者らは不凍タンパク質の優れた機能を防氷技術に応用できないかと考えて，AFPを用いた新たな機能表面の開発を検討した。AFPを応用した機能表面の先行研究として，Esser-Kahnら[7]はN-(2-ヒドロキシプロピル)メタクリルアミドなどを用いた生体共役反応によりAFPを固定したガラス表面が氷生成を阻害することを明らかにした。また，Gwakら[8]はアルミニウム結合ペプチドとAFPを利用した新たなコーティング法により，氷核生成温度を低下させることに成功した。しかし，これらの研究で使用されているAFPは高コストであり，熱変性しやすいなど，実用上の問題点が数多く存在する。したがって，AFPを先行研究と同様に利用することは実用的でない。

　＊1　Kazuya Koshio　京都工芸繊維大学　大学院工芸科学研究科　機械物理学専攻
　＊2　Yoshimichi Hagiwara　京都工芸繊維大学　機械工学系　教授

第 2 章　冬カレイ由来の不凍タンパク質の代替物質であるポリペプチドを用いた着氷を抑制する機能表面

そこで AFP の問題点を改善するために代替物の利用を検討した。近年では AFP の代替物の研究として Kun and Mastai [9] が AFP の I 型である冬カレイ由来の HPLC6 を基に 3 種類のポリペプチドの精製に成功している。これらの物質は Short Segment（SS）と呼ばれ，その内の 1 つが準平衡状態下において AFP と類似した効果を持つことが明らかにされた。表 1 に 9 種類 37 残基からなる HPLC6 と，3 種類のポリペプチドの中で最も氷成長抑制効果が高く，HPLC6 の約 60％の不凍効果を示した SS の一次構造を示す。本稿では，この冬カレイ由来の不凍タンパク質から着想を得たポリペプチドに焦点を当て，このポリペプチドをガラス表面に固定化することにより，着氷を抑制させる試みについて紹介する。

2　機能表面の創製

ポリペプチドを材料表面に固定化するとポリペプチドを構成するアミノ酸の性質が材料表面に反映されるため，材料表面を改質することができる。その固定化方法として最も原始的なものは物理吸着法である。例えば，ニトロセルロース膜 [10] やポリフッ化ビニリデン膜 [11] にタンパク質をドットプロットの要領でスポットする方法がある。しかし，一般的にタンパク質は金属やガラスなどの固体表面との接触で変性しやすいため，表面修飾が必要である。表面修飾として，自己組織化膜（SAM）は基板表面を自由に修飾でき，利用価値が高い。ただし，一般的な SAM はアルキル鎖などの会合により疎水場を形成するので，そのままではタンパク質にとって変性しやすい場を与える。したがって，ポリエチレングリコール（PEG）などを SAM と組み合わせて用いることにより，親水性の場に転換する必要がある。変性の問題を軽減する手法としては，スライドガラス上に厚さ 10〜100 μm のポリアクリルアミドのパッドを接合して，これにタンパク質をする手法がある [12, 13]。また，タンパク質を多孔性ポリアクリルアミドゲル内にアミノ基を介して固定化する方法もある [14]。

しかしながら，タンパク質を表面に物理吸着させるだけでは，機械的強度に問題があるため，一般にはタンパク質を化学結合で基板上に固定する必要がある。化学結合による固定化手法とし

表 1　冬カレイ由来の不凍タンパク質と代替されるポリペプチドの一次構造
下線部は SS（ポリペプチド）のアミノ酸配列

物質名	一次構造（N 末端と C 末端も記載）	分子量（Da）
冬カレイ由来の不凍タンパク質	NH$_2$-<u>DTASDAAAAAAL</u>TAANAKAAAELTAANAAAAAAATAR-COOH	3,243
ポリペプチド（SS：Short Segment）	NH$_2$-DTASDAAAAAAL-CONH$_2$	1,046

D：Aspartic acid，T：Threonine，A：Alanine，S：Serine，L：Leucine，N：Asparagine，K：Lysine，E：Glutamic acid，R：Arginine

て最初に報告された方法は，Schreiberらのアルデヒド修飾スライドガラスの利用である[15]。この場合，タンパク質のリジン残基などのアミノ基を介して直接固定化することができる。SAMなどの末端に活性エステルを結合させて，タンパク質を固定化することも可能である。また，アミノ基を利用した固定化としては，ガラス表面をエポキシ基で修飾し，これにタンパク質を固定化する手法もある[16]。表面のアミノ基を固定化反応に用いると，タンパク質の活性が損なわれることが多く，また，タンパク質の配向を揃えることが難しい。

　以下では著者らの固定化方法について述べていく。著者らは固定化する基板として，比較的，研究報告数の少ないとされるガラス基板を使用した。ポリペプチドの固定手法として，シランカップリング処理とグルタルアルデヒド（GA）による固定化を図った。この固定化方法はGao[17]らの研究を参考にした。シランカップリング剤は1分子中に加水分解基と有機官能基の両方を有する有機ケイ素化合物であり，無機材料と有機材料を結合させる結合剤である。著者らは，有機官能基にアミノ基を有する「3-アミノプロピルトリメトキシシラン（APTMS）」を使用した。またGAは高い架橋特性を有する二官能性試薬で，ポリペプチドのアミノ基（N末端）およびAPTMSのアミノ基と反応して，無機材料にSSを結合させることが可能である。APTMSのアミノ基は親水性を示すが，アミノ基と結合している炭化水素鎖が疎水性を示すので，APTMSを被覆したガラス表面上の対水接触角は$\theta=70°$程度とガラス表面に比べて高い（図1(b)）。またGAを被覆させた表面にも炭化水素鎖が配向されているので，対水接触角は同じく$\theta=70°$程度である（図1(c)）。

　つぎにポリペプチドのSSをガラス表面に固定する手順を図2に示す。基板としてガラス板（ホウケイ酸ガラス）を使用した。純水とエタノール（99.5%）で洗浄して乾燥させたガラス板をAPTMS溶液（2%のエタノール水溶液にAPTMSを徐々に滴下して30分撹拌）に3時間浸漬させ，定温乾燥器により100℃で1時間加熱を行う。この加熱によって脱水縮合起こり，ガラス表面に水素結合で結合していたAPTMSのメトキシ基が共有結合するので，APTMSはガラス表面に強固に固定される。つぎに緩衝液（$NaHCO_3$-NaOH，pH9.6）を溶媒とした2%のGA溶液に2時間浸漬させた後，純水により洗浄を行う。最後に上述の緩衝液を溶媒としたSS溶液を，ワッシャーが置かれたGA被覆ガラス板上に滴下させた後，自然乾燥させることによりSSが任意の割合で固定されたガラス板が作製される。ワッシャーを用いた理由はSSを一定の面積

  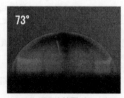 

(a)ガラス表面　　(b)APTMS被覆ガラス表面　　(c)GAとAPTMS被覆ガラス表面　　(d)SS機能表面

図1　各過程における大気中の静的対水接触角

第2章　冬カレイ由来の不凍タンパク質の代替物質であるポリペプチドを用いた着氷を抑制する機能表面

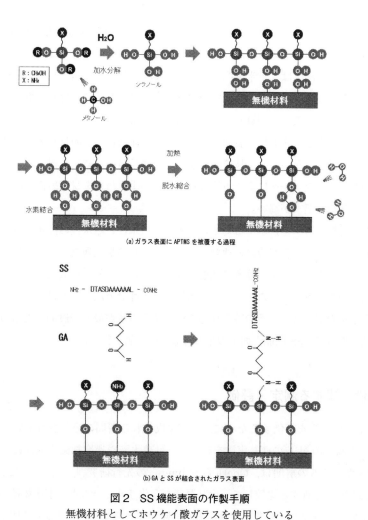

図2　SS機能表面の作製手順
無機材料としてホウケイ酸ガラスを使用している

に一様に固定させるためである。このポリペプチドが固定されたガラス板（以下，SS機能表面と記す）を用いて，以下に述べる測定・評価を行った。

3　着氷防止

着氷の抑制は，防氷（Anti-Icing）と除氷（Deicing）に大別される。防氷は氷の生成・付着を事前に防止することで，除氷は付着した氷を外力やエネルギーにより除去することである。文献[18]によれば，防氷の方法は①熱エネルギーによる方法，②化学物質による方法，③物理化学的方法に大別される。①は航空機におけるエンジンのブリードエアや電熱ヒーターがあり，船舶におけるヒートパイプや蒸気・温水などの直接吹き付けがある。②は道路であれば各種の塩類，飛行場や航空機であればグリコール類やグリース類がある。③は航空機，船舶，車両においては

生物の優れた機能から着想を得た新しいものづくり

ポリマーコーティングがある。他方，除氷の方法には③物理化学的方法と④物理的方法がある。④は船舶であればポリマーフォームがあり，他にも難着氷性素材を用いる場合もある。

これらの着氷防止方法には，着氷を抑制する効果に付随して，問題点も多く存在する。熱エネルギーシステムや物理的方法では，初期投資が高く，化学的方法では着氷を抑制する効果が一時的であり，効果が持続することが難しく，地下水などの環境汚染問題も存在する。物理化学的なコーティング材料による方法では，表面エネルギーや表面形状などの材料表面の性質によって着氷を抑制しなくてはならないので，技術的に難しく，満足のいく結果を得られていないのが現実である。しかし，コーティングによる方法は着氷を抑制する物質を材料表面に塗布するのみという簡便さから，期待と要求が高い。

コーティング材料の着氷を抑制する効果の評価も，防氷性と除氷性の評価に分けられる。防氷性効果の評価方法として，衝突液滴の凍結遅延の評価や霜の生成観察などが挙げられるが，著者らは水滴が衝突しても凍結せずに静置の状態が続いた後に着目し，静置液滴が凍結する挙動の観察と凍結遅延時間の評価を行った。つぎに除氷性効果の評価方法としては，コーティング材料表面に付着した氷を剥離させて，その時の反力を測定する方法が最も一般的であるので，著者らはこの評価方法に倣って，SS機能表面上の氷の付着力の評価を行った。

4 防氷性に関する測定・評価

SS機能表面の防氷性を評価するために，氷が生成される瞬間の冷却温度測定や凍結挙動の観察を行う静置水滴（10 μL）の凍結実験を行った。付着水滴や過冷却微小水滴による防氷効果の検証や凍結メカニズムの解明は，OberliらやJungらの先行研究[19～22]において行われている。本実験はこれらの先行研究と比較して，冷却温度を変化させている点や水滴体積が大きい点，気流を使用していない点など実験条件が異なる。実験手順として，ペルチェ冷却装置によりSS機能表面上に静置した水滴を2℃/minで温度が低下するように冷却した。その際，静置水滴中央部に挿入された熱電対による水滴内部の温度測定およびビデオマイクロスコープによる水滴の凍結挙動の観察（図3）を行うことで，過冷却が解消される瞬間の温度変化（図4）と凍結遅延時間（表2）を得た。

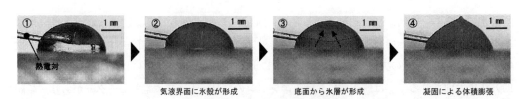

図3　静置液滴の凍結挙動
この凍結挙動はどの表面にも共通して観察できる。

第2章　冬カレイ由来の不凍タンパク質の代替物質であるポリペプチドを用いた着氷を抑制する機能表面

　まずは静置液滴の凍結の例を紹介する。①の画像は凍結開始前の液体状態を示し，②の画像が過冷却解消後の白濁した状態を示している。この白濁のメカニズムは，高速度撮影することにより二通り存在することがわかっている。一つ目は水滴外縁部に霜が接触することで霜が氷核の役割を担い，霜が接触した点からエネルギーが不安定な気液界面（水滴－大気）に氷成長が伝播していき，氷殻が生成される。この気液界面，つまり液体表面はバルクの分子とは違って，大気側と引き合う力が働き，過剰なエネルギーが存在するのでエネルギー的に不安定になると考えられる。白濁のトリガーとなる二つ目は霜が水滴に接触する前に，エネルギー的に不安定な気液界面で氷核が生成されて，気液界面が優先的に氷へと状態変化していき，氷殻が生成されると考えている。小林ら[23]の過冷却水滴における先行研究においても，上述のメカニズムは解明していないが，同様の白濁の現象が確認されており，彼らはこの現象を Shell 形成と呼んでいる。次に③の画像において，底面から氷層が上昇し，最終④の画像のように水滴上部に小さな突起が形成された状態で凍結が完了する。この水滴上部の突起は，体積増加以外に溶存気体の発生が要因であると考えられる。過冷却状態からの相変化時には温度と圧力が急激に変化するため，溶存していた気体が一部放出され，この突起が形成されたと考えられる。なお④の画像の突起部だけで約9％の体積に相当する。

　図4と表2に示すように，SS 機能表面の過冷却が解消される温度，つまり氷が生成する温度

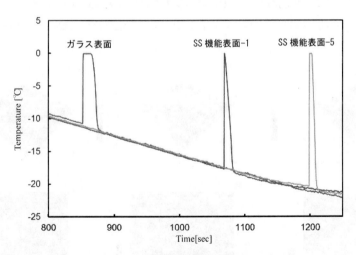

図4　各表面における静置液滴の水滴内部温度変化

表2　過冷却解消時の水滴内部温度と水滴の凍結遅延時間

	ガラス表面	SS 機能表面-1	SS 機能表面-5
過冷却解消時の水滴内部温度 [℃]	−12.1	−15.8	−18.4
凍結遅延時間 [sec]	−	216	346

生物の優れた機能から着想を得た新しいものづくり

は，ガラス表面のそれより 3℃程度低下し，濃度を 5 倍にすると，さらに氷生成温度が 3℃程度低下した。それに加えて，SS 機能表面はガラス表面に比べて水滴の凍結時間も 200～350 秒ほど遅延している。この氷生成温度低下と水滴の凍結時間遅延は，SS 機能表面の形状に起因する。図 5 に示すように，ガラス表面は平坦な表面であるが，SS 機能表面には 50 nm 程度の凸形状が見られる。これはガラス表面に固定された SS の凝集体である。さらに SS 機能表面 -5 では濃度を 5 倍にしているので，より大きな凝集体（100 nm～1 μm 程度）を観察することができた。この凝集体のバルクは，疎水性相互作用により疎水性アミノ酸（アラニン A とロイシン L）が向かい合っており，凝集体の表面に親水性アミノ酸（アスパラギン酸 D とトレオニン T）が配向されている。この親水性アミノ酸残基と水分子との相互作用により，氷の生成がガラス表面に比べて遅延されたと考えられる。また図 2 より，単体の SS もガラス表面に固定されていると考えられるので，SS 機能表面の外側に配向されている疎水性のアミノ酸（A：アラニン）が水分子間での水素結合形成を阻害することで，氷核生成が抑制されることでも氷の生成が遅延されたと考える。以上から，SS 機能表面に防氷性効果があることが確認された。

5　除氷性に関する測定・評価

SS 機能表面の除氷性効果を評価するために，冷却した表面上に柱状の氷を生成して，その氷にせん断力を与えることで剥離させ，その時の反力を測定する実験を行った。この実験から得られる氷の付着応力（図 6 参照）と残氷の割合を用いて除氷性効果の評価をしている。一般的に氷

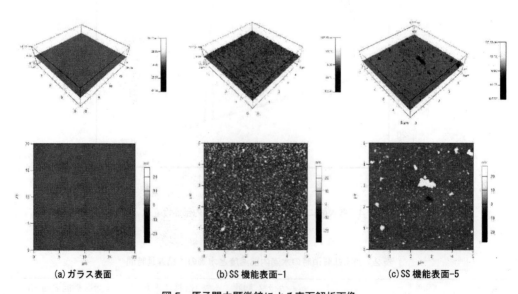

(a) ガラス表面　　　　　(b) SS 機能表面 -1　　　　　(c) SS 機能表面 -5

図 5　原子間力顕微鏡による表面解析画像
ガラス表面は 20 μm 四方，SS 機能表面は 5 μm 四方，(b) と (c) には 50 nm 程度の凝集体，(c) には 100 nm～1 μm 大きな凝集体が観察できる。

第2章　冬カレイ由来の不凍タンパク質の代替物質であるポリペプチドを用いた着氷を抑制する機能表面

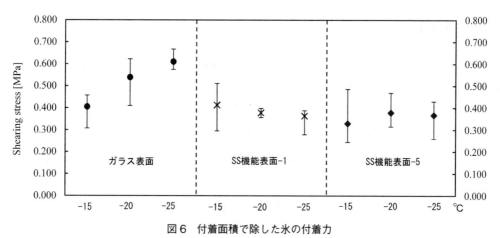

図6　付着面積で除した氷の付着力

冷却温度は-15, -20, -25℃であり, 一般的に冷却温度と氷の付着力との間には負の相関が見られる。

の付着応力と冷却表面温度との間に, 負の相関関係があることは多数報告されている[24～27]。図6のプロットは中央値, エラーバーは最大値と最小値を示しており, 本研究ではプロットではなく, エラーバーで評価した。

図6より, ガラス表面の氷の付着応力は冷却温度が下がるとともに氷の付着応力が上昇している（負の相関）。しかし, SS機能表面-1, 5のエラーバーに注目すると, 負の相関ではなく正の相関が確認できる。この正の相関の原因について, 冷却表面温度が-20℃以下の場合にはSSの氷成長抑制が高まり, 氷の付着を阻害することで氷の付着応力が低下したのではないかと推測する。そもそも, 氷の付着は分子間相互作用に起因する。分子間相互作用は, A. 静電相互作用, B. ファンデルワールス相互作用, C. 水素結合による相互作用, の3種類に分けられる。この3つの因子の中で最も大きい成分はAの静電相互作用である[27]。静電相互作用とは電荷を有するイオン間に作用する力であり, この大きさは電荷の大きさだけでなく溶媒の誘電率に大きく影響される。①純水の誘電率は一般的な溶媒の中で比較的高く, また誘電率の温度依存性には負の相関関係がある[28]。したがって温度が低下する程, 誘電率が大きくなり, イオン間の静電相互作用が弱められると考えられる。また, ②電解質イオンが静電相互作用に対して遮閉効果を示す[28]ことから, 静電相互作用はさらに小さくなる。上述の溶媒を氷の付着力を測定する際に試料表面に滴下した純水, 電解質イオンをSSとして考えると, ①SSの静電相互作用が弱まり, さらに②SSの遮閉効果よって, 氷の付着応力の温度依存性に正の相関関係が見られたと考えられる。まとめると温度低下に伴って純水の誘電率が大きくなることと, 電解質イオンの遮閉効果で静電相互作用が小さくなったことで, 氷の付着力が冷却温度低下に従って小さくなったのではないかと考察する。冷却温度を下げた-20, -25℃では約30, 40％の氷の付着応力の低減が見られることから, 限定的ではあるがSS機能表面に除氷性効果があると言える。

6 おわりに

本稿では，冬カレイ由来の不凍タンパク質から着想を得たポリペプチドを固定したガラス表面の着氷抑制効果について，防氷効果と除氷効果に分けて実験結果を紹介した。SS 機能表面に着氷を抑制する効果はあると言えるが，雪氷が自然脱落するための氷の付着応力は 0.001 MPa と言われており，更なる効果向上を目指す必要があると言えよう。

文　　献

1) Z. Jia and P.L. Davies, *Trends in Biochem. Sci.*, **27**, 101-106 （2002）
2) B. Li and D-W. Sun, *J. Food Eng.*, **54**, 175-182 （2001）
3) G. Amir *et al.*, *J. Heart Lung Transpl.*, **24**, 1915-1929 （2005）
4) 秋谷鷹二，熱工学講演会講演論文集，163-166 （2001）
5) 山下浩司ほか，技術史教育学会誌，**10**(1・2)，31-36 （2009）
6) JAXA，JAXA 航空マガジン FLIGHT PATH，No. 3 （2013）
7) A-P. Esser-Kahn, *J. Am. Chem. Soc.*, **132**, 13264-13269 （2010）
8) Y. Gwak *et al.*, *Sci. Rep.*, **5**, 1-9 （2009）
9) H. Kun and Y. Mastai, *Peptide Science*, **88**, 807-814 （2007）
10) H. Ge, *Nucleic Acid Res.*, **28**, e3 I-vii （2000）
11) L.J. Holt *et al.*, *Nucleic Acid Res.*, **28**, e72 I-v （2000）
12) D. Guschin *et al.*, *Anal. Biochem.*, **250**, 203 （1997）
13) A. Lueking *et al.*, *Anal. Biochem.*, **270**, 103 （1999）
14) P. Mitchell, *Nat. Biotechnol.*, **20**, 225 （2002）
15) G. MacBeath *et al.*, *Science*, **289**, 1760 （2000）
16) H. Zhu *et al.*, *Nat. Genetics.*, **26**, 283 （2000）
17) Jing Gao *et al.*, *Royal Soc. Chem.*, **5**, 68601 （2015）
18) 村瀬平八，着氷防止塗料・特集／機能性塗料，**34**(6)，205-214 （1987）
19) L. Oberli *et al.*, *Adv. Colloid Interfac.*, **210**, 47 （2013）
20) S. Jung *et al.*, *Nature Communications*, **3**, Article number 615, 1630 （2011）
21) M. Tanaka *et al.*, 5th AIAA Atmospheric and Space Enviroment Conference, 2548 （2013）
22) F. Tavakoli *et al.*, *J. Coat. Technol. Res.* **12**, 869-875 （2015）
23) T. Kobayashi *et al.*, IEICE Technical Report, US2005-54 （2005）
24) 赤石武蔵ほか，大学院研究年報理工学研究科篇，第 41 号 （2011）
25) 大黒優也ほか，熱工学コンファレンス論文集，C212 （2007）
26) 吉田光則ほか，北海道率工業試験場報告，No.292 （1993）
27) 前野紀一，日本雪氷学会誌，**68**(5)，449-455 （2006）
28) 武藤吉徳，分子間力と相互作用の基礎，岐阜大学分子進化情報学研究室 （アクセス 2018-05-05）

第3章　セルロースナノファイバーの氷結晶成長抑制能について

田和貴純[*1]，萩原良道[*2]

1　はじめに

近年，冷凍および冷蔵技術は食品分野や医療分野などにおいて大きな役割を果たしており，生鮮魚や果物，生花の輸送，および臓器や細胞の保存などに用いられている[1]。このような分野への応用のため，水の相変化を制御する氷結晶成長抑制などの技術への関心が高まってきている。

この氷結晶成長抑制の技術の一つに，氷結晶に吸着する物質を用いる方法があるが，前述のように食品や医療分野でも使用するため，生物由来のものが好ましい。そのような物質の代表例として，不凍タンパク質がある。不凍タンパク質は寒冷地に生息する魚類などの体内に存在しており，低温環境下でも凍結せずに活動する事を可能としている。不凍タンパク質は，氷結晶の特定の面との相互作用によってその面の成長を阻害し，小さな特異形状の氷粒子のみを生じさせると考えられている。また，不凍タンパク質は食品添加物として認可されているが，コストや安定性に欠ける可能性があり，代替物の提案が積極的に行われている[2]。

一方で，魚類だけではなく，植物も寒冷地で生息する手段を備えている。ある種の植物は，細胞内ではなく細胞外で水の凍結を生じさせることが知られている。

また，植物などの細胞壁から取り出したセルロース繊維を微細化して得られる，ナノセルロースという材料が注目されている。ナノセルロースは植物の細胞壁から取り出したセルロース繊維をナノレベルにまで微細化したもので，その長さや幅によって，セルロースナノファイバー（CNF）やセルロースナノクリスタル（CNC）と呼ばれる。特にCNFは，環境負荷が少ないうえに鉄よりも強くて軽いというような特徴を持つことから，「夢の新素材」とも言われている。

本稿では，ナノセルロース，特にセルロースナノファイバーを中心に，セルロース系材料の氷成長抑制効果について，報告例の多い一方向凍結試験によって試料液／氷界面の形状と温度を測定し，得られる結果についての考察やその応用法について紹介する[3~6]。

2　ナノセルロースについて

セルロースは樹木などの植物の主要構成成分の一つであり，樹種によっては樹高数十ｍにも

＊1　Takazumi Tawa　第一工業製薬㈱　研究開発本部　ライフサイエンス開発部　レオクリスタ開発グループ

＊2　Yoshimichi Hagiwara　京都工芸繊維大学　機械工学系　教授

およぶような樹木の強さ，しなやかさを構造材料として支えている。また，地球上で最も多量に生産・蓄積されている再生可能なバイオマス資源でもあり，その年間生産量は1,000億トン以上といわれている[7]。人類は古くからセルロースを木材，繊維，または紙として利用しており，セルロースは我々人類にとって非常に身近な素材である。

2.1 CNF の調製方法

CNF は，パルプなどのセルロース原料を水に懸濁させ，解繊処理することで調製される。一般的に解繊処理には石臼型摩砕機，高圧ホモジナイザー，二軸混練機などの機器が用いられることが多く，機械力によって物理的にセルロース繊維間の水素結合を切断しナノファイバー化する。このとき，得られる CNF の繊維幅は数十〜数百 nm の範囲となる。

一方で，前述の物理的な解繊処理の前にセルロースを化学変性してイオン性を付与し，イオン性基に起因する斥力によってセルロース繊維をほぐしやすくする手法も用いられている。次に，その手法のひとつである TEMPO 酸化による CNF の調製方法を記載する。

2.2 TEMPO 酸化による CNF の調製

東京大学の磯貝教授らのグループは，セルロースを TEMPO（2,2,6,6-テトラメチルピペリジン-1-オキシル）触媒酸化することにより，高効率で CNF を調製する技術を開発した[8]。この TEMPO 触媒酸化反応の特徴としては，

- 水系，常温，常圧といった穏やかな反応条件下で酸化反応が可能
- 反応の位置選択性が高い

などが挙げられる。

木材パルプなどのセルロースを水に分散させ，触媒である TEMPO，臭化ナトリウム，共酸化剤である次亜塩素酸ナトリウム水溶液を添加することで TEMPO 酸化反応が開始する。酸化反応によってセルロース中の C6 位の1級 OH 基が COOH 基に変換される。

得られた TEMPO 酸化セルロースには多くの COOH 基が導入されているがセルロースの結晶構造は変化していない。これを水に分散し，機械的な解繊処理を施すと，透明で高粘度な TEMPO 酸化 CNF（TOCNF）が得られる。得られた処理液を透過型電子顕微鏡（TEM）で観察すると，処理前には幅数十 μm であったセルロース繊維が幅3〜4 nm のナノ繊維状となっていることが確認できる。

第一工業製薬㈱では前述の磯貝らの開発した TEMPO 酸化により CNF を製造する技術と，自社でのカルボキシメチルセルロース（CMC）の製造販売などにおけるセルロースの応用技術を組み合わせて，TOCNF を水系増粘・ゲル化剤「レオクリスタ®」として製造販売している。

第3章　セルロースナノファイバーの氷結晶成長抑制能について

3　実験

3.1　一方向凍結試験による氷成長界面形状，界面温度低下度および成長速度の測定

　室温8℃に設定した低温恒温室内に倒立顕微鏡（ニコン，ECLIPSE Ti-E）を設置し，そのステージ上に試料冷却部を固定した。冷却部であるペルチェ素子に取り付けた銅板上に，隙間を0.02 mm に設定したカバーガラス2枚を取り付けた。その隙間に濃度0.2％の試料液を注入し，試料を冷却した。なお，一度冷却した試料は廃棄し，計測ごとに試料を取り換え，複数回実験を行った。また，カバーガラス間に呼び外径0.013 mm の熱電対（アンベスエムティ，KBT-13）を挿入し，氷成長界面の先端が熱電対の接点中央部に達したときの温度を界面温度とした。このとき，試料液の界面温度と純水の界面温度との差を界面温度低下度ΔTと定義した。

　また氷界面成長速度は，界面が撮影画面内右に映り込んでから熱電対に達するまでの画像データから下式のとおり算出した。

$$\text{氷界面成長速度}\,[\mu\text{m/s}]=\frac{\text{撮影画面右端から熱電対付近までの氷結晶が成長した距離}\,[\mu\text{m}]}{\text{氷界面が撮影画面右端から熱電対付近に達するまでの時間}\,[\text{s}]}$$

3.2　試料

　結晶構造，水中での状態，大きさなどの性状の異なるセルロース系材料を用いた（表1）。未変性CNF は結晶構造を有する幅数〜百数十 nm の CNF である。TOCNF は未変性 CNF よりもさらに幅が小さく，4 nm の均一な CNF で COONa 基を有している。TOCNF（低解繊度）は幅400 nm 程度でアスペクト比が小さい。CNC は OSO_3H 基を有し，幅が10〜50 nm と小さいがアスペクト比が小さい。CMC は結晶構造を保持していないため水に溶解し，幅はおよそ0.4 nm である。

表1　セルロース系材料の種類と特徴

試料	結晶構造	水中での状態	幅	アスペクト比	重合度	導入された官能基
未変性 CNF	有	分散	数十〜百数 nm	約100	不明	なし
TOCNF	有	分散	4 nm 程度	約500	400 程度	COONa
TOCNF（低解繊度）	有	分散	400 nm 程度	約5	400 程度	COONa
CNC	有	分散	10〜50 nm	約10	180	OSO_3H
CMC	無	溶解	0.4 nm 程度	—	460〜500	CH_2COONa

4　結果・考察

4.1　各セルロース系試料液における氷成長界面形状の観察

　各試料液に対する一方向凍結試験において，氷成長界面が熱電対に到達する前後の写真を図1

生物の優れた機能から着想を得た新しいものづくり

に示す。なお，各試料液での試験結果の代表的な氷成長界面の写真を示した。また，氷成長界面の成長方向はは全て画像右から左であり，画像左の黒色線は熱電対である。画像は全て10倍の倍率，300×400μmの視野で撮影したものである。

　純水を試料として一方向凍結試験を行った。図1(a)の中心に見える線が純水試料液における氷成長界面であり，氷が直線状に成長する様子が観察された。

　試料液として未変性CNFを用いた場合，図1(b)に示すように純水と同様の直線状の界面が観察された。この結果より，未変性CNFは試料液／氷界面に吸着，作用はせず，氷結晶の成長に影響しないと考えられる。

　TOCNFにおいては，図1(c)に示すように氷結晶の微細化が生じ，界面は櫛形となった。氷同士の間に観察された黒い線は氷結晶間に液状の試料が存在することを示すものであり，TOCNFが氷界面に作用することで結晶の合一を抑制しているものと考えられる。一方，繊維径の太いTOCNF（低解繊度）の場合は，やや凹凸がある成長界面が観察されたのみで，氷結晶の微細化や，結晶合一の抑制は確認できなかった（データは示していない）。

　幅の小さいTOCNFにおいて氷結晶への作用が確認できたことから，十分に繊維幅が小さくなければ氷結晶の成長抑制に効果が無いと考えられる。

　CNCにおいて氷の微細化が生じたが，TOCNFとは異なり氷結晶間に液体領域が観察されなかった（図1(d)）。繊維長が短いと，氷結晶同士の合一を防ぐ効果が低いと考えられる。CMCでは，TOCNFの場合に類似した界面が観察された（図1(e)）。すなわち，氷結晶の微細化が生じ，櫛形の界面や氷結晶間の液体領域が観察された。

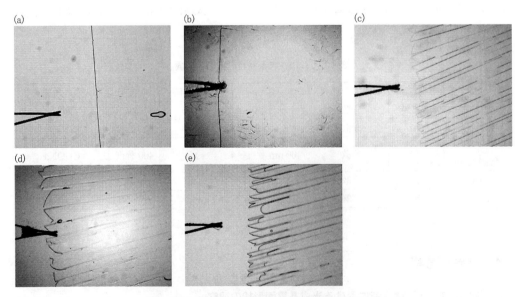

図1　各セルロース系試料液／氷界面の顕微鏡写真
(a)水／氷，(b)未変性CNF／氷，(c)TOCNF／氷，(d)CNC／氷，(e)CMC／氷

第3章　セルロースナノファイバーの氷結晶成長抑制能について

以上のように，繊維径が数～百数十 nm の未変性 CNF や繊維径が約 400 nm の TOCNF（低解繊度）は氷成長界面に作用せず，繊維径が約 4 nm の TOCNF，繊維径が 10～50 nm の CNC，および水に溶解している CMC が氷成長界面に作用したことから，繊維径が十分に小さければ，氷結晶に接近，あるいは吸着できると考えられる。また，TOCNF と CNC の結果を比較すると TOCNF の方が，氷結晶が微細だったので，繊維長が長い方が氷結晶同士の合一を防ぐ効果が高いと考えられる。また，TOCNF，CMC，および CNC の結果を比較すると TOCNF と CMC において氷結晶同士の合一が抑制されており，セルロース系材料表面の電荷が寄与している可能性がある。

4.2　界面温度低下度の評価

界面温度低下度の評価は，未変性 CNF，TOCNF，CNC，および CMC について行った。氷成長界面の先端が熱電対の接点中央部に達したときの温度を界面温度とし，試料液の界面温度と純水の界面温度との差を界面温度低下度 ΔT と定義した。

各セルロース系試料液の界面温度低下度を図2に示す。TOCNF 分散液と未変性 CNF 分散液に対する結果を比較すると，前者の界面温度低下度が大きかった。従って，TOCNF の方が氷成長界面への作用が強いと考えられる。また，TOCNF，CNC，および CMC 試料液の界面温度低下度は，TOCNF と CNC が同程度で，CMC がそれよりもやや大きい程度であった。界面の温度低下幅は，繊維幅の小さい試料，および水に溶解する試料において大きかった。この結果は，繊維径の小さい，または水に溶解しているセルロース系材料の方が氷成長界面に強く作用するという 4.1 項の結果とも一致した。

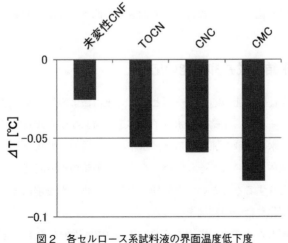

図2　各セルロース系試料液の界面温度低下度

4.3 界面成長速度の評価

氷界面成長速度は，界面が撮影画面内右に映り込んでから熱電対に達するまでの画像データから算出した。

図3に示すTOCNF, CNC, およびCMCを試料とした場合の氷界面成長速度は全て同程度で，純水の場合と比較して，いずれも約2倍程度だった。氷結晶の微細化や，結晶合一が抑制された分，純水と比べて界面成長速度が増加したと考えられる。

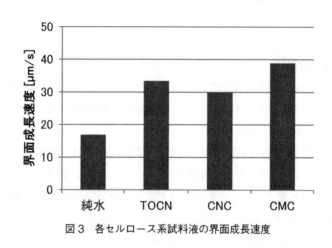

図3　各セルロース系試料液の界面成長速度

5 結論

セルロース系材料の水分散液あるいは水溶液に対して一方向凍結試験を行った結果，繊維幅が十分に小さく結晶構造を有するTOCNFや水溶性のCMCの氷結晶成長抑制効果が大きかった。すなわち，氷結晶の微細化や，合一の抑制，界面温度の低下に効果的である。

6　TOCNFの氷結晶成長抑制能の応用

TOCNFの氷結晶成長抑制能の応用の一例として，凍結による溶質や分散物の不均一化抑制を紹介する。水が凍結する場合，氷結晶は水分子以外を排除しながら成長していく性質がある。このため，ある水溶液や水分散液を凍結すると，氷結晶と溶質や分散物などの水分子以外の物質が不均一に分布した凍結体が生じる。それだけでなく，溶解時の溶液濃度が不均一になったり，分散不良を引き起こしたりするなどといった問題となる。この問題を解消するため，TOCNFの添加による氷結晶の微細化や合一の抑制を行った。

純水に着色料を溶解したものと，これにTOCNFを0.2%添加したものを準備し，家庭用冷凍庫で凍結させた。図4のように，TOCNFを添加していないものでは着色料の不均一化が生じているのに対し，TOCNFを添加したものでは着色料が全体に均一に分布した。TOCNFを添加す

第3章 セルロースナノファイバーの氷結晶成長抑制能について

ることで氷結晶が微細化し，氷結晶間に着色料が分布することで均一な凍結体が得られたと考えられる。

現在，保存時に凍結する可能性のある寒冷地用塗料向けの添加剤など，この機能を利用した凍結時の不均一化抑制剤としての応用開発を行っている。

図4　凍結した着色料の水溶液
（左：TOCNFなし，右：TOCNF添加）

謝辞

ここで紹介した結果は，第一工業製薬㈱と京都工芸繊維大学の共同研究の成果に基づく。この共同研究において，当時院生の宮本拓弥氏，磯大斉氏の助力を得た。ここに記して謝意を表す。

文　　献

1) 松本泰典，第6回潜熱工学シンポジウム講演集，43-44（2016）
2) 稲田孝明，潜熱蓄熱・化学蓄熱・潜熱輸送の最前線（鈴木洋監修），p.176，シーエムシー出版（2016）
3) R. Coger et al., *J. Offshore Mechanics and Arctic Eng.*, **116**, 173（1994）
4) Y. Furukawa et al., *J. Crystal Growth*, **275**, 167（2005）
5) Y. Hagiwara, D. Yamamoto, *Int. J. Heat Mass Transfer*, **55**, 2384（2012）
6) Y. Hagiwara, H. Aomatsu, *Int. J. Heat Mass Transfer*, **86**, 55（2015）
7) 磯貝明，セルロースの科学，朝倉書店（2003）
8) T. Saito, Y. Nishiyama, J.-L. Putaux, M. Vignon, A. Isogai, *Biomacromolecules*, **7**, 1687-1691（2006）

第4章 冬カレイから着想を得た微細流路内 氷スラリー流の氷成長・融解の制御

石川将次[*1]，萩原良道[*2]

　寒冷地に生息している魚類，昆虫，植物，菌類，バクテリアなどの生物の一部には，氷点下の環境において，これらの生物が自らの細胞の凍結により死滅しないように，氷の成長を抑制する働きを持つ物質を有している。この物質の代表例が，不凍タンパク質（Antifreeze Protein：以下 AFP と略す）である。以下では，寒冷地に生息する冬カレイから抽出される不凍タンパク質である HPLC6，あるいは HPLC6 の一部を基に合成されたポリペプチドを用いた微細流路内氷スラリー流の氷成長・融解に関する研究の一部を紹介する。

1　研究背景

　近年，夜間電力を用いて冷熱を蓄え，その冷熱を日中の冷房に使用することにより，電力のピークをシフトする蓄冷熱システムが注目を集めている[1]。この蓄冷熱システムの優れた媒体として，氷スラリーがある。氷スラリーとは，水と微細な氷粒子の混合物である。潜熱を利用できるために水よりも大きな冷熱を蓄えることができ，さらに，氷とは異なり流動性を有していることが特徴である。したがって，蓄冷後に，そのまま配管輸送などが可能である。潜熱による大きな冷熱を有することで，水と比較して冷却に必要な冷媒の量を大幅に削減することができ，熱交換器のサイズや運転コストを大幅に低減することができる[2,3]。しかし，現在実用化されている氷スラリー蓄冷熱システムはビルや大規模な施設に限られている。これは，一般家庭などで使用できる小型設備では，配管が細く，凍結による閉塞が生じやすくなるためである。また最近では，氷スラリーは鮮魚の保冷材としても注目を集めている[4]。これは，従来の大きくて硬いブロック状氷に比べ，冷却むらが生じにくく，保冷物を傷つけることも少ないなどの利点があり，有効な冷却技術として一部実用化されている。

　このように様々な応用法が期待される氷スラリーではあるが，その氷成長・融解の制御は難しく重要な課題となっている。これを解決する方法として，氷スラリーに氷成長抑制効果を有する物質を添加することが考えられる[1]。なかでも AFP は優れた性質を有し，多岐にわたる応用の可能性から近年注目を集めている物質である。AFP は，以下のような性質を有している。①水

---

* 1　Shoji Ishikawa　京都工芸繊維大学　大学院工芸科学研究科　機械物理学専攻
* 2　Yoshimichi Hagiwara　京都工芸繊維大学　機械工学系　教授

第4章　冬カレイから着想を得た微細流路内氷スラリー流の氷成長・融解の制御

溶液はモル濃度から予測される塩化ナトリウムの凝固点降下の200〜300倍の凝固点降下を引き起こす。したがって，AFPの添加は少量で済む。②塩化ナトリウムのような他の溶質とは異なり，浸透圧の著しい上昇を引き起こさない。③準平衡状態において，水溶液の融点はほとんど変わらないために，融点と凝固点の間に氷が成長できない温度域（サーマルヒステリシス）が存在する[5]。④氷結晶の形状を制御し，氷の再結晶化を抑制する。⑤AFPは細菌，昆虫，植物，そして魚類から摘出される生物由来の物質であり，毒性が極めて低い。このようにAFPは優れた性質を有することから，その応用に注目が集まっている。氷スラリーの凍結制御の他にも，冷蔵・冷凍食品の品質保持や食感の向上[6]，病院での内臓器官の冷凍保存[7]，精子や卵子の保存など，食品，医学，工学など様々な分野において応用が期待されている。しかしながら，AFP応用時の有効性および不凍効果の詳細なメカニズムは，現在もなお解明されていない。

　そのような状況を受け，AFPの機能解明を目的とした数多くの研究が行われてきた。その中でも冬カレイから抽出されるAFPタイプIの主要な画分であるHPLC6が，その構造の単純さから幅広く研究されてきた。X線結晶解析によりHPLC6のアミノ酸配列が明らかになっており[8]，合成による製造が可能である。AFPを用いた凍結実験としては，狭い領域における一方向凍結実験や氷結晶の成長観測実験などが行われた。一方向凍結実験では，氷−溶液界面の様子の詳細な観察が行われた。例えば，Cogerら[9]は，スライドグラスとカバーグラスに挟まれた領域に，冬カレイから抽出したAFPタイプIの水溶液を挿入して凍結することによって，氷−溶液界面の速度と界面の様子を計測した。Aomatsu and Hagiwara[10]は，一方向凍結において，HPLC6とNaCl水溶液の混合液の界面温度の低下量が，NaCl水溶液の低下量とHPLC6水溶液の低下量の和よりも著しいことを示した。

　氷結晶成長の観測実験では，Scotterら[11]やDroriら[12]により，魚類由来AFPと昆虫由来AFPの氷結晶形状に対する影響の違いが議論された。彼らは，それぞれのAFPが結晶のどの面に吸着するかを示し，その相違により結晶形状が異なることを示した。Grandumら[13]は急速冷却した水溶液内の氷結晶を，走査型電子顕微鏡を用いて観察することにより，HPLC6が特定の氷−溶液界面の水分子に吸着することを間接的に示した。しかし，その実験における凍結速度は極地に生息する生物の血漿や細胞の中における実際の凍結よりも急激であると考えられ，氷結晶抑制メカニズムが明らかにされたとは言いがたい。

　AFPを添加した氷スラリー流における研究としては，Grandumら[1]が内径6mmの管内において，水の場合と比較して氷スラリーの圧力損失が大きくなることを示した。また，管内で水溶液を静止した状態において種結晶から針状結晶が成長する様子や，管中心部に氷結晶が一様に流れる様子を観察した。

　HPLC6は高コストかつ変性しやすいという問題がある。この問題点の解決をめざし，不凍タンパク質の代替物質の研究がなされてきた。Kun and Mastai[14]は，HPLC6の一部を基にしたポリペプチド（以下Short Segment：SSと略す）が低コストで精製でき，かつ準平衡状態において不凍効果があることを示した。しかしながら，SSを氷スラリーに適用した例はない。

139

以上のように，AFPに関しては様々な観点から多くの研究がなされている．しかしながら，これらの研究のほとんどは静止水溶液中での氷成長に状況に限られており，流水中における研究は少ない．特に，配管内を流れる氷スラリーなどの実際の応用例で現れうる，水溶液流中の氷結晶成長に対するミクロ視点での研究は未だ行われていない．

2 研究目的

HPLC6またはSSによる氷スラリー流の高度凍結・融解制御を目的とし，相乗効果が期待できるNaCl水溶液から生成された氷スラリー流に冬カレイ由来AFPであるHPLC6またはSSを添加させることによりもたらされる影響を調べる．

3 研究方法

3.1 観察装置

装置（図1）は，倒立顕微鏡，シリンジポンプ，微細流路からなる．図2に微細流路を示す．流路は深さ0.7 mm，幅1 mmの矩形断面を有し，長さは50 mmである．幅1 mmは，魚の血管や植物の導管と同程度である．これらの装置を2℃に設定した恒温室に設置し，微細流路内に氷スラリーを流し実験を行った．

3.2 氷スラリー生成装置

低温恒温水槽に生理食塩水を入れたビーカーを設置し，－3.0℃の過冷却状態で撹拌機を用いて撹拌した．その後，氷の種結晶を添加し，水槽温度を－1.0℃に設定して1時間撹拌した．

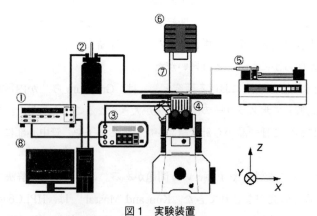

図1　実験装置
① Multimeter ② Reference Junction ③ Pulse Generator ④ CCD Camera
⑤ Syringe Pump ⑥ Halogen Lamp ⑦ Inverted Microscope ⑧ PC

第4章　冬カレイから着想を得た微細流路内氷スラリー流の氷成長・融解の制御

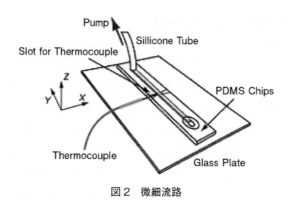

図2　微細流路

4　氷粒子融解へのHPLC6の影響

4.1　速度計測
4.1.1　計測手法
　微細流路内の液流はトレーサー粒子（ポリマーラテックス粒子，粒子径：5μm）を用いて，ハロゲン光の透過光を光源として可視化した。次に得られた画像に粒子マスク相関法を適用して，トレーサー粒子の重心位置を算出した。連続した2時刻間の粒子重心座標から，速度勾配テンソル法[15]により，粒子の速度ベクトルを算出した。

4.1.2　氷スラリー流の速度計測結果 [16]
　HPLC6を添加した氷スラリー流の0.6sごとの速度場計測結果の一例を図3に示す。矢印は，トレーサー粒子の速度ベクトルを表している。図3より，液流速は氷粒子塊直近では低く，氷粒子塊から離れると高いことがわかる。また，氷粒子塊は周りの平均速度で移動したため，氷粒子塊下側の流速の高い領域では氷粒子塊を回り込むように水溶液が流れたと考えられる。

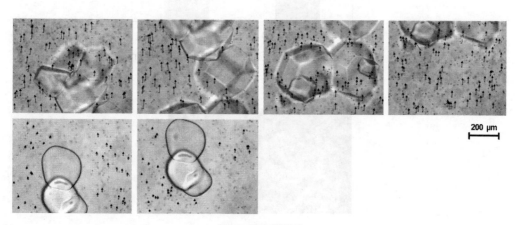

図3　速度場計測

4.1.3 氷粒子塊の移動速度への HPLC6 の影響

氷粒子界面の任意の位置における移動速度 Vice の平均値を図4に示す。エラーバーは標準偏差を示す。微細流路内の氷スラリーに塩化ナトリウムのみを添加した場合には，多数の氷粒子が結合したクラスターが生成された。この氷粒子クラスターは，その流れ方向のサイズが大きく，かつ高い速度で移動した。HPLC6 を添加した NaCl 水溶液は添加していない場合と比較して，氷粒子塊の移動速度が約20%減少した。HPLC6 は氷粒子の凝集を抑制するため，氷粒子塊のサイズが小さくなる。そして，氷粒子塊は浮力により流速の遅い流路上層部で運ばれるため，移動速度が低下したと考えられる。さらに小さな氷粒子クラスターは搖動的に回転し，それにより周りの液流が攪拌されること，これらのことより，HPLC6 添加により熱伝達が促進される可能性があることを明らかにした。

4.2 濃度計測
4.2.1 計測手法

共焦点レーザー顕微鏡のレーザー光源光をあらかじめ励起波長に設定し，試料に照射した。試料の発する蛍光のみが光検出装置によって検出された。その光信号を電気信号に変換することによりコンピューターに画像を記録した。

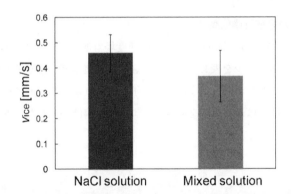

図4　氷粒子塊の移動速度（液流の断面平均速度：0.48 mm/s）

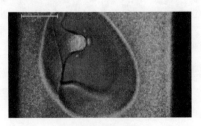

図5　濃度計測画像

第4章　冬カレイから着想を得た微細流路内氷スラリー流の氷成長・融解の制御

4.2.2　計測結果

濃度計測の結果を図5に示す。図5より，氷粒子の窪み（氷粒子の中央よりやや上の部分）にもHPLC6が多く分布していることが分かる。本実験条件では，すべての氷粒子は徐々に融解していると考えられ，そのような状況でも界面にHPLC6が吸着していることを示唆している。

5　氷粒子融解へのポリペプチドの影響

5.1　静止水溶液中の氷粒子の観察

氷粒子単体の融解について測定を行った。氷粒子を近似的に長楕円体とみなした。

5.2　静止水溶液中の氷粒子計測 [17]

図6に，静止水溶液中の氷粒子楕円体の長軸の減少率を示す。図6よりSS濃度が高いほど減少率は低く，SSの添加により融解が阻害されていることがわかる。なお，減少率の時間依存性は低かった。

表1に氷粒子の融解熱流束を示す。観察した氷粒子の縮小から，以下の(1)式を用いて融解熱流束 q を算出した。

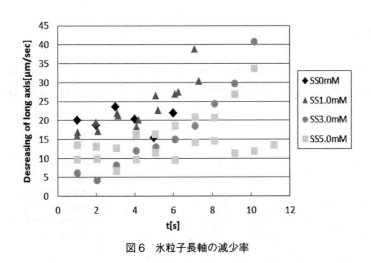

図6　氷粒子長軸の減少率

表1　融解熱流束

	Heat Flux （kW/m²）
SS 0.0 mm	3.40
SS 1.0 mm	3.35
SS 3.0 mm	2.29
SS 5.0 mm	2.16

$$q = \frac{\rho \times L \times V}{t \times S} \tag{1}$$

ここで ρ は氷の密度，L は潜熱，V は長楕円体の体積，t は時間，S は長楕円体の表面積である．表より，SS濃度が高いほど熱流束が低いことがわかる．これは図6の $t<5\,\mathrm{s}$ における長軸減少率のSS濃度依存性と一致する．つまり，長軸の減少は融解による短軸，表面積，体積の減少と密接に関係している．また，SS 1.0 mm の熱流束がSS 0 mm のそれと差が少ないことは，$t<5\,\mathrm{s}$ において長軸減少率の差が少ないことに加えて，SS 1.0 mm の氷粒子の融解がより急激に進行したことによる．なお，測定時においてSS濃度が増加するにつれて氷粒子群の観察頻度が低かった．このことより，SSにおいても凝集抑制効果が確認できた．

5.3 水溶液流中の氷粒子計測[18]

図7に氷粒子の面積変化をそれぞれ示す．●印がSSを添加していない場合であり，▲印がSSを添加している場合である．図7の面積変化を見ると，SSを添加した方が面積の減少が遅い．つまり，SSを添加することによって氷粒子の融解が抑制され，その結果として面積，つまり体積が大きい粒子群が高い移流速度を保ったと考えられる．このような結果はHPLC6でも同様に確認できた．

6 おわりに

氷スラリーにHPLC6およびHPLC6の一部を基に精製したポリペプチドを添加した実験により，凝集抑制効果があること，氷粒子の融解が抑制されることを示した．今後AFPについて更

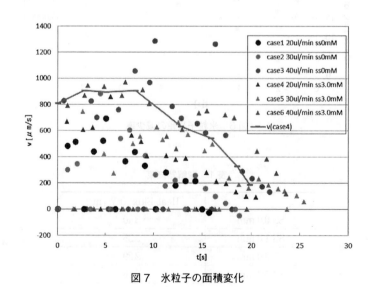

図7　氷粒子の面積変化

第4章　冬カレイから着想を得た微細流路内氷スラリー流の氷成長・融解の制御

なる研究によって，氷スラリー流だけでなく様々な応用が期待できる。

文　　献

1) S. Grandum, 矢部彰, 中込和哉, 田中誠, 竹村文男, 小林康徳, P.-E. Frivik, 日本機械学会論文集B編, **63**(607), 283-288 (1997)
2) P. Metz, P. Margen, *ASHRAE Trans.*, **93**(2), 1672-1686 (1987)
3) B.D. Knodel, D.M. France, U.S. Choi, M.W. Wambsganns, *Appl. Therm. Eng.*, **22**, 721-732 (2002)
4) 松本泰典, 横川明, 宇野光世, 北村和之, 岩川三和, *J. MMIJ*, **124**(4), 240-244 (2008)
5) Z. Jia, P.L. Davies, *Trends Biochem. Sci.*, **27**(2), 101-106 (2002)
6) B. Li, D.-W. Sun, *J. Food Eng.*, **54**(3), 175-182 (2001)
7) G. Amir, B. Rubinsky, S.Y. Basheer, L. Horpwitz, L. Jonathan, M.S. Feinberg, A.K. Smolinsky, J. Lavee, *J. Heart Lung Transpl.*, **24**(11), 1915-1929 (2005)
8) D.S.C. Yang, M. Sax, A. Chakrabatty, C.L. Hew, *Nature*, **333**(9), 232-237 (1988)
9) R. Coger, B. Rubinsky, G. Fletcher, *J. Offshore Mech. Arct.*, **116**(3), 173-179 (1994)
10) H. Aomatsu, Y. Hagiwara, *Int. J. Heat Mass Trans.*, **86**, 55-64 (2015)
11) A.J. Scotter, C.B. Marshall, L.A. Graham, J.A. Gilbert, C.P. Garnham, P.L. Davies, *Cryobiology*, **53**(2), 229-239 (2006)
12) R. Drori, Y. Celik, P.L. Davies, I. Braslavsky, *J.R. Soc. Interface*, **11** (2014)
13) S. Grandum, A. Yabe, K. Nakagomi, M. Tanaka, F. Takemura, Y. Kobayashi, P. Frivik, *J. Cryst. Growth*, **205**, 382-390 (1999)
14) H. Kun, Y. Mastai, *Peptide Science*, **88**, 807-814 (2007)
15) M. Ishikawa, Y. Murai, A. Wada, M. Iguchi, K. Okamoto, F. Yamamoto, *Exp. Fluids*, **29**, 519-531 (2000)
16) 中川嘉章, 萩原良道, 平和也, 日本機械学会熱工学コンファレンス2013講演論文集, D123, 109-110 (2013)
17) 平和也, 宮本拓弥, 西真人, 萩原良道, 第3回生物の優れた機能から着想を得た新しいものづくりシンポジウム資料集, G2, 1-3 (2014)
18) 石川将次, 平和也, 谷祥宇, 萩原良道, 日本機械学会熱工学コンファレンス2015講演論文集, G134, 1-2 (2015)

第5章　毛細血管リモデリングと流路ネットワーク最適化

長谷川洋介[*1], 中山雅敬[*2]

1 生体血管網における分岐パターン

生体内では，絶えず心臓から血流が送り出され，動脈，毛細血管，静脈を通って，再び心臓に戻るという循環が繰り返されている。血流の本質的な役割は，酸素や養分を生体内組織の隅々までに送り届ける一方，各組織で生成される老廃物を除去することである。そのために，生物は，秩序的，かつ階層的な血管網を構成している。具体的には，心臓から出た太い動脈が多数の分岐を繰り返すことにより，徐々に径の小さな血管網で構成される微小血管系を形成し，局所の細胞と物質交換を行った後，これらの毛細血管が徐々に合流し，再び太い静脈となって心臓に戻る。このような階層構造は，血管網のみならず，肺，植物の葉脈，枝，根の分岐パターンなどにおいて一般的に見られるものであり，その背後にあるネットワーク形成の普遍的な原理を予感させる。

レオナルド・ダ・ビンチは，血管網や植物の枝などの分岐パターンを観察し，これらの分岐構造は，分岐の前と後で，断面積が一定になるよう分岐を繰り返すと仮定した[1]。そこで図1に示すように，1本の太い管がその全断面積を一定に保ちつつ，複数回の分岐を経て，同じ径を持つN本の細い管に分かれる場合を考えてみよう。

管の本数と各種形状および物理パラメータの管径を表1に示す。分岐前後で総断面積を一定と

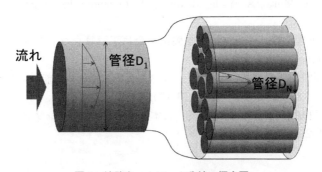

図1　流路ネットワーク分岐の概念図

---

*1　Yosuke Hasegawa　東京大学　生産技術研究所　機械・生体系部門　准教授
*2　Masanori Nakayama　Max Planck Institute for Heart and Lung Research, Laboratory for cell polarity and organogenesis, Group Leader

第5章　毛細血管リモデリングと流路ネットワーク最適化

表1　全管断面積を一定に保ちつつ，N本の管に分岐した際の各物理パラメータの変化

管の本数	各管の断面積比	管径比	各管内の流量比	ポンプ動力比	物質移動係数比
N	N^{-1}	$N^{-1/2}$	N^{-1}	N	N

仮定しているため，N本に分岐した後の1つの管の断面積はN^{-1}倍となり，分岐後も円管を仮定するとその径は$N^{-1/2}$倍となる。分岐で生じる圧力損失は無視し，血液はニュートン流体，血管内流れは発達した層流であると仮定すると，管内に生じる流れ方向の圧力損失ΔPは次式で計算できる。

$$\Delta P = \frac{128\mu GL}{\pi D^4}$$

ここで，Gは管1本あたりの血流の体積流量，μは流体の粘性係数，Lは管の主流方向長さ，Dは管直径である。上式において，分母に管直径Dの4乗が含まれるため，Dが小さくなると圧力損失が劇的に増加することが重要である。$G \propto N^{-1}$，$D \propto N^{-1/2}$より，$\Delta P \propto N$，すなわち圧力損失は分岐数に比例して増加する。これに全体積流量をかけると，流体を駆動するために必要なポンプ動力が求まり，この値もΔPと同様にNに比例する。以上の結果は，血管が分岐するに従って，血管内壁に働く摩擦抵抗に打ち勝つために，より大きな圧力勾配（または，ポンプ動力）が必要になることを意味している。ここで，ポンプ動力とは，生体内においては，心臓が血流に対して行う単位時間あたりの仕事量に相当する。

　一方，血流から周囲の組織に酸素や養分などの物質が輸送されると考えると，同様の計算によって総括物質移動係数を計算することができ，こちらもNに比例することが分かる（表1参照）。これは，分岐させることにより，管径が小さくなり単位面積当たりの物質伝達係数が$N^{1/2}$に比例して増加することと，血管と周辺組織との境界の面積が$N^{1/2}$に比例して大きくなることから，両者の積はNに比例するためである。つまり，生体組織へ物質を輸送する観点では，より多くの分岐があった方が良い。

　以上のことから，血流ネットワークの分岐は，血流を駆動するためのポンプ動力と物質輸送特性のバランスによって決まると考えられる。すなわち，まず心臓から太い血管を通して，より少ない圧力損失（ポンプ動力）で目的の組織まで血液を輸送し，組織との物質輸送が行われる場では，血管を分岐させて，毛細血管網を構成することで物質交換の効率を高めている。組織から老廃物を受け取った微小血管系は，再び血流の合流を繰り返して太い静脈を形成し，血流は心臓へ戻っていく。血行力学の観点からも，血管網が持つ階層構造は，極めて理にかなったものと言える。

　生体内における液体や物質輸送の定量評価は，18世紀の植物生理学者スティーブン・ヘールズの研究にまで遡る。それまで植物の樹液は循環すると思われていたが，彼は根と葉の圧力を計測することによって，根から葉への一方向の流れが存在することを初めて示した。一方，血管網

に普遍的な分岐パターンがあることを最初に示唆したのは，英国の物理学者であるトマス・ヤングである[2]。彼は，1809 年のイギリス王立協会のクルーニアン講義において，親管が同じ径を持つ二つの娘管に対称に分岐する場合，親管と娘管の直径の比は 1.26：1 になるとした。その後，20 世紀に入り Murray[3] が最小仕事の原理を提唱し，これに基づきヤングの管径比を数学的に導くことに成功した。具体的には，血管の占める体積と血流を駆動するためのポンプ動力をコストとし，その最適化問題を定式化した。その結果，分岐の前後において管径の 3 乗の和が一定となる時に，コストが最小となることを示した。これによると，直径 D_1 の親管が直径 D_2 の二つの娘管に分岐する場合，$(D_1)^3 = (D_2)^3 + (D_2)^3 = 2(D_2)^3$ が成立するため，ヤングの管径比 $D_1 : D_2 = \sqrt[3]{2} : 1 \cong 1.26 : 1$ が得られる。また，興味深いことに，この時，分岐の前後において血管内壁に働くせん断応力が一定となる。この法則は，マレーの法則（Murray's law）として知られており，現実の生体血管網の観察結果とも比較的良い一致が確認されている。また，血管網のみならず，植物の導管の分岐構造も同様の法則に従うことが報告されている[4]。

　先述のダ・ビンチの分岐パターンでは，血管の総断面積が一定に保たれており，この時，分岐の前後において管径の 2 乗の和が一定となるため，マレーの法則（管径の 3 乗の和が一定）とは少々異なる。ただし，分岐が進むにつれて，圧力損失が増加しつつ物質輸送特性が向上する点は同様であり，これらの事実は，生体内の流路ネットワークが流体駆動に伴う圧力損失を最小化しつつ，その物質輸送特性を最大化するような最適構造を持つことを示唆している。

2　工学と流路ネットワーク最適化

　我々の生活を支える熱流体機器の内部においても，生体内と同じように，熱や物質を輸送するために様々な流体が循環している。例えば，PC やタブレットなどの電子デバイスでは，高密度化，高性能化が飛躍的に進んでおり，その内部で生じる熱を効率良く取り除くために，微細な流路に空気や水を流し，冷却を行っている。自動車用エンジンや航空用および発電用ガスタービンなどの内燃機関では，酸化剤と燃料を混合し，効率良く燃焼させることが重要課題の一つであるし，そこで生成された熱を回収するためには，効率の良い熱交換器の開発が必要である。従って，流れとそれに伴う熱・物質輸送の自在な制御は，エネルギーの有効利用，省エネルギーの促進に向けて鍵となる技術である。

　Bejan[5] は，電子デバイスの冷却を目的として，発熱面における高熱伝導材料の最適配置問題を考えた。その結果，生体内の血管網と同じく，高熱伝導材料で構成される太い枝が多数の分岐を繰り返し，発熱領域全体をカバーする配置に辿りついた。この研究を発端として，彼はコンストラクタル理論[6] を提唱している。これによると，生命現象や自然現象の本質は「流れ」であり，それらの形状は「流れの抵抗」を最小化するように進化するとしている。例えば，樹木は，土壌に広範囲に分散している水を取り込むべく根を伸ばし，根から吸収した水分を太い幹に集めることで効率よく地上へ吸い上げた後，枝を多数に分岐させて，その先に葉を付けることで，大

第5章　毛細血管リモデリングと流路ネットワーク最適化

気中に効率良く水蒸気を拡散できる形へと進化する。河川は，陸地に広範囲に降り注ぐ雨を集め，それを最も効率よく海へ運ぶようにその形を変化させた結果，細い支流が合流を繰り返すことで，徐々に大きな河川を形成し，最終的には海へ流れ込む。このようにコンストラクタル理論では，「流れの抵抗の最小化」という単純な原理を用いて，自然界のみならず，情報や物流などの社会ネットワーク構造を説明すると共に，それらの将来の進化を予測する。

　通常，熱流体機器やエネルギー機器の設計では，準静的過程を仮定し，熱力学的サイクル計算からその理論効率が求められるのに対して，コンストラクタル理論は，流れに伴う不可逆過程に本質を見出す点で興味深い。その一方で，コンストラクタル理論は，普遍的な原理として提案されており，なぜそうなるかについての説明はなされていない。以下では，生体内の毛細血管網に注目し，その階層構造の形成過程を見ると共に，ネットワーク構造最適化との接点を議論する。

3　毛細血管網の形成プロセス

　血管構造の形成過程やその異常化は，ガン，脳卒中，虚血性／炎症性疾患などに大きく関わっており，医学，生物学の分野において，活発な研究がなされている。一般に，血管は周辺組織との境界に多数の血管内皮細胞が配列することで形成・維持される。血管内皮細胞は，局所の化学的，力学的刺激によって個別に運動することが知られており，その結果として自己組織化的に，秩序的かつ階層的な血管網を形成する点は，特に注目に値する。

　以下では，マウスの網膜を対象として，血管網形成のプロセスを解説する。

　網膜は，生体内において最も酸素消費率が高い臓器の一つであり，マウスでは出生直後に視神経乳頭部から網膜内に血管が侵入し，周辺部に向かって放射状に伸長することが知られている。最終的に三層の血管網を形成するが，網膜の表面に一様に広がっていくことから，観察が比較的容易で，その形成過程に関して，多くの研究事例がある。図2上図に生後直後〜8日までのマウス網膜の毛細血管網の画像を示す。

　図2下図の，(1)〜(3)に血管新生から血管リモデリングまでの血管構造の変化の概念図を示す。出生後，血管に覆われていない網膜組織は虚血状態となり血管形成を誘導する。その際に，虚血状態の細胞から血管内皮細胞増殖因子（Vascular Endothelial Growth Factor：VEGF）と呼ばれるタンパク質が分泌され，これが網膜内に侵入して来た血管の血管内皮細胞の発芽（図2(1)），遊走を促し（図2(2)），血管新生を誘発する。この時点では，まだ成熟した血管網に特徴的な階層的な構造は見られない。生後8日後ごろには，血管新生によって形成されるランダムな血管網が組織表面全体をカバーする。同時に，出来上がった新生血管では徐々に，次の段階の構造変化が見られる。具体的には，特定の血管が太く安定化する一方で，不要な血管が縮退する現象が見られる。このリモデリングの過程では，物理的要因が支配的であると考えられている。血管内皮細胞は管構造を作りながら，血流の逆方向に遊走することが知られている。その結果，血流の強い血管に血管内皮細胞が集まり，血管が安定し拡大する一方，血流の弱い領域は血管内皮細胞が

生物の優れた機能から着想を得た新しいものづくり

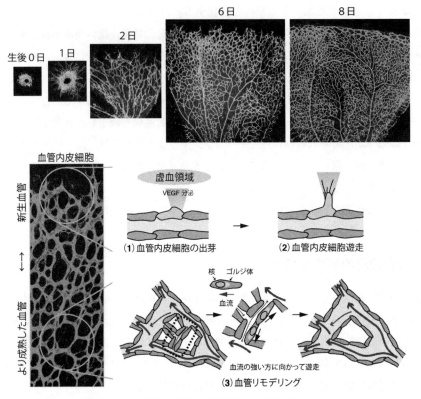

図2　マウス網膜の毛細血管網画像と血管形成の概念図

退縮することによって血管が消滅すると考えられる（図2(3)）。このプロセスは，血管網リモデリングと呼ばれており，これを通じて，最終的に成熟した階層的な血管網が形成される。

　生体を形作る情報は，全て遺伝子の中に含まれていると考えられる。しかし，遺伝子が有する情報量は，人間であっても高々1Gバイト程度であり，その中に全ての形状情報が含まれるとは考えにくい。同じ遺伝子をもつ個体であっても血管構造が厳密に一致することはなく，また損傷時における血管網の再生能力を考慮すると，遺伝子には，極めて単純な法則のみが含まれており，その単純な法則に従って各血管内皮細胞が遊走・増殖することによって，階層的かつ秩序的な血管網を作り上げるものと考えられる。上述の血管新生とリモデリングを考慮した血管網形成の数理モデルも提案されており[7]，今後，医療への応用が期待されている。一方で，このような単純な法則によって個々の血管内皮細胞が移動する際に，流路ネットワーク全体として輸送特性が最適化されるのか？仮に最適化されるのであればそれはなぜか？という疑問が依然として残る。以下では，工学で発展した最適制御理論を用いて，局所の血管構造の変化と流路ネットワークの全体性能との関係について議論する。

4 最適制御理論に基づく流路ネットワーク最適化

図2で示したように，血管網形成プロセスは，①血管新生によるランダムな血管網の形成と②リモデリングによる血管網の縮退による階層構造の形成の二段階に分けられる．以下では，特に②のリモデリングのプロセスが流体ネットワークの最適化のプロセスと深く関係していると考えて，同プロセスを最適化問題として定式化する．

図3に，本稿で考える流路ネットワーク最適化問題の概念図を示す．平面内の2次元流れを考えて，境界は全て周期境界条件とする．すなわち，図3に示した領域が無限に2次元空間に繰り返されるものと仮定する．対象領域Ωの中に，一対の流体の湧き出しと吸い込みを仮定し，湧き出しから流体が2次元領域内に流入し，吸い込みから出ていくものとする．湧き出しから高酸素濃度の血流が流入するとして，その正規化された濃度を $C=1$ とする．流入した酸素は，周辺の細胞によって消費されるものとする．対象領域は，細胞組織か流体領域かのいずれかであり，その構造を数学的に表現するために，識別関数 ϕ を導入する．つまり，細胞領域では $\phi=1$，流体領域では $\phi=0$ とする．血液は非圧縮ニュートン流体，血流は定常流と仮定し，細胞領域における酸素消費率 Q を一定とすると，流れと濃度場の支配方程式は次式で与えられる．

$$\frac{\partial(u_j u_i)}{\partial x_j}=-\frac{\partial p}{\partial x_i}+\frac{1}{Re}\frac{\partial u_i}{\partial x_j \partial x_j}-\eta\phi u_i \tag{1}$$

$$\frac{\partial u_i}{\partial x_i}=S \tag{2}$$

$$\frac{\partial(u_j C)}{\partial x_j}=\frac{1}{Pe}\frac{\partial C}{\partial x_j \partial x_j}-Q\phi \tag{3}$$

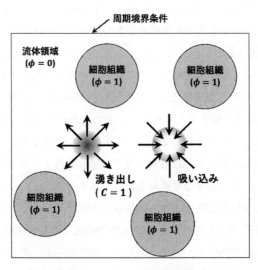

図3 流路ネットワーク最適化問題の概念図

ここで，(1)式は流れの運動量保存式（Navier-Stokes方程式），(2)式は質量保存式（連続の式），(3)式は酸素濃度Cの輸送方程式である。(2)式のSは，流体の湧き出し／吸い込みの空間分布を表している。(1)式の右辺第3項は，細胞領域では血流が存在しないことを表現するため，細胞領域（$\phi=1$）のみにおいて，流速を打ち消すように働く仮想的な力を表している。また，(3)式の右辺第2項は，細胞領域における酸素消費を表している。すなわち，本モデルでは，細胞組織は，血流を阻害するとともに，酸素を消費する領域として表現されている。尚，(1)〜(3)式は，それぞれ代表速度，代表長さ，代表濃度で無次元化されており，ReおよびPeはそれぞれレイノルズ数，ペクレ数を表し，流れによる運動量／物質輸送と分子粘性／拡散との比を意味する。

ここで，ある初期の細胞配置が与えられた際に，細胞が血流から輸送される酸素を消費しつつ，対象領域内部で増殖することを考える。細胞領域が広がるにつれて，流体領域が狭くなるため，湧き出しから吸い込みまでの流れの抵抗が増える。更に，細胞が増えることによって，酸素消費量も増えるため，全ての細胞に十分な酸素が供給できなくなる。従って，血流を駆動するポンプ動力を抑えつつ，対象領域内において細胞領域を最大化させるような，最適な血管構造があると考えられる。そこで，以下のようなコスト関数を定義する。

$$J = \int_\Omega \left\{ -F(C) + \beta \cdot p\left(\frac{\partial u_i}{\partial x_i}\right) \right\} dV \tag{4}$$

ここで，Ωは対象領域全体を表す。(4)式の第1項は，十分な酸素が供給される細胞の全体積を表す。尚，負の符号が付与されているため，細胞領域が増えるに従って，第1項は減少することになる。関数$F(C)$は，ある臨界濃度以上であれば1へ，それ以下では0へと漸近する関数であり，本稿では以下のように与える。

$$F(C) = \frac{1}{2} \left\{ \tanh\left(\frac{C-C_c}{\Delta C}\right) + 1 \right\} \tag{5}$$

ここで，C_cは事前に与えられる臨界濃度であり，この値以下では，細胞が生存できないものと仮定する。ΔCは，Fが0から1へと遷移する濃度幅を表している。C_cおよびΔCは，生物学的知見から決めるべき値であるが，ここでは，$C_c=0.5$，$\Delta C=0.1$とした。(4)式の第2項は，血流を湧き出し点から吸い込み点まで駆動するためのポンプ動力に対応する。以上より，(4)式のコスト関数を最小化することは，臨界濃度C_c以上の酸素が供給される細胞領域をできるだけ大きくしつつ（第1項），血流を駆動するためのポンプ動力を最小化する（第2項）ことと等価である。尚，(4)式のβは，第1項に対する第2項の重みを決める定数である。

最適制御理論では，設計変数の変化に対するコスト関数の感度を求めることによって，コスト関数を最も減らす方向に設計変数を繰り返し更新し，最適化を行う。今回の問題において，設計変数とは，細胞と流体の領域を記述する識別関数ϕの空間分布である。これをコスト関数が最小化される方向へ徐々に変化させることによって，血管網構造の最適化が行われる。具体的には，ラグランジュの未定乗数法を用いて，コスト関数(4)と制約条件(1)〜(3)式の線形和によりハミルトニアンを定義する。

第5章　毛細血管リモデリングと流路ネットワーク最適化

$$H = J - \left\langle u_i^* \left\{ \frac{\partial (u_j u_i)}{\partial x_j} + \frac{\partial p}{\partial x_i} - \frac{1}{Re} \frac{\partial u_i}{\partial x_j \partial x_j} + \eta \phi u_i \right\} \right.$$

$$\left. - p^* \left(\frac{\partial u_i}{\partial x_i} - S \right) \right. \tag{6}$$

$$\left. + C^* \left\{ \frac{\partial (u_j C)}{\partial x_j} - \frac{1}{Pe} \frac{\partial C}{\partial x_j \partial x_j} + Q \phi \right\} \right\rangle$$

　ここで，u_i^*，p^*，C^*はそれぞれラグランジュの未定乗数であり，随伴速度，随伴圧力，随伴濃度とも呼ばれ，それぞれ空間の関数である。以下，導出の詳細は煩雑となるため省略するが，識別関数ϕに関して(6)式のフレッシェ微分を取ることによって，コスト関数(6)を最も減らすような血管構造の変化量ϕ'は次式で与えられる。

$$\phi' \propto (\eta u_i u_i^* + C^* Q + \beta F) \tag{7}$$

　尚，ϕ'の値が正の場合は，細胞領域が血管領域に向かって拡張することにより血管が縮退する一方，負の場合は，逆に細胞領域が後退し，その位置の血管が拡張することを意味する。ここで，第1項は，速度場と随伴速度の積の形となっている。随伴速度場の方程式より，対流の効果が無視できる低レイノルズ数流れでは，$u_i \approx -u_i^*$となるため，結局，第1項は，$\eta u_i u_i^* \approx -\eta u_i u_i$と近似できる。これは，即ち，血管内壁に働く応力の二乗量に対応する。この第1項は，ポンプ動力を最小化するために生じる項であり，本稿で考える低レイノルズ数流れでは，血管内壁が流れから受ける応力に従って，局所の血管を拡張させることにより，ネットワーク全体のポンプ動力の最小化が実現できることを意味する。図2で示したように，現実の血管においても，血管内皮細胞が局所のせん断応力に応じて遊走することが知られており，両者の一致は興味深い。また，このような血管構造の変化を繰り返すことによって，最終的には，血管内壁に働く応力は場所によらず一定となることが予想できる。これは，1節で述べたマレーの法則において，親管と娘管に働く壁面せん断応力が一定になるという結論と整合しており，本結果は，マレーの法則を任意形状へ拡張した結果と捉えることができる。

　次に，第2項は，臨界濃度以下の細胞領域から生成されるC^*に比例して，血管内壁を拡張させる効果を表している。これは，3節で述べた虚血領域からVEGFが生成，拡散し，血管新生を促すという生体内で見られるメカニズムに極めて近い。最後の第3項は，酸素供給が十分な領域（$F=1$）における，血管の縮退を表す。これは，生体内のリモデリング過程において，不要な血管が縮退する機構に対応すると考えられる。

　最適制御理論を用いた流路ネットワーク最適化の例を図4に示す。計算領域に1対の湧き出し／吸い込みを配置し，初期形状として，縦横に規則的に円状の細胞領域を配置した（図4左）。(7)式に従って，細胞領域を発展させた結果，図4中図の形状を経て，最終的には，図4右図の形状に落ち着いた。最終形状では，太い動脈と静脈が形成され，その間を複数の細い血管が繋いでおり，生体内の血管網と類似した形状を得ることに成功している。

153

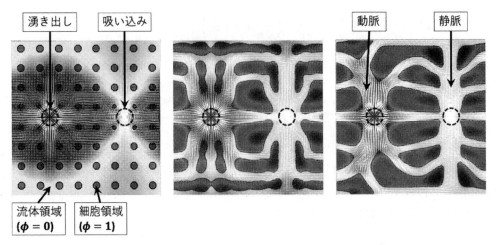

図4 最適制御理論による流体ネットワーク構造の最適化例
左）初期形状，中）最適化途中の形状，右）最適化後の形状

5 まとめ

本稿では，血管網や植物の枝などに見られる特徴的なネットワーク構造が，生命現象や自然現象で広く見られること，またそのような構造は，流動抵抗を抑えつつ，熱・物質輸送特性を向上させる上で，極めて優れた性質を持つことを見てきた。これらに共通して見られるのは，階層的かつ秩序的なネットワーク構造であり，人工物には無い複雑さと美しさを備えていることから，古くから多くの研究者を魅了してきた。

特に，本稿では，生体内の毛細血管網に注目し，その形成プロセスとネットワーク構造最適化との接点を議論した。生体内では，まず，虚血領域から生成・拡散される化学的シグナルによってランダムな血管ネットワーク網が形成された後，血流から受ける力学的刺激に応じて，血管の縮退，安定化が生じることで，成熟した階層的なネットワーク構造が構築される。一方で，4節で紹介した最適制御理論に基づくネットワーク構造の最適化では，上述の生体内で見られるような機構に従って流路形状を随時変形させていくことによって，ネットワーク全体としての最適化が実現できる可能性を示した。この事実は，ネットワーク構造の構成要素である血管内皮細胞が，比較的単純なルールに基づいて個別に運動することによって，最終的には，全体として最適なネットワーク構造を作り上げることを意味しており，学術的に興味深い。また工学の観点からは，ものづくりの新しい展開を予感させる。すなわち，生体内の血管内皮細胞の振る舞いを適切に数理モデル化することができれば，そのアルゴリズムを用いて，数値シミュレーション上で様々な熱流体デバイスの形状最適化へ応用できる可能性がある。ただし，一般に毛細血管内の流れのレイノルズ数は1以下であり，工学で見られるレイノルズ数よりもだいぶ小さい。また，血液の全体積の40％程度は血球が占めており，その複雑なレオロジー特性や酸素の吸着・解離反応を通じて，輸送特性に大きな影響を与えることが知られているが，本稿の解析ではそれらの効

第5章　毛細血管リモデリングと流路ネットワーク最適化

果は考慮されていない。また，本稿では決定論的なネットワーク構造の最適化を紹介したが，生体内の血管新生やリモデリングでは，確率的な過程を有していると思われる。更に，生体内では血管ネットワーク構造のロバスト性など，本稿では考慮されていない因子に関して最適化されている可能性がある。

　「生体模倣（バイオミメティクス）」と聞くと，既に形成された生体の形やそれに伴う機能を工学へ応用するケースを想像しがちであるが，そのような特異な機能を有した生体形状がどのように形成されるかを解明することによって，新しいものづくりの方法論が構築できる可能性がある。今後，医学，生物学，工学，応用数学などの幅広い学問領域の知識を結集することによって，更なる進展が期待される研究領域と言える。

文　　　　献

1)　Richter, J.P., "The note books of Loenardo da Vinci", Complied and Edited from the Original Manuscripts, 1452-1519, Dover（1970）
2)　Sherman, T.F., *J. Gen. Physiol.*, **78**（1981）
3)　Murray, C.D., *Proc. Natl. Acad. Sci. U. S. A.*, **12**, 207-214（1926）
4)　McCulloh, K.A., Sperry, J.S., Adler, F.R., *Nature*, **421**, 939-942（2003）
5)　Bejan, A., *Int. J. Heat Mass Transfer*, **40**(4), 799-816（1997）
6)　Bejan, A., Zane, J.P., "Design in Nature: Now the Constructal Law Governs Evolution in Biology, Physics, Technology, and Social Organization, Doubleday Books"（2012）（邦訳「流れとかたち　万物のデザインを決める新たな物理法則」エイドリアン・ベジャン（著），J. ペダー・ゼイン（編集），柴田裕之（翻訳），紀伊国屋書店（2013））
7)　Secomb, T.W., Alberding, J.P., Hsu, R., Dewhirst, M.W., Pries, A.R., *PLOS Comput. Biol.*, **9**(3), e1002983（2013）

第6章　生物の組織形状に由来する微小空間用熱交換器に関する基礎的研究

麓　耕二[*]

　生物の組織形状に由来する微小空間用小型熱交換器に関して，2つ研究課題「魚の鰓（エラ）形状に由来する狭隘空間用高効率熱交換器に関する基礎的研究」，および「赤血球の血管内ずり流動に由来する高効率物質熱輸送システムに関する基礎的研究」について研究背景および取り組み状況について紹介する。

1　はじめに

　バイオミメティクス（生物模倣）は生物の身体構造や機能にヒントを得た技術であり，私たちが普段よく目にする日用品の中にも「バイオミメティクス」を応用した製品が数多く存在する。そもそもバイオミメティクスとは，生物の構造やシステムの機能と原理を理解し，それを人工的に再構成することで社会や技術の複雑な問題を解決するという概念である。その学問領域は，生物学，機械工学，化学，社会学など，多岐にわたる。中でも著者が研究分野としている機械工学領域における熱流体工学分野に着目すると，代表的なバイオミメティクスの注目点および主な機能は表1のように示すことができる。なお熱流体の中で機能が流体のみに関わる事項はリストから外している（例えば，蓮の葉の微細構造による撥水効果やカワセミのくちばし形状による抵抗低減効果など）。

　表1に示される熱流体分野に特化したバイオミメティクスの応用例は，ごく一部である。もち

表1　熱流体を中心とするバイオミメティクスの一例

生物	注目点	機能
ウサギ	・疾走するときに立てる耳 ・季節間の毛	・耳を立てることで空冷フィンとして利用 ・冬季間の断熱性能を有する毛質
水鳥	・足の奇網	・足の熱交換システム
魚類・昆虫・植物	・不凍化タンパク質	・細胞内の凝固点降下と氷結晶成長の阻害
アリ	・パッシブ空調のアリ塚	・温度湿度調節機能と煙突効果による空調
蛇	・ピット器官	・赤外線感知センサー

　＊　Koji Fumoto　青山学院大学　理工学部　機械創造工学科　教授

第6章　生物の組織形状に由来する微小空間用熱交換器に関する基礎的研究

ろん未だ応用に至っていないバイオミメティクスが多数存在する。さらに生物界には私たちが認知すらできていない生物の優れた機能が数多く存在することは容易に想像できる。

一方，近年，産業分野において熱流体に関する様々な工学的技術課題の解決が望まれている。例えば断熱，温度制御，および熱伝達促進に代表される伝熱問題，ならびに各種熱制御デバイスの高効率化・小型化等の解決が次世代イノベーションのキーテクノロジーと言われている。中でも熱制御デバイスに関しては冷熱機器の高性能化および小型電子デバイス等の排熱問題を解決することを目的として狭隘空間における熱交換システムを実現するマイクロチャンネル熱交換器の研究が進められている。表2に狭隘空間における熱交換技術の代表例を示す。

一般的に伝熱時の熱伝達率は管の流路断面寸法の逆数に比例するため，熱交換器をマイクロチャンネル化することで高い熱伝達率が得られる。また狭隘チャンネル内の流体を高速流動させた場合，壁近傍の境界層が薄くなるため管壁を通じた熱交換率の上昇が見込める。一方，管径の微細化により流動抵抗が増大するため熱伝達と圧力損失はトレードオフの関係となり，これらを最適化することがマイクロチャンネルの応用を考える上で重要な技術的課題と言える。

以上のような背景を踏まえて，本稿では生物の組織形状に由来する微小空間用小型熱交換器に関して，著者らが行っている2つ研究課題について研究背景および取り組み状況について紹介する。具体的には，「魚の鰓（エラ）形状に由来する狭隘空間用高効率熱交換器に関する基礎的研究」，および「赤血球の血管内ずり流動に由来する高効率熱・物質熱輸送システムに関する基礎的研究」について以下に概説する。

2　魚の鰓（エラ）形状に由来する狭隘空間用高効率熱交換器に関する基礎的研究

開放型の狭隘空間において優れた熱・物質移動を可能にすることを期待し，生物の形状・構造，および特性を探索した結果，魚のエラに帰着した。次に魚のエラに関する基本事項を概説する。魚類には，いくつかの分類があるが，ここでは一般的な硬骨魚類（例えば，鯉やアジなど）を対象として話を進める。魚のエラはガス交換に加え，浸透圧調節，アンモニア排出，および熱交換の4つの役割を果たしていると言われている。図1に一般的なエラの構造（鰓蓋を取り除い

表2　狭隘空間における熱交換技術の応用例

LSI やパソコン CPU を含む電子機器の冷却（マイクロチャンネルヒートシンク）
小型冷凍・空調機器
マイクロ化学分析機器
マイクロマシン技術（医療工学分野を含む）
マイクロ燃焼器
etc.

157

生物の優れた機能から着想を得た新しいものづくり

図1 鰓の構造

た状態）を示す。鰓は一番外側に鰓蓋（えらぶた）があり，その内側に濾過器の働きをする櫛状の鰓耙（さいは），熱物質移動を行う鰓葉（さいよう，鰓弁ともいう），エラ自体を支える鰓弓（さいきゅう）がある。

魚類は，水に含まれるごく微量の酸素を鰓葉によって血液中に吸収し，同時に体内から不要になった二酸化炭素を排出している。その酸素摂取効率は，約80%とも言われており高い物質交換効率であることが分かる。またマグロのような大型の魚の場合，エラを通過する海水を用いて熱交換を行い，体温調節を行っていると言われている。

魚は口と鰓蓋を交互に開閉させることで水流をエラへ導き，呼吸を効率よく行う。硬骨魚のエラは，血管が通っている弁状の器官が鰓弓にたくさん並ぶ構造となっている。この部分を一次鰓葉といい，この一次鰓葉の両脇に無数の二次鰓葉と呼ばれるヒダがある。この一次鰓葉の表面にヒダ状に並ぶ二次鰓葉の間を水が通り抜けていくときに血流と周囲の水との間で熱・物質交換が行われる。図2に（一次）鰓葉を通る水流と魚の血流に着目した鰓の内部構造を示す。

ここで，熱・物質交換を行う組織のミクロ構造に着目すると，エラは二次鰓葉において効率よく酸素を吸収し，二酸化炭素を排出するため，また熱交換を効率良く行うため，水の流れ方向と血管内の血流が逆向き（対向流）になっていることが分かる。図3に鰓葉と水流の微視的モデル（ポンチ絵）を示す。ここで工学的視点からエラの熱交換を検討すると，以下のようにまとめることができる。一般に熱交換器は，伝熱工学分野の主要な研究領域の一つであり，熱交換を行う媒体の流れ方向によって対向流型，並流型，および直行流型に分類される。エラ構造のように温度の異なる2つの媒体が向かい合わせに接して流れる対向流型熱交換器は，並流型に比べて効率が良く，両媒体の温度差が小さい場合や熱交換器の小型化が必要な場合に用いられる。また熱交換効率にとって重要な熱通過率は，両媒体を隔てる隔壁の厚さ，材質に基づく物性値（熱伝導率など），および隔壁と媒体間の熱伝達率に大きく左右される。ここで伝熱工学的視点から，魚のエラを優れた熱・物質交換器としてとらえた場合，その優位性は以下の様にまとめることができる。エラの狭隘空間において，折り重なる様にヒダ（鰓葉）が形成されており，表面積を増大す

第6章　生物の組織形状に由来する微小空間用熱交換器に関する基礎的研究

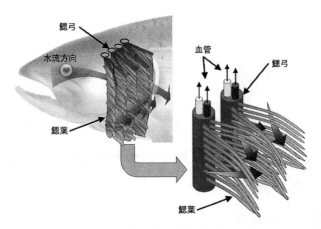

図2　鰓を通る水流と鰓葉

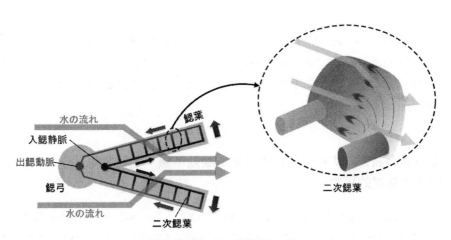

図3　鰓葉と水流の微視的モデル

る形状を有してる。また熱交換部（二次鰓葉）が対向流型熱交換器の形態になっている。さらに熱交換部分が軟体（ソフトマター）で形成されているため，エラ内部の水流に沿って形態を変化させることができ，加えて水流によって生じるヒダ部分の揺動現象は，媒体間の隔壁表面に形成される境界層の厚さを減少させる効果が期待できる。

　以上のような生物の優れた機能を具現化するため，著者はエラ形状を参考にした狭隘空間用高効率熱交換器の開発を目的として基礎的研究に取り組んでいる。特にエラ形状に由来する熱交換器は，ベアチューブと呼ばれるフィン加工していない熱交換用チューブに替わる熱交換器として期待している。現在，樹脂を造形材料とする3Dプリンターを用いて各種パラメータを制御したエラ形状を作製し，狭隘流路内における流動特性に関する調査を行っている。実験結果の詳細は割愛するが，各サンプルの実験を通して，圧力損失と熱交換部表面積の関係を調査し，最適形

159

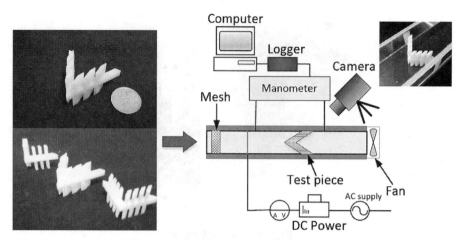

図4 樹脂製鰓葉サンプルと試験装置の概略

状の探索に取り組んでいる。図4に各試験サンプルと実験装置の概要図を示す。

今後，鰓葉の血流を模擬した細水管を内蔵した熱交換部を金属3Dプリンターによってモデル化し，熱移動量および熱交換量等を測定する予定である。同時に熱流動数値シミュレーションを用いて特性を把握する予定である。

3 赤血球の血管内ずり流動に由来する高効率熱・物質熱輸送システムに関する基礎的研究

従来，熱交換器を含む伝熱機器の設計・開発において，より高効率な熱移動を実現するため様々な伝熱促進技術が検討されている。例えば，ナノ粒子を混濁したナノ流体は，媒体自身の熱伝導率を上昇させることで細管流動時の熱伝達率を上昇させることができる[1]。さらに媒体に相変化物質（Phase Change Material：PCM）を混濁した機能性蓄熱媒体は，相変化に伴う潜熱の効果により得られる定温効果が，流動時の温度差を確保できることから高い伝熱促進効果が知られている[2]。またマイクロチャンネルヒートシンクに代表されるように，優れた熱伝達特性を有する細管流路を用いた各種熱制御デバイスが注目されている[3]。

このような背景を踏まえて，著者は細管流路において優れた熱輸送および熱伝達特性が得られる新たな熱移動形態を探索し，生物の形状・構造，および特性を調査した結果，毛細血管内を移動する赤血球の変形流動に帰着した。赤血球は，高分子，コロイド，および生体分子などと同様，小さな力で大きな変形応答を示す，いわゆる柔らかい物質（ソフトマターあるいはソフトマテリアルと称される）の一つである。次に赤血球に関する基本事項を概説する。赤血球は血液の主成分であり，ヘモグロビンにより酸素を全身に運び，一方で二酸化炭素を回収する役目を有している。赤血球は直径約7μm，厚さ約2μmの円盤状で中心に窪みを有する無核の細胞であり，

第6章　生物の組織形状に由来する微小空間用熱交換器に関する基礎的研究

人間の血液中に35〜50%（Ht：ヘマトクリット）存在する。赤血球は毛細血管のような自身より管径の小さな血管を移動する場合，自らが折れ曲がるように変形し，管壁に擦れながら流動する（以下，ずり流動という）。この時，赤血球と血管内壁の境界面では，個体面同士が擦れながら高効率な熱・物質移動を行っている。なお赤血球の血管内流動および変形に関しては，実験[4]や数値シミュレーション[5]による研究が盛んに行われているが，赤血球の熱・物質移動に着目した研究は僅少である。

ここで工学的視点からソフトマターのずり流動による熱移動現象を検討すると，以下のようにまとめることができる。一般に熱交換器のように温度が異なる2つの流体が隔壁（固体）を挟んで接している場合，固体壁近傍の温度境界層は一種の熱抵抗として扱われる（図5）。これはごく薄い境界層内の熱・物質移動が拡散のみで行われるためである。この境界層をより薄くして，熱・物質移動を促進する方法として，流体の流速を増加させて乱流化する方法，さらに固液二相流のように固体粒子を混濁し，境界層を薄化させる方法が良く知られている。一方，ソフトマターによるずり流動を利用する場合，ソフトマターが通過する部分は一時的に境界層厚さがゼロとなる。また両者が接している部分では，固体壁面とソフトマターが擦れながら熱移動するため，壁近傍の境界層を介さず，壁表面から熱を移動させることが可能となる。しかしながらソフトマターによって管内の流れが阻害されるため，大きな圧力損失を発生させることが容易に想像できる。これに対しては機能的なソフトマターの選定が重要になる。またずり流動によって高い熱移動が実現できた場合，熱交換に必要な流路長さが著しく短くなると予想されるため，圧力損失の懸念を軽減できる可能性がある。

以上のような，赤血球の流動を基にした生物の優れた生体形状・機能を具現化するため，著者は変形を伴うソフトマターの熱流動特性に関する基礎的研究に取り組んでいる。特にソフトマターのずり流動を伴う熱輸送現象によって新たな高効率小型熱交換器の実現を期待している。現在，ソフトマターの選定と単管流路を用いた流動様相に関する基礎的研究に取り組んでいる。こ

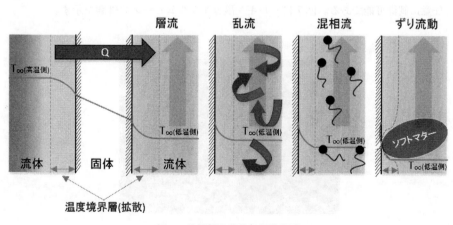

図5　境界層の薄化と伝熱促進

生物の優れた機能から着想を得た新しいものづくり

こでは，本研究の概要について説明する。まずソフトマターの選定に際し，本来は赤血球のずり流動に由来した生体模倣技術であったが，将来の工業的応用を考慮し，実験には数 mm 程度のソフトマターを対象として用いた。ソフトマターの候補としては，シリコン製ビーズ，プラスチック製ボール，吸水性ポリマー，およびアルギン酸カルシウムビーズなど，様々な物質が考えられるが，概ね次の適応条件を満たしている必要がある。粒子径が任意に変更できる。容易に，かつ安価に製作できる。球状であり，弾性変形する。および熱に対して安定である。これらの条件から，現在，吸水性ポリマーとアルギン酸カルシウムビーズをソフトマター材料として選定し，さらなる適合性について検討を続けている。次に両物質の特徴とその概要について示す。

3.1 吸水性ポリマーについて

吸水性ポリマーは，高吸水性高分子とも呼ばれ，自重の 100〜1000 倍の水を吸収し，吸水後は加圧してもほとんど離水しない特徴を有している（図6）。現在，紙おむつや生活用品に広く応用されている。また吸水性ポリマーは，粒子の中でナトリウムイオン（Na^+）が放出し内側の濃度が高まり，外側の水との濃度差（浸透圧）によって吸水するため，周囲の水溶液濃度を調整することにより，給水後のポリマーの粒径を制御できる利点がある。一方，実験に用いるためにはポリマー粒子を球形にする必要があるため，若干の課題を有している。

3.2 アルギン酸カルシウムビーズについて

アルギン酸ナトリウム水溶液と塩化カルシウム水溶液を接触させると瞬時にイオン架橋反応が起こり，ゲル化が生じる。この性質を利用してアルギン酸ナトリウム水溶液を塩化カルシウム水溶液中に滴下することでビーズ状のアルギン酸カルシムビーズが生成される。このビーズは一般的に人工イクラとしてよく知られている。特徴としては水に不溶で熱不可逆性であり，両物質の反応速度や各溶液濃度を変化させることにより，ゲルの膜厚さを制御できるため，結果としてビーズの柔軟性を任意に決定できる利点を有している。またビーズのサイズは，滴下する流量によって任意に制御可能である。図7にアルギン酸カルシウムビーズの外観を示す。

図6　吸水性ポリマーの外観

第6章 生物の組織形状に由来する微小空間用熱交換器に関する基礎的研究

図7 アルギン酸カルシウムビーズの外観

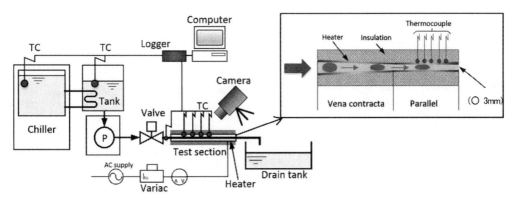

図8 熱伝達特性の試験装置

現在，ソフトマターの選定結果を基に円管内においてソフトマターの流動に伴う圧力損失の測定および加熱円管内を通過する際の伝熱促進効果の実験を行っている。図8に加熱円管を用いた実験装置の概略を示す。これまでの基礎試験の結果，従来の一般的な単相流では実現不可能な極めて高い熱移動特性を示すことが分かった。

4 まとめと今後の展望

バイオミメティクスによる流体制御技術の一つとして熱流体に関連したトピックをまとめた。特に「生体の組織形状に由来する微小空間用熱交換器に関する基礎研究」と題して，著者が取り組んでいる「魚の鰓（エラ）形状に由来する狭隘空間用高効率熱交換器に関する基礎的研究」および「赤血球の血管内ずり流動に由来する高効率熱・物質熱輸送システムに関する基礎的研究」について研究概要と可能性について述べた。共に現在進行中の研究課題であるため，結果の詳細は掲載していないが，今後の進捗に期待していただきたい。最後に，執筆の機会を与えて下さいった関係各位に深く感謝申し上げます。

文　　献

1) X. Wang, A.S. Mujumdar, *Int. J. Thermal Sciences*, **46**, 1 （2007）
2) H. Inaba, *Int. J. Thermal Sciences*, **39**, 991 （2000）
3) 芹澤昭示ほか，THERMAL ENGINEERING TED Newsletter, No.27 （1999）
4) T. Yaginuma *et al.*, *Biomicrofluidics*, **7**(5), 054110 （2013）
5) G.R. Lazaro *et al.*, *Soft Matter*, **10**, 7196 （2014）

第7章 イルカの表皮のしわとはがれからヒントを得たすべり波状面の乱流摩擦抵抗と熱伝達に関する数値シミュレーション

松本光央[*1], 萩原良道[*2]

1 はじめに

対流熱伝達とは，流体の移動に伴う熱の移動のことであり，熱交換器を代表とする様々な熱流体機器における加熱・冷却手段として利用されている。熱流体機器の中でも，代表的なものにプレート型熱交換器がある。プレート型熱交換器では，図1のように，凹凸のついたプレートを何枚も並べ，各プレートの間を高温流体と低温流体が交互に流れ熱交換を行う[1]。

省エネルギーの観点から，熱流体機器の効率化を目指して，これまでに多数の研究が行われてきた。例えば，熱伝達を促進させるために伝熱面を拡大させる方法などがある。他方，摩擦抵抗を低減させるために，リブレット[2]や柔軟壁[3,4]などを用いる方法あるいは，合成高分子[5,6]や界面活性剤[7]，マイクロバブルなどの添加物によって流れの構造を変える方法がある。

しかしながら，流れと熱伝達には相似性の問題がある。もし，熱伝達を促進させようとする

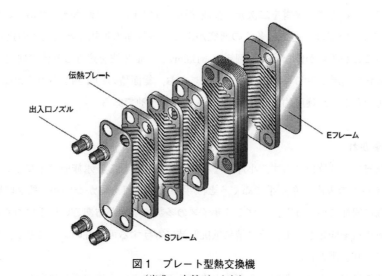

図1 プレート型熱交換機
（出典：文献1）より）

[*1] Mitsuo Matsumoto　京都工芸繊維大学　大学院工芸科学研究科　機械物理学専攻
　　輸送現象制御学研究室
[*2] Yoshimichi Hagiwara　京都工芸繊維大学　機械工学系　教授

と，摩擦抵抗が増加する。逆に，摩擦抵抗を低減させると熱伝達が抑制される。熱流体機器の効率化につながるような熱伝達を促進させつつ，摩擦抵抗を減らす有効な方法は見つかっていない。

　著者の研究グループでは，これを同時に達成するために，イルカの抵抗低減に着目した。イルカは，大きな体をしているにも関わらず，高速で泳ぐことができ，効率的に摩擦抵抗を下げていると考えられる。摩擦抵抗低減に寄与する可能性のある要因として，皮膚のしわなどが示された[8]。皮膚のはがれなど他の要因も考えられる。本報告では，イルカの皮膚のしわとはがれからヒントを得た波状面のシミュレーション結果を報告する。

2　イルカの皮膚

2.1　皮膚のしわ

　イルカの胸腹部の皮膚は軟らかく弾力があり，硬度約50度のシリコーンゴムに似た感触である[9]。皮膚の下の組織の影響もあり，腹部の皮膚は変形しやすい。イルカの表皮は，低速で泳いでいるときには滑らかであるが，高速で泳いでいるときには，胸腹部の一部分にしわが現れる[10]。しわは，水と柔軟な皮膚との相互作用の結果と考えられる。基本的に肛門付近を除いて皮膚のしわの動きは確認できない。

　したがって，しわを伴う皮膚を二次元正弦波状面で近似することが考えられる。この正弦波状面に沿う乱流については，過去に多くの研究があり，波状面の振幅 a と波長 λ の比 a/λ が重要な因子であることが明らかになった。例えば，Balaras[11] 正弦波を過ぎる乱流の研究から $a/\lambda <$ 0.02ならば流れの剥離が生じないことを示した。なお，総面積の約4割を占める頭部と背部の皮膚は，硬く弾力がなく，硬度約70度の天然ゴムに似た感触である。

2.2　皮膚の剥がれ

　イルカの皮膚は，部位によらず，小片となって頻繁に剥がれる。水族館のイルカショーで演技した直後のイルカの表皮を布や手でぬぐうと，手や布には何もつかないが，約2時間後の次のショーの直前に同様にぬぐうと，サブミリサイズの多数の小片が布あるいは手につく。剥がれた小片は，乱流構造を変化させて，その結果抵抗低減に寄与する可能性のあることが，数値シミュレーションにより予測された[12]。

　皮膚の小片のはがれ方は不明であるが，水流のせん断により小片がずり運動をしている可能性がある。すなわち，小片はある瞬間に直ちに完全にはく離するのではなく，徐々にずり動いて，ある距離を越えたときに，水中に放出されると仮定できる。これは，表面の平均流体速度が0でないことを示唆している。

3 計算方法

3.1 計算領域
図2に計算領域と座標系を示す。本研究では，プレート型熱交換器の凹凸を正弦波を用いて模擬した。物理空間における座標系は主流方向，壁垂直方向，スパン方向にそれぞれ，x^*，y^*，zとした。波状流路から，一般化曲線座標変換を用いて直方体の計算空間を作成した。計算領域の座標系は主流方向，壁垂直方向，スパン方向にそれぞれx，y，zとし，大きさは$2\pi h \times 2h \times \pi h$とした。

3.2 支配方程式の解法
支配方程式は，連続の式，ナビエ・ストークス方程式およびエネルギー方程式である。支配方程式の離散化には，x，z方向には等間隔に，y方向には上壁と下壁で密になるように配置された格子を用いた。圧力，速度，温度はすべて格子点上で定義した。時間積分には3次精度ルンゲクッタ法，ナビエ・ストークス方程式の対流項の離散化には補間法に基づく4次精度中心差分法，粘性項には4次精度中心差分法を用いた。圧力ポアソン方程式はFFT，ガウス消去法，残差切除法を併用して解いた[13]。エネルギー方程式の離散化には，4次精度中心差分法を用いた。

3.3 計算条件
摩擦速度u_τとチャネル半幅hを基準とするレイノルズ数Re_τは，180とした。また，プラントル数Prは2とした。

本研究において，u_τと動粘性係数により無次元化した振幅と波長はそれぞれ$a^+=6$，$\lambda^+=565.2$である。その振幅と波長の比は，$a/\lambda=0.0106$であり，剥離は生じていないと考えられる。

3.4 境界条件
上壁および下壁において速度の境界条件として，すべりなし条件またはすべり条件を与えた。圧力変動の境界条件としてノイマン条件を与えた。また主流方向とスパン方向の境界では，速度成分，圧力変動成分ともに周期境界条件を与えた。流れは上下壁より等熱流束により加熱される

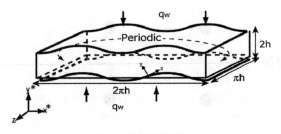

図2 波状面概形図

とした。

波状壁を図3に示すようにvalley, uphill 1, uphill2, hilltop, downhill2, downhill1 の小領域に分けて考察した。本研究では，平坦面，および4種類の異なるすべり条件をもつ波状面を用いた。その条件を表1に示す。平坦面をFlat，すべり無し波状面をNonslip，全面にすべりのある波状面をAllslip，下り坂のみにすべりのある波状面をDownhillslip，上り坂のみにすべりのある波状面をUphillslipとし，以下ではこれらの略称で呼ぶ。なお，Flat, Nonslip, Allslipについては中辻と萩原[14]の研究結果を用いた。

すべての場合について，平均圧力勾配は等しくした。すべり条件は図4のように，壁面外側の速度に壁面内側の速度に任意の倍数をかけたものを反対方向に与えて表現した。比例定数は0.50とした。これは，無次元スリップ長さ0.33に相当する。

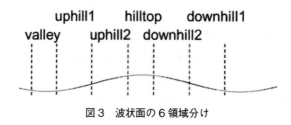

図3　波状面の6領域分け

表1　壁面のすべり条件

	Flat	Nonslip	Allslip	Downhillslip	Uphillslip
A_{max}^+	0	6	6	6	6
Valley	—	—	○	○	—
uphill 1	—	—	○	—	○
uphill 2	—	—	○	—	○
Hilltop	—	—	○	—	○
downhill 2	—	—	○	○	—
downhill 1	—	—	○	○	—

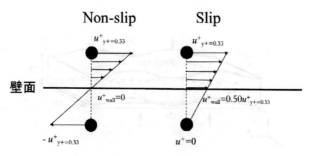

図4　すべり面

4 計算結果と考察

4.1 せん断応力

粘性せん断応力に関しては，$y^+ \leq 10$ の領域において，波状面の値が Flat の値と比べて低かった。この減少は，図5に示す主流方向平均速度の低下による。また，すべり条件の違いはほとんど認められなかった。

つぎに，乱流によって生じるレイノルズせん断応力は波状面の場合には $y^+ \leq 10$ の範囲において負の値を取り，$10 \leq y^+ \leq 30$ の遷移層上部において急激に回復した。すべり条件ごとに比較すると，レイノルズせん断応力は Downhillslip の場合に高い値を示し，Uphillslip の場合に低い値を示した。図6に，$y^+ \leq 10$ の範囲において顕著な負の値を示した uphill2 小領域と downhill1 小領域のレイノルズせん断応力分布を示す。最小値は Downhillslip の場合が高く，Uphillslip の場合には低い。一方，最大値はすべり条件によって異なり，uphill2 小領域では Uphillslip の場合に高い値となり，downhill1 小領域では Downhillslip の場合に高い値となった。部分的にすべりのある場合，すべり領域で最大値が高くなることが言える。この場合，壁垂直方向の速度変動成分が Downhillslip では増加し，Uphillslip では減少した。その結果，Uphillslip の場合，uphill2 領域では，outward interaction の増加が抑えられたため，Downhillslip の場合，downhill1 領域では，ejection が増加したためレイノルズ応力が高い値を示した。

粘性せん断応力とレイノルズせん断応力の和である壁面せん断応力の無次元の値は，Flat の場合には 1.004 に対し，Nonslip の場合には 0.959，Allslip の場合には 0.938，Downhillslip の場合には 0.960，Uphillslip の場合には 0.940 であり，摩擦抵抗の低減を示している。なお，これらの値は流量の差を補正した値である。壁面せん断応力の減少は，波状面の下り坂部と谷部近傍にお

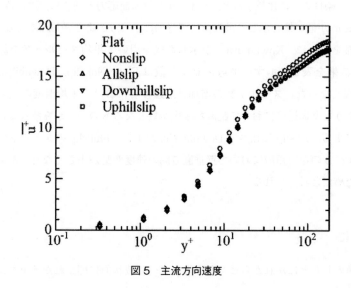

図5　主流方向速度

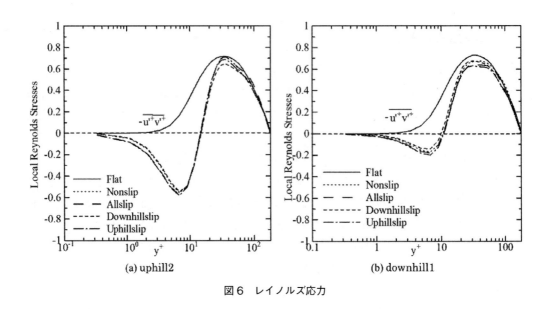

図6 レイノルズ応力

ける平均速度勾配の減少が著しい反面，上り坂と山部における平均速度勾配が少ないことによる。

4.2 乱流熱流束と平均ヌセルト数

図7にuphill2小領域とdownhill1小領域における壁垂直方向の乱流により運ばれる熱流束の分布を示す。Flatの場合には壁垂直方向の全領域で乱流熱流束は正の値を取るが，波状面の場合はuphill2小領域，downhill1小領域では壁面近傍における乱流熱流束は負の値を取る。なお，図には記載していないがvalley小領域やuphill1小領域においても壁面近傍の乱流熱流束は負の値を取った。壁面のすべり条件ごとに比較すると，レイノルズせん断応力と同様に，最小値はDownhillslipが高く，Uphillslipが低い値を示し，最大値は部分的にすべりのある領域で高くなった。

平均温度分布をもとに，Kawamura[15]が示した式を用いて平均ヌセルト数を算出した。平均ヌセルト数の結果を表2に示す。平均ヌセルト数はFlat, Nonslip, Downhillslip, Uphillslip, Allslipの順に高くなった。ヌセルト数の増加は，遷移層における平均温度の減少による。この減少は図7のような壁面近傍において乱流熱流束が負となるものの壁から離れるにつれて急激に増加することによる。Allslipに比べてDownhillslipおよびUphillslipのヌセルト数が低くなった理由として，すべりのない領域において壁垂直方向の速度変動が小さくなり，乱流熱流束の勾配も低くなったためだと考えられる。

5 おわりに

イルカの皮膚のしわとはがれからヒントを得たすべり波状面に囲まれたチャネル乱流の熱伝達

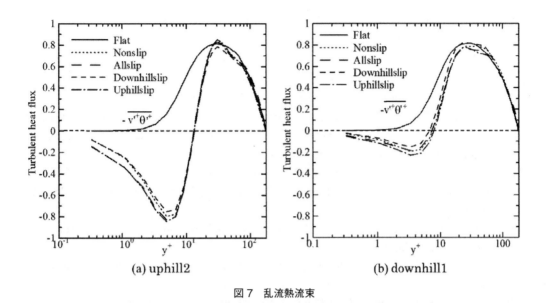

図7　乱流熱流束

表2　平均ヌセルト数

	Flat	Nonslip	Allslip	Downhillslip	Uphillslip
Nu	36.38	37.09	37.83	37.48	37.55

の数値シミュレーションを行ったところ，摩擦抵抗の低減と熱伝達の促進を同時に達成するという結果を得た。皮膚のはがれをヒントにしたすべり面は，対象が液体と限定されるが，表面を疎水性の高い物質で覆うこと[16,17]により達成できると考えられる。今後の更なる研究が必要ではあるが，イルカの皮膚に着想を得たプレートを用いた熱交換機の性能向上が期待できる。

文　　献

1) https://www.hisaka.co.jp/phe/product/bhe_structure.html（2018年8月3日）
2) M.J. Walsh, "Prog. Astronautics and Aeronautics, Viscous Drag Reduction in Boundary layers", D.M. Bushnell, and J.N. Hefner, eds., vol.123, pp.203-261, Aerospace Research Center（1990）
3) T. Endo, R. Himeno, *J. Turbul.*, **3**, article No.007, 1-10（2002）
4) S. Xu, Abstract of IUTAM Symposium on Flow in Collapsible Tubes and Past other Highly Complaint Boundaries, 26-30（2001）

5) T.S. Luchik, W.G. Tiederman, *J. Fluid Mech.*, **190**, 241-263（1988）

6) W.G. Tiederman, T.S. Luchik, D.G. Bogard, *J. Fluid Mech.*, **156**, 419-437（1985）

7) A. Gyu, H.W. Bewersdolf, "Drag Reduction of Turbulent Flows by Additives", Kluwer Academic Pub., pp.27-30（1995）

8) F.E. Fish, *J. Bioinspiration & Biomimetics*, **1**, R17-R25（2006）

9) 加藤信吾, 関互, 横井隆, 斎藤真二, 植田啓一, 日本ゴム協会誌, **78**, 336-339（2005）

10) H. Zhang, N. Yoshitake, Y. Hagiwara, "Bio-mechanism of Animals in Swimming and Flying", Chapter 8, pp.91-102, Springer（2007）

11) E. Balaras, *J. Computers and Fluid*, **33**, 375-404（2004）

12) H. Nagamine, K. Yamahata, Y. Hagiwara, R. Matsubara, *J. Turbul.*, **5**, article No.018, 1-25（2004）

13) S. Koyama, Y. Hagiwara, Proc. 2nd International Symposium on Seawater Drag Reduction, 2, pp.593-603（2005）

14) 中辻耕太郎, 萩原良道, 日本機械学会流体工学部門講演会講演論文集, 論文番号 1507（2015）

15) H. Kawamura *et al.*, *Int. J. Heat Fluid Fl.*, **19**, 482-491（1998）

16) J. Ou *et al.*, *Phys. Fluids*, **16**, 4635-4643（2004）

17) J. Kim *et al.*, *Phys. Fluids*, **25**, 110815（2004）

【第4編　計測制御】

第1章　生物の歩行に学ぶアクティブ振動制御

射場大輔[*1]，本宮潤一[*2]

1　研究背景

　近年，日本国内で発生した地震の中で最大震度7を観測し，多くの人的被害を出した記憶に新しい地震として1995年の兵庫県南部地震，2011年の東北地方太平洋沖地震，2016年の熊本地震が挙げられる。こうした地震は，耐震基準を満たさない家屋等を倒壊させる等，大きな被害を与えてきたが，耐震基準に基づき施工された建物にも被害を与えたことが知られている。特に海溝型地震である東北地方太平洋沖地震では，長周期地震動の影響で関東地方のビルが大きく揺れ，ビル内部では家具等が転倒し，エレベータが緊急停止する等，震源から遠く離れた地域に施工された近代的なビルでの被害が報告されている。こうした例からわかるように，多くの人が利用する高層のオフィスビル等，高層建築構造物の地震によって生じる振動エネルギを適切に素早く消散させることは地震が多発する我が国において非常に重要な課題である。

2　アクティブ動吸振器による高層構造物の制振

2.1　構造物用制振装置としてのパッシブ動吸振器

　建築構造物の地震対策として様々な技術が存在するが，それらは主に耐震・免震・制振と呼ばれる3つの手法に分類される。耐震は建物各層の間に壁やブレースを入れて構造物を頑丈にすることで大きな地震が発生しても建物が倒壊することがないようにする方法であり，免震は入力となる地震が建物に作用しにくくなるように地盤と構造物の間に水平方向の剛性が低い絶縁層を設ける方法であり，制振は建物の各層間に油圧ダンパー等のエネルギを吸収する装置を設置する方法や建物の上層部に動吸振器と呼ばれる装置を搭載することによって構造物の応答を低減する方法である。

　このうち，動吸振器（機械系の分野ではDynamic Absorber，建築系の分野ではTuned Mass Damperと訳される）は，質量（補助質量と呼ぶ）・ばね・ダンパーによって構成される付加的な振動系（パッシブ（受動的な）動吸振器）を構造物に設置することによって，構造物が振動する代わりに動吸振器を振動させてそこに取り付けたダンパーによって振動のエネルギを吸収するシステムである（図1）。通常，構造物の固有振動数にほぼ等しい固有振動数を有する振動系を

＊1　Daisuke Iba　京都工芸繊維大学　機械工学系　准教授

＊2　Junichi Hongu　鳥取大学　大学院工学研究科　機械宇宙工学専攻　助教

生物の優れた機能から着想を得た新しいものづくり

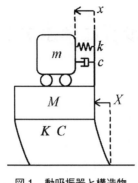

図1 動吸振器と構造物

構成し，構造物の最上階に設置することで風や地震等の外部入力によって発生する振動に対して高い制振効果が期待できる[1]。

2.2 アクティブ動吸振器とその課題

近年，動吸振器を改良してフィードバック制御系を構成し，より高い制振効果が期待できるシステムが提案された。構造物に加速度センサを取り付けてその振動を計測し，その情報を基にして構造物の振動低減に必要な制振力をコンピュータによって計算した後，動吸振器の質量と構造物間に取り付けた油圧アクチュエータによって動吸振器の質量をより大きく動作させるフィードバック制御系であり，アクティブ（能動的な）動吸振器と呼ばれる。こうしたフィードバック制御を利用したアクティブ型のシステムは，パッシブ型と比較してより高い制振性能を発揮することが可能であり，日本では既に横浜ランドマークタワーやあべのハルカスで風や小・中規模の地震によって発生する振動を速やかに低減させるため制振装置として実用化されている。

ところが，小規模の地震に対しては有効に構造物の振動エネルギを消散できるアクティブ動吸振器には解決すべき課題が残されており，大地震が発生した場合には制振装置として使用せずにシステムを停止させる。通常，動吸振器を設置する構造物上部の空間に限りがあることから，動吸振器補助質量の可動範囲には制約が存在する。一般的な線形制御理論によって設計されたアクティブ動吸振器の制御器は，小さな構造物の応答に対して小さな制御力を，そして大きな構造物の応答に対して大きな制御力を供給するように設計されるため，大地震時には補助質量に可動範囲を超える過大な制御力を与えることになる。こうした課題を有していることから，現状では大地震が発生した際にはアクティブ動吸振器の制御システムは制振装置として利用されていない。

3 神経振動子を利用するアクティブ動吸振器用の制御系

3.1 神経振動子

一方で，生物の歩行に関する研究分野において神経振動子に注目が集まっている。生物学にお

第 1 章　生物の歩行に学ぶアクティブ振動制御

けるここ数十年来の研究成果から，動物等の歩行運動においてこの神経振動子が重要な役割を果たしていることが明らかにされてきた[2, 3]。神経細胞から構成される神経振動子には外部からの周期的な入力に同期する性質があり，特にその自律振動の周期近傍の入力に対してのみ同期を起こすため，一種のフィルタの機能を有していることが知られている。この同期特性によって，生物内に存在する神経振動子は周辺環境の変化に巧みに順応した歩行パターンを生成し，左右両脚の位相関係を適切に保ちながら安定した移動を実現している。また，神経振動子の簡単な数学モデルも提案され，ロボット工学者の間では神経振動子を歩行パターン生成器として用いることで，比較的単純な制御器で複雑な歩行ロボットを動作させる研究が盛んに行われている[4]。

　この脚式移動による動物の歩行運動と動吸振器による構造物の制振は一見すると無関係に思えるが，相手（補助質量は構造物に，右脚は左脚に）に合わせた周期的な動作を必要とするという共通点を有する。また，両者ともその可動範囲に制約が存在している。

3.2　神経振動子と位置制御器を利用したアクティブ動吸振器制御システム

　そこで我々は，この神経振動子モデルを活用し，補助質量の可動域を考慮できる新しいアクティブ動吸振器の制御方法の提案を行った[5, 6]。二足歩行運動をヒントにしたその制御器は，構造物の加速度応答に同調する神経振動子と位置制御器から構成される単純なシステムである。動吸振器補助質量の移動量と移動方向を神経振動子の出力によって決定し，補助質量を位置制御器によって決定された目標値まで移動させ，移動に伴う反力が構造物に作用することによって振動を低減させるシステムとなる。このとき，補助質量の構造物に対する相対位置が制御されているため，目標となる移動量に上限を設けることで動吸振器のストローク制約の問題に簡単に対処できる。次節から提案したシステムの詳細について述べる。

4　神経振動子を組み込んだ制振システムの制御アルゴリズム

4.1　制御系の概要

　提案した神経振動子を組み込んだアクティブ動吸振器の制御系は，構造物の応答を検知した後に補助質量を動作させるフィードバック系である（図2）。制御対象は構造物とその上に搭載されたアクティブ動吸振器の力学系であり，その力学系は地盤からの加振入力を受ける。特徴的なのは，構造物の応答をセンサで検知した後に神経系に入力する箇所が存在することである。この神経系には神経振動子の数学モデルが組み込まれ，神経振動子はその入力と同期を起こす。さらに神経系は，その内部で補助質量の移動量と移動方向を含むステップ状の目標値を神経振動子の出力から計算する。その後，補助質量はPD制御器によって与えられた目標値まで位置制御される。補助質量を駆動させるための制御力はそのまま構造物に反力として作用し，結果，構造物の振動応答に影響を与えることになる。このとき，補助質量を目標値まで位置制御することで，補助質量が可動範囲の制限を超えて動作することがないよう設計が行われている。

175

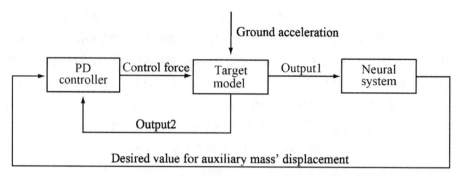

図2 提案する神経振動子を組み込んだ制御系

4.2 制御アルゴリズムの定式化

本項では制御アルゴリズムを定式化する。ここでは図3に示す1自由度構造物の上にアクティブ動吸振器が搭載されている力学系（Target model）を考える。

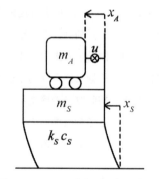

図3 アクティブ動吸振器と構造物

4.2.1 制御対象

ここで，構造物は質量 m_S，バネ剛さ k_S，減衰係数 c_S で表される並進1自由度のモデルである。構造物上部に搭載するアクティブ動吸振器は，補助質量 m_A を有し，アクチュエータから供給される制御力 u によって駆動される。構造物の地盤からの相対変位応答を x_S，補助質量の構造物に対する相対変位応答を x_A，地盤加速度を $\ddot{z}$ とすると，これらの力学系の運動方程式は(1)式のように表現される。

$$\begin{cases} m_S \ddot{x}_S + c_S \dot{x}_S + k_S x_S = -u - m_S \ddot{z} \\ m_A \ddot{x}_A + m_A \ddot{x}_S = u - m_A \ddot{z} \end{cases} \tag{1}$$

4.2.2 神経振動子

神経振動子として本研究では松岡モデルを用いる。神経振動子に構造物の絶対加速度応答

第1章　生物の歩行に学ぶアクティブ振動制御

$\ddot{x}_S + \ddot{z}$ を入力として与えると，(2)式が得られる．

$$\begin{cases} \tau \dot{x}_e + x_e = -a\max(0, x_f) + s - bx'_e + \tau \varepsilon (\ddot{x}_S + \ddot{z}) \\ \tau \dot{x}_f + x_f = -a\max(0, x_e) + s - bx'_f - \tau \varepsilon (\ddot{x}_S + \ddot{z}) \\ T\dot{x}'_e + x'_e = \max(0, x_e) \\ T\dot{x}'_f + x'_f = \max(0, x_f) \end{cases} \qquad (2)$$

この神経振動子の数学モデルは，神経細胞の膜電位の興奮 (x_e, x_f) と抑制 (x'_e, x'_f) それぞれを表す2つの一次遅れ系で構成されており，周期的な外部入力が無い状況で安定な自律振動を有する．ここで，添え字 e, f は伸筋（extensor muscle）と屈筋（flexor muscle）それぞれを，閾値関数 $\max(0, x_e)$ および $\max(0, x_f)$ は閾値 0 を超えた瞬間に活動電位が引き起こされること意味している．一般的に，5つのパラメータ s, τ, T, b, a は解析対象となる神経細胞に対する同定によって決定することになるが，ここでは生物学的な意味を持たせることはなく，後述する方法で設定したい自然周波数および振幅を振動子が有するように選ぶ．また，ε は神経振動子への入力ゲインである．

図4に神経振動子の出力の一例を示す．この図において，自律振動している神経振動子に対し，時間 50 s において構造物の絶対加速度応答に代わり外部からの正弦波入力（$3\sin(t)$，$\varepsilon = 1$）が作用しており，この入力を受け取った振動子の活動電位の差を

$$y = \max(0, x_e) - \max(0, x_f) \qquad (3)$$

として出力している．同図より，伸筋と屈筋に対する活動電位が交互に出力されていること，時間 50 s を境に振動子の出力が変化しており正弦波入力に対して振動子が追従し同期が発生していることがわかる．ここで，神経振動子の各パラメータは $s = 1.634$，$\tau = 0.212$，$T = 2.54$，$b = 2.52$，

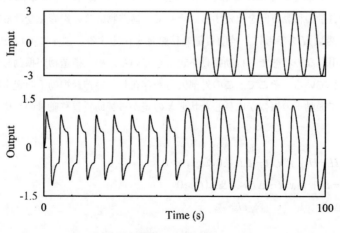

図4　神経振動子への入力と出力例

$a = 2.52$ とした。

この図のように，神経振動子には外部入力に合わせて同期する特性を有する。提案するアクティブ動吸振器の制御アルゴリズムに組み込む神経振動子は，この性質を利用する。すなわち，地震の影響を受けて振動する構造物の応答は，その固有振動数成分が支配的となるためことから，神経振動子の固有振動数を構造物のそれに合わせるようにパラメータを決定する。次式に目標とする振動子の固有振動数 ω_N（rad/s）および振幅 A_N が与えられた場合の神経振動子の設計式を示す。

$$
\begin{cases}
\tau = \dfrac{0.212}{\omega_N} \\[2mm]
T = 12\,\tau \\[2mm]
a = b = \dfrac{(T - \tau)^2}{4T\tau} \\[2mm]
s = \dfrac{A_N}{0.612}
\end{cases}
\tag{4}
$$

4.2.3 神経振動子に含まれる構造物の応答情報

構造物の振動応答と同期する神経振動子の出力は共振周波数成分を有する応答の情報を含んでいると言えるので，同期中の神経振動子の状態量から動吸振器補助質量の移動量と移動方向を含む目標変位を生成することを考える。ここでは，構造物と同期する神経振動子の状態量からある1つの関数 H を(5)式のように定義し，補助質量の移動量決定の基準に用いる。

$$
H = x_e'^2 + x_f'^2
\tag{5}
$$

4.2.4 補助質量の目標変位生成法

次に，アクティブ動吸振器補助質量の駆動に利用する目標変位の生成方法について説明する。

初めに，伸筋・屈筋それぞれに対応した神経振動子の状態量 $(x_e,\ x_f)$ が閾値0を超えるタイミングから補助質量の移動方向を決定する。そして，構造物応答の影響を受ける神経振動子の状態量から決まる関数 H を参考に，補助質量の移動量を決定する。図4に示したように，神経振動子は入力が作用しない状態でも自励振動を起こしているため，構造物が振動していない時にも一定の振幅を有している。そこで，この外部入力が存在しない神経振動子の定常振動状態と，外部入力が作用して振動子の振幅が成長した状態との差から補助質量移動量の目標値 r を次式のように決定する。

$$
r = \begin{cases}
-a\,\bigl|H - H_0\bigr| & if\ x_e(t - \Delta t) < 0\ \&\ x_e(t) > 0 \\[1mm]
a\,\bigl|H - H_0\bigr| & if\ x_f(t - \Delta t) < 0\ \&\ x_f(t) > 0 \\[1mm]
r(t - \Delta t) & else
\end{cases}
\tag{6}
$$

ここで，a は神経振動子の出力から補助質量の移動量へ換算する係数，H_0 は神経振動子に入

力が無い状態での(5)式の値であり移動量算出の基準値，Δtは微小時間変化を表す。

このとき補助質量の目標変位 r は矩形波状であり，外部入力（構造物の応答）に依存してその大きさが変化する。

4.2.5 補助質量の位置制御器

提案する制御アルゴリズムでは，前述した方法によって補助質量の移動量を算出し，PD 制御器によって与えられた目標値まで補助質量の変位が制御される。(7)式に位置制御として用いる PD 制御器を示す。

$$u = K_P(r - x_A) - K_D \dot{x}_A \tag{7}$$

ここで，K_P は P ゲイン，K_D は D ゲインをそれぞれ表す。また，D ゲインはその出力の正負を反転させることで仮想ダンパとして用いられている。

以上のように，提案するアクティブ動吸振器の制御アルゴリズムは，構造物の固有振動数に合わせて設定された神経振動子を含む神経系と PD 制御器による位置制御器によって構成される非常にシンプルな構造となっている。神経振動子のパラメータを適切に設定した後，制振システムとして有効な制御系にするためには PD 制御器のゲインを設計する必要がある。次節ではこの PD 制御器の設計方法について述べる。

5　位置制御器のゲイン設計法

一般的に位置制御器として利用される PD 制御器は，オーバーシュートを抑えつつ，目標変位まで速やかに移動するようにゲイン設計を行う。それを目的としたゲイン設計法は既に確立されているが，提案するシステムの目的は構造物の振動エネルギの消散であることから，通常のゲイン設計法によって適切なゲインが得られることにはならない。そこで，本節では振動エネルギ消散を目的とした PD ゲインの設計方法について考える。

5.1　構造物と補助質量の相対運動と消散エネルギの関係

パッシブ型の動吸振器が単位時間当たり吸収する振動エネルギは補助質量の慣性力と構造物自身の速度方向が一致したときに大きくなることが知られている。アクティブ型の動吸振器も基本は同じであり，構造物の揺れ始めから終わりまで，その相対運動の関係を保つことができれば，アクチュエータによって駆動される動吸振器補助質量の運動は全て消費エネルギとして働くことになる。(1)式より動吸振器の消費エネルギ E は以下の式で表される。

$$E = \int m_A \ddot{x}_A (\dot{x}_S + \dot{z}) dt \tag{8}$$

ここで，外部入力を受けた構造物が，その固有周波数成分が励起されることで正弦波状に揺れていると仮定すると，動吸振器補助質量も正弦波状に動作したときに消費エネルギ効率が良いこ

生物の優れた機能から着想を得た新しいものづくり

とが(8)式よりわかる。本論文では，こうした正弦波が理想経路（補助質量の慣性力と構造物自身の速度方向が一致した状態）であると仮定する。

5.2 PD ゲイン設計法

本論文では，PD 制御器によって駆動される補助質量の経路を設計パラメータである PD ゲインを含めて解析的に導出し，前述した理想経路との比較した値（ここでは両経路の内積）が最大となるように PD 制御器のゲイン設計を行う。

動吸振器補助質量が周りから影響を受けずアクチュエータからの制御力のみが補助質量に与える影響を考えると，以下のような補助質量に関する運動方程式が得られる。

$$m_A \ddot{x}_A = u \tag{9}$$

(7)式の PD 制御器によって制御力が与えられ，目標値が一定のステップ入力 R であるとして，(9)式を(7)式に代入して整理すると

$$\begin{cases} \ddot{x}_A + 2\zeta_A \omega_A \dot{x}_A + \omega_A^2 x_A = \omega_A^2 R \\ \zeta_A = K_D / 2\sqrt{m_A K_P} \\ \omega_A = \sqrt{K_P / m_A} \end{cases} \tag{10}$$

が得られる。この位置制御器のゲインを含んだ運動方程式の応答を解析的に導出し，P ゲインと D ゲインの設計に利用する。

まず P ゲインについて考える。動吸振器の補助質量には可動範囲に制限があるため，位置制御によって目標値に対してオーバーシュートが発生することは好ましくない。そこで目標値 R に達するまでにその変位応答が振動的にならない条件を導入する。すなわち臨界減衰 $\zeta_A = 1$ となるように P ゲインに制約条件を与える。これにより P ゲイン K_P と D ゲイン K_D の間には，次式

$$K_D = 2\sqrt{m_A K_P} \tag{11}$$

が与えられる。

続いて P ゲインについて，その設計方法を検討する。臨界減衰 $\zeta_A = 1$ のもとで初期値 $x_A(0) = -R$，$\dot{x}_A(0) = 0$ を与え，(10)式を補助質量の変位応答である x_A について解くと

$$x_A = R \left\{ 1 - 2(1 + \omega_A t) e^{-\omega_A t} \right\} \tag{12}$$

となる。前節の(8)式において動吸振器による消費エネルギについての考察で述べた構造物との相対運動関係を考慮すると，PD 制御器によってステップ状の目標値に移動する際の(12)式で示される補助質量の経路が仮定した理想的な経路である正弦波により近い場合，エネルギ吸収が良くなる。そこでまず，この理想的な補助質量の移動経路は次ように表される。

$$x'_A = R\sin(\omega_n t - \pi/2) \tag{13}$$

ここで，ω_n は外部入力によって励起された構造物の固有周波数を表す。さらに，(12)式のアクチュエータによって駆動される補助質量の経路と(13)式で表される理想的な経路を両者の内積によって評価する。両関数の内角 β_A の余弦は

$$\cos\beta_A = \frac{\langle x_A, x'_A \rangle}{\|x_A\|\,\|x_A\|}$$

$$= \frac{\int_0^{\pi/\omega_n} x_A x'_A dt}{\left(\int_0^{\pi/\omega_n} x_A{}^2 dt\right)^{1/2}\left(\int_0^{\pi/\omega_n} x'_A{}^2 dt\right)^{1/2}} \tag{14}$$

で表現される。このとき，定積分の範囲は構造物の揺れの半周期の時間 $0 \sim 0 \sim \pi/\omega_n$（s）である。これは，提案した制御系において動吸振器補助質量の動作方向の切り替えが構造物の揺れの半周期ごとに行われることに依存する。

両ベクトルの内角 β_A の余弦は ω_A の関数，つまり P ゲイン K_P の関数となるため，$\cos\beta_A$ が最大となる ω_A を P ゲインとすることで，PD 制御器によって駆動される実際の経路を理想的な経路に近づける。すなわち，P ゲインの設計式として次式を得る。

$$\begin{cases} \omega_{A,\max} = \left\{ \omega_A \,\middle|\, \max(\cos\beta_A) \right\} \\ K_P = m_A \omega_{A,\max}{}^2 \end{cases} \tag{15}$$

さらに，(15)式を制約条件であった(11)式に代入することで，D ゲイン K_D が導出される。

以上のように，構造物の応答が半周期に渡って正弦波状であると仮定し，神経振動子から与えられるステップ状の目標値に補助質量を移動させるときに構造物に対して制振効果を持つ P ゲインおよび D ゲインの設計手法を導出した。この場合，構造物の固有周波数 ω_n と補助質量の質量 m_A が明らかであれば PD 制御器の設計が行うことができる。

6 数値シミュレーション

本節では，神経振動子と PD 制御器を組み合わせた制御系によって駆動されるアクティブ動吸振器において，今回提案した PD ゲインの設計手法の有用性と緒言に挙げたストローク制約に対する本システムの利点を数値計算による制振実験によって検証する。

表 1 に数値シミュレーションに用いたパラメータを示す。

制振対象はアルミ合金で製作した実験用小型の 1 自由度振動模型であり，構造物の固有周波数は $\omega_n = 6.22$ rad/s（約 1 Hz），動吸振器の補助質量と構造物の質量比は 0.05 である。また，神経振動子は構造物の振動応答と同期させるため，その自然周波数を構造物の固有周波数になるように設計している。

表1 Simulation parameters

Control target		Neural system	
m_S	10 kg	τ	0.0341
c_S	1.244 Ns/m	T	0.409
k_S	387 N/m	b	2.52
m_A	0.5 kg	a	2.52
		s	1.634
PD controller		ε	20
K_P	25.7 N/m	α	1
K_D	7.17 Ns/m	H_0	0.2367

6.1 提案したシステムの制振効果

ここでは今回提案したシステムの有用性について示す．まず，図5に構造物の絶対加速度，補助質量の相対変位それぞれの時系列応答を示す．ここで，地盤加速度として構造物が共振するように振幅と時間方向に適当に伸縮されたEl Centro NS波を用いている．

図5(a)は構造物の絶対加速度応答$\ddot{x}_S+\ddot{z}$であり，黒色線は制御時，灰色線は非制御時（動吸振器を非搭載：Non-control）をそれぞれ表す．図5(b)は補助質量の変位応答を表しており，黒色線は補助質量の変位応答x_A，灰色線は構造物の加速度応答と同期した神経振動子の出力をもとに生成された変位目標rをそれぞれ表している．図5(a)より，提案したシステムによって構造物の振動が低減できることがわかる．また，図5(b)よりPD制御器によって補助質量が適切に目標変位まで駆動されていることが確認できる．今回の手法で設計したゲインが最適なゲインである

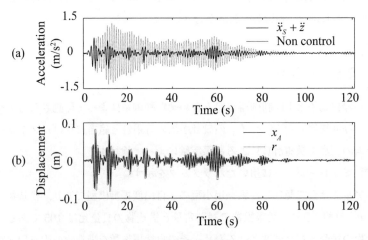

図5 数値計算の結果
（上段：構造物の加速度応答，下段：補助質量の目標値と相対変位）

第 1 章　生物の歩行に学ぶアクティブ振動制御

とは言えないが，提案した神経振動子の性質を取り入れた新しい制振システムが適切に動作していることがこの数値シミュレーションから明らかとなった。

6.2　補助質量のストローク制約

動吸振器補助質量は位置制御器によって駆動されているため，最大の目標移動量をストローク制約以下に設定することは簡単に実現できる。ここでは，(4)式で導出される動吸振器補助質量の変位目標 r に対して，ストローク上下限である ± 0.05 m とした飽和関数による制約を施す。

補助質量のストローク制約を満足するかを検証するために，図5で用いた地震加速度 El Centro NS 1940 の振幅を3倍して制振実験を行った結果を図6に示す。

図6中(a)は構造物の絶対加速度応答 $\ddot{x}_S + \ddot{z}$ であり，黒色線はストローク制約を考慮した制御，灰色線はストローク制約を考慮しない制御，灰色破線は非制御時（動吸振器を非搭載：Non-control）をそれぞれ表す。図6(b)は補助質量の変位応答を表しており，黒色線はストローク制約を考慮した制御，灰色線はストローク制約を考慮しない制御をそれぞれ表している。

図6(a)より，補助質量の可動範囲を考慮した制御（図6(a)，黒色線）はそれを考慮しない制御（図6(a)，灰色線）よりも制振性能が劣化していることがわかる。一方，図6(b)より，可動範囲を考慮しない制御（図6(b)，灰色線）では，可動範囲を超えて補助質量が動作しているのに対して，飽和関数を適用した制御（図6(b)，黒色線）では，可動範囲内で補助質量が動作している様

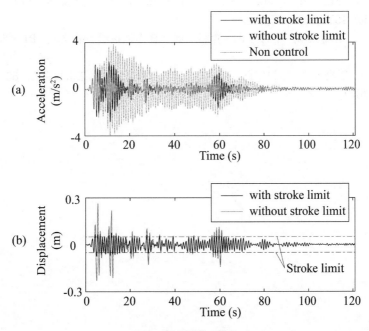

図6　数値計算の結果
（補助質量の可動範囲を考慮）（上段：構造物の加速度応答，下段：補助質量の目標値と相対変位）

子がわかる。これらの結果より，我々の提案した神経振動子を利用したアクティブ動吸振器システムでは，補助質量のストローク制約下での制御が簡単に実現できることがわかる。

7 おわりに

建築構造物の制振装置であるアクティブ動吸振器の制御に，生物の歩行運動を司る神経振動子を導入するという新しい試みを紹介した。生物の優れた機能を制振装置に取り入れることでアクティブ動吸振器の課題であった補助質量のストローク制約を考慮できる高機能な制御システムが比較的単純な構造で実現できることを示した。この生体の機能とそのメカニズムを応用した振動制御手法の研究が，機械・構造物における困難な振動問題の解決に新たな展開を与えるきっかけとなれば幸いである。

文　　献

1) Den Hartog, 機械振動論, コロナ社（1953）
2) Shik, M.L. and Orlovsky, G.N., *Physiological Reviews*, **56**(3), 465-501（1976）
3) 多賀厳太郎, 脳と身体の動的デザイン 運動・知覚の非線形力学と発達, 金子書房（2002）
4) Kimura, H., Fukuoka, Y. and Cohen, A., H., *Philosophical Transactions of Royal Society*, **365**(1850), 153-170（2007）
5) 本宮潤一, 射場大輔, 中村守正, 森脇一郎, 日本機械学会論文集, **81**(825), 14-00668（2015）
6) 本宮潤一, 射場大輔, 中村守正, 森脇一郎, 日本建築学会構造系論文集, **80**(714), 1261-1269（2015）

第2章 バイオセンサー構築のための発光細菌発光機能の他細胞系における部分的再構成

柄谷 肇[*]

1 はじめに

生物発光は発光基質ルシフェリンと発光触媒酵素ルシフェラーゼとの化学反応によって生みだされる電子励起状態の発光種からの光である。一部の発光生物の場合，ルシフェラーゼ反応に内在性の蛍光タンパク質が関与し励起状態の蛍光タンパク質からの蛍光が放射される。下村脩博士のノーベル賞受賞で名が広まったオワンクラゲの生物発光がこの例に相当する。興味深いことには発光生物種間の進化論的な関連性は薄く，これと関連して発光メカニズム間の共通項も少ないが，ほぼすべての反応が酸素分子を必要とする共通項もある[1~3]。

生物発光は生体内情報シグナルとして捉えることもでき，生物発光に基づく多岐多彩なバイオセンサーとして応用されている。好適な例をオワンクラゲ生物発光やホタル生物発光に見ることができる。例えば，オワンクラゲ由来緑色蛍光タンパク質（GFP）をコードする遺伝子，あるいはホタルルシフェラーゼをコードする遺伝子を，細胞内の標的遺伝子と融合させて発現すると，目的遺伝子産物の発現をGFPの蛍光[4]あるいはホタルの生物発光[5]をシグナルとして調べることが可能となる。

2 生物発光関連化学

生物発光強度と密接に関わる生物発光量子収率（ϕ_{BL}）は，反応収率（ϕ_r），電子励起状態の生成収率（ϕ_{es}）および励起種の蛍光量子収率（ϕ_f）の積で与えられる（(1)式）。

$$\phi_{BL} = \phi_r \times \phi_{es} \times \phi_f \tag{1}$$

また発光が化学反応に起因することから励起発光種の生成速度が光の強度と関連する。したがってある時間（t）の光強度（I_t）は(2)式よって与えられる。

$$I_t = \phi_{BL} \frac{d[S]}{dt} \tag{2}$$

ここで，[S]は発光において鍵となるある反応物質Sの濃度である。(2)式が成立する前提として，S以外の発光関連物質濃度は大過剰であるとする。また，Sの濃度が時間に連れて低下する場合，(2)式に負記号をつける。

＊ Hajime Karatani 京都工芸繊維大学 分子化学系 教授

光計測,特に可視化(イメージング)では量子収率あるいは強度と共に光の色も鍵である.光放射過程は物質の電子励起状態から基底状態への緩和過程である.即ち,励起状態と基底状態とのエネルギー差(ΔE)が,光の色と直接関係する((3)式).

$$\Delta E = h\frac{c}{\lambda} \tag{3}$$

ここで,hはプランク定数,cは光速,そしてλは波長,即ち光の色に相当する.(4)式はある単一光量子のエネルギーであり,物質量(n)単位でエネルギーを考える場合は,アボガドロ定数(N_0)を掛ける.

$$\Delta E = nN_0h\frac{c}{\lambda} \tag{4}$$

3 細菌生物発光機能

本節では特に発光細菌の発光機能に着目する.発光細菌は主として海洋性で毒性はない.細菌ルシフェラーゼ反応は,還元型フラビンモノヌクレオチド(FMNH$_2$),長鎖脂肪族アルデヒド(RCHO)および酸素分子(O$_2$)を基質とする反応で光(青緑色光)を生産する(図1)[6].

細菌生物発光の場合,図1に示すように内在性蛍光タンパク質が反応に関与して光の色を変化させることがある.これを著者は変調生物発光とよぶ[7].代表例は,黄色発光性 *Aliivibrio sifiae* Y1(旧名;*Vibrio fisheri* Y1)(以下,Y1)である[8].

黄色発光は,ルシフェラーゼ反応ヘミアセタール中間体(L'ase~FMNH-OO-CHOHR)と内在性黄色蛍光タンパク質(以下,Y1-Yellow;GFP 改変 YFP との混同を避けるため Y1-Yellow とよぶ)の存在下,Y1-Yellow との相互作用に基づいて生産される.Y1 生物発光において興味深い特徴は,対数増殖期後半,培地の酸素分子濃度に依存して光の色が変化する点にある.たと

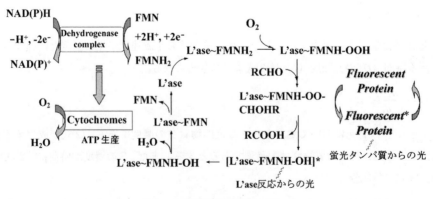

図1 細菌生物発光メカニズム
(文献6)を改変)

第2章　バイオセンサー構築のための発光細菌発光機能の他細胞系における部分的再構成

えば，溶存酸素濃度が十分に高い時には顕著な黄色発光を放射するが，低酸素条件下において強度が低下し，光の色は青色が主成分となる。またこのような光の色の変化は酸素分子濃度を変化させて可逆的に起こすことができる[7]。著者らの一連の研究から，Y1-Yellow が酸化的条件で黄色発光が，他方，還元的な環境では黄色発光が弱まり，第一発光種（励起状態のルシフェラーゼヒドロキシフラビン中間体）からの青緑色光が主成分となることが判明している。さらに Y1 生細胞の蛍光可視化により，細胞膜近傍で黄色蛍光（537 nm）および青緑色蛍光（462 nm）が明瞭に認められた。前者は Y1-Yellow，また後者は主としてルシフェラーゼヒドロキシフラビン中間体（L'ase～FMNH-OH）に起因する。Y1 細胞の蛍光可視化から，変調生物発光が呼吸鎖近傍で起こることが明らかとなった[9]。さらに単離した Y1-ルシフェラーゼおよび Y1-Yellow を用いる in vitro ルシフェラーゼ反応の解析により，黄色－青緑色間における光の色の変化が，Y1-Yellow のレドックス挙動と対応することが実証されている[10]。

　Y1-Yellow は，補欠分子族としてフラビンモノヌクオチドを非共有結合的に有するアミノ酸残基 194 個よりなる水溶性タンパク質であり[11]，また二種類の活性型で存在することがわかっている[12]。Y1-Yellow コード遺伝子はすでに解析されており[11]，著者らも独自にプラスミドpETBlue-2 にクローニングして大腸菌 BL21 株を形質転換し，この大腸菌は強い黄色蛍光を放射することを確認している[13]。Y1-Yellow の蛍光挙動が呼吸と密接に関係すること，且つ細胞膜における酸化的リン酸化活性に依存して蛍光強度が変化することに着目すると，細菌の酸化的リン酸化と同様な機能を有する真核細胞ミトコンドリア（MT）をレドックス依存性 Y1-Yellow蛍光で可視化できるものと予想された。MT の蛍光可視化は，発光細菌 Y1 の黄色発光機能の模倣的利用と捉えることができる。

4　Y1-Yellow によるミトコンドリアの可視化

　細胞小器官の可視化の要点は標的とする部位を光らせることにある。たとえば染色体ならば染色体のみを選択的に光らせることができれば他の部位とのコントラストが顕著となる。MT を標的とする場合，一般的には MT シグナルポリペプチドをコードする遺伝子を融合する。Y1-Yellow の場合，正電荷を有する MT シグナルポリペプチドが Y1-Yellow の N 末端に結合（MT-Y1-Yellow）することによって，図 2 に示すように MT-Y1-Yellow は負に帯電した MT 外膜のMT 受容体に認識されて MT 内に輸送され，シグナルポリペプチドは MT プロセシングペプチダーゼ（MPP）によって切除される[14]。

　MT 内部は還元的であるが，酸化的リン酸化の場となる MT 内膜近傍は相対的に酸素分子濃度が高く，呼吸鎖電子伝達系から漏れ出た電子による酸素分子を還元してスーパーオキシドアニオン（O_2^-）が生じ易い[15]。一部の O_2^- はスーパーオキシドディスムターゼによる不均化反応により過酸化水素（H_2O_2）と酸素分子に変化する。さらに，細胞内では O_2^- や H_2O_2 を起点とする多様な活性酸素種（ROS）が誘導される。ROS は生体内の恒常性維持に重要な役割を演じている

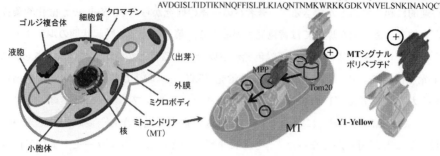

図2 酵母細胞の断面概念図（左）およびMTシグナルポリペプチドをN末端に融合した
Y1-YellowのMT内部への輸送およびシグナルポリペプチドの切除（右）
右図上段，MT-Y1-Yellowの一次構造；下線部，MTシグナルポリペプチド

が，過渡的に大量生成すると細胞損傷さらには細胞死に至る[16]。

　MTのY1-Yellow可視化ではモデル真核細胞として多用されている酵母細胞を用いた。実験では，*Saccharomyces cerevisiae* INVSc1（以下，INVSc1）を用いた。Y1-Yellowコード遺伝子（*Y1-Yellow*）発現系の構築にはプラスミドベクターとしてpYES2/CTを用いた。これを制限酵素処理し，MTシグナルポリペプチドコード遺伝子が*Y1-Yellow*の上流に位置するようにIn-Fusion反応に基づいてpYES2/CTにクローニングした。目的プラスミド（*pYES2/CT-MT-Y1-Yellow*）は一旦大腸菌を用いて大量調製してINVSc1の形質転換に供した。

　*pYES2/CT-MT-Y1-Yellow*で形質転換して得た大腸菌はまた大量培養し，細胞抽出液よりカラムクロマトグラフィー法に基づいてタンパク質産物MT-Y1-Yellowを単離し蛍光挙動を測定した。他方，MTシグナルポリペプチド不在の*pYES2/CT-Y1-Yellow*も作製し，MTを結合しないY1-Yellowも単離精製して蛍光測定に供した。単離精製したY1-YellowおよびMT-Y1-Yellowは同等の蛍光性を有することを蛍光スペクトルベースで確認している。

　*pYES2/CT-MT-Y1-Yellow*で形質転換したINVSc1（*INVSc1-pYES2/CT-MT-Y1-Yellow*）の培養にはSC-U選択培地を用いた。適量のカルチャーを採取遠心し，生理食塩水で洗浄後，再懸濁して蛍光顕微鏡観察に用いた。遺伝子の構築から蛍光可視化までの流れを図3に示す。

　先ずMTがY1-Yellow蛍光で選択的且つ明瞭に可視化できることを，汎用のMT染色試薬（MitoTracker Orange）を用いて調べた結果，MTを選択的且つ明瞭に可視化できることを確認した。MT以外の領域ではY1-Yellowの蛍光が認められないことから，*MT-Y1-Yellow*は発現後ほぼすべてのMT-Y1-YellowがMTに輸送されると考えられる。

　MT内膜近傍のレドックス環境は，NADHの2電子還元から始まる呼吸鎖電子伝達系の電子フローと密接に関連する。ベクトル的な電子フローであるが，上述の通り，漏れ出た電子は余剰酸素分子を還元してO_2^-を生じ，さらにH_2O_2も誘導される。換言すれば，MTはエネルギー通

第 2 章　バイオセンサー構築のための発光細菌発光機能の他細胞系における部分的再構成

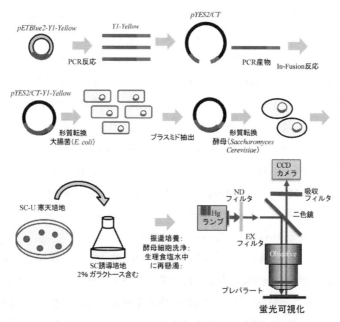

図 3　MT 可視化用遺伝子の構築から蛍光顕微鏡観察までの流れ

貨 ATP を生産するだけでなく，ROS を生みだす器官でもあることから，MT は酸化ストレスと密接に関連する。性能評価では酸化ストレスを外因的に与えて蛍光可視化に供した。具体的には生理食塩水で洗浄後，同食塩水中に再懸濁した *INVSc1-pYES2/CT-MT-Y1-Yellow* に対して種々の濃度の H_2O_2 を添加して観察した（図 4）。

H_2O_2 無添加の系においても MT が細胞内に遍在して可視化されているが，MT における酸素濃度が相対的に高く，且つ定常的に微量 ROS が生産されていることによる。他方，懸濁液中に 0.1 mM 程度の H_2O_2 を添加した系では，MT における Y1-Yellow 蛍光が時間の経過（20～30 分

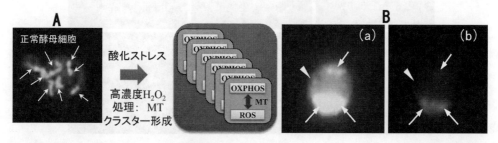

図 4　外因的な酸化ストレス不可条件におけるミトコンドリア（矢印）の Y1-Yellow 蛍光可視化
A，正常酵母；B，H_2O_2 処理酵母。酵母懸濁液中の H_2O_2 濃度，10^{-4}～10^{-5} mM。(a) Y1-Yellow 蛍光画像，(b) oxyBurst Green 蛍光画像。楔，トリパンブルー染色 MT 外膜。ストレス負荷前の正常酵母プレパラートとストレス負荷後の酵母プレパラートは異なる点に注意する。

生物の優れた機能から着想を得た新しいものづくり

以内）に連れて強度を増していること，さらに興味深いことには，MT が集合してクラスター構造をとることが蛍光観測から捉えられている。MT は細胞内で最も大量に ROS を産生する器官であることから，酸化状態で強い蛍光を発する Y1-Yellow は，単に MT の可視化だけでなく，MT における ROS の動態あるいは MT の酸化ストレスを可視化する有効なツールになり得る [17]。

次に，実際に呼吸阻害剤を酵母に摂取させた後の MT の動態を Y1-Yellow 蛍光で調べる手法について述べる。ここではシアン化物イオンを用いて得られた結果を述べる。シアン化物イオンはサイトクロム c オキシダーゼを阻害することから，呼吸鎖電子フローは停滞し結果的に O_2^-，さらには H_2O_2 の産生が促されるものと予想される。図 5 は，洗浄した *INVSc1-pYES2/CT-MT-Y1-Yellow* を 50 μM シアン化物溶液中に 30 分間曝した後，再洗浄して観測に供し，所定時間毎に得られた画像である。実験では生細胞と死細胞を識別するためにトリパンブルーで染色すると共に ROS 染色試薬（oxyBurst Green）で共染色した。

シアン化物イオンにより死滅した酵母細胞では，トリパンブルーが膜電位差を喪失した細胞膜を透過して細胞質に行き渡り細胞全体が赤色蛍光（モノクロ画像の場合，全体がグレイを呈する）を示す。このような死細胞では Y1-Yellow 蛍光を見ることができない。他方，シアン化物処理後の生細胞では，MT で ROS が大量誘導されていること，そのような条件下で MT は自己組織化することが明瞭に捕えられている [17]。oxyBurst Green 蛍光画像も良い対応を示している。MT の自己組織化の蛍光可視化 [18] はこれまでにも報告されているが，著者の実験結果は，発光細菌のレドックス性黄色発光メカニズムを MT 可視化に好適に活用できることを示している。上述の結果は，今後多様な MT における刺激応答，酸化的リン酸化活性，膜電位の変動などの可視化に Y1-Yellow 蛍光が活用できることを示唆する。

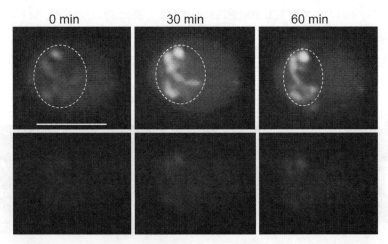

図 5　呼吸阻害シアン化物処理後の酵母細胞ミトコンドリアの Y1-Yellow 蛍光可視化（上段）および oxyBurst Green 蛍光画像（下段）
　　　破線内，ミトコンドリアは強度を増しながらクラスターを形成することを示す。
　　　Bar, 5 μm。

5 生物発光による環境毒性のセンシング

発光細菌の発光機能が酸素呼吸とリンクすることはすでに述べたが,この機能を大腸菌に付与することによって,環境毒性のセンシングが可能になる。これを水溶液中のカドミウムイオン(Cd^{2+})に対して実施した著者らの事例に基づいて述べる。カドミウムは+2の酸化状態をとり,自然界では硫化物として存在する。亜鉛と化学特性が似ていることから,硫化亜鉛とも共存するため,亜鉛の精錬過程でCd^{2+}が不純物として河川に放出されるとカドミウム中毒の原因となることがある。日本ではイタイイタイ病で名が知られる甚大な公害を引き起こした。二価金属イオントランスポーターによってCd^{2+}は細胞内に取り込まれ,蓄積性があることから哺乳類体内では慢性毒性を示す[19]。また大腸菌のような原核単細胞ではCa^{2+}の輸送と拮抗することから呼吸阻害の原因になることが予想される。呼吸阻害ではH_2O_2の生産が促されることに着目し,H_2O_2を感知して発光するシステムを構築すれば,光を測定することによって,水溶液中のCd^{2+}のセンシングが可能となる。このような系を実現するために,生物が有するH_2O_2の解毒メカニズムを模倣する。具体的には細菌ルシフェラーゼ反応に関わる酵素をコードする遺伝子クラスター(lux遺伝子)の上流にH_2O_2分解酵素カタラーゼのプロモーター領域を融合させる。この発想は以前からあり,環境毒性センシングに利用されている[20]。図6はこのシステムの概念を示す。カタラーゼによるH_2O_2の解毒作用はシグナルタンパク質OxyRが重要な役割を演じる。通常,OxyRは還元型で存在するが,過剰量のH_2O_2が発生してOxyRが酸化されるとカタラーゼコード遺伝子のプロモーターに結合し,遺伝子発現が開始されカタラーゼが生産される[21]。このメカニズムをlux遺伝子の発現と組み合わせる。

実験では琉球海溝深海より採集した好冷性 *Photobacterium phosphoreum* bmFP[22] よりクロー

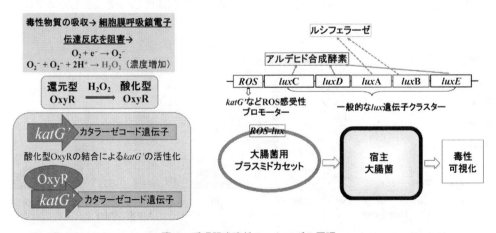

図6 呼吸阻害毒性センシングの原理
左パネル,呼吸鎖電子伝達系阻害による過酸化水素の生産とOxyRの酸化およびカタラーゼコード遺伝子の発現;右パネル,一般的な呼吸阻害毒性センシング用細菌生物発光発現系の構築。

ニングした lux 遺伝子を用い，大腸菌カタラーゼコード遺伝子プロモーター領域の部分配列（253塩基長）を lux 遺伝子と融合した．融合遺伝子は MT-Y1-Yellow の作製と同様に行い，プラスミド pETBlue-2 にクローニングした（pETBlue-2-part.katG'-lux）．さらに pETBkue-2-part.katG'-lux を用いて大腸菌を形質転換することによって生物発光能を付与した．大腸菌は増殖速度が上記発光細菌よりも大きいだけでなく，培養も容易である．液体 LB 培地で増殖した生物発光大腸菌は所定量（通常 1 mL）ずつ分注して -80 ℃ ストックとし，用事氷中で解凍して測定に供する．性能評価では，解凍後，新鮮 LB 培地で増殖（37℃）し，対数期に入った時点でカルチャー温度を 17℃ 付近に下げてから種々の濃度の H_2O_2 を添加して発光応答を調べた．カルチャー温度を下げることは，増殖速度を抑えるだけでなく発現効率を高くするためでもある．H_2O_2 は細胞内への輸送過程において分解しながら，二次的に H_2O_2 を含む多様な ROS を誘発するものと予想される．

　添加する H_2O_2 の濃度を色々変え，所定時間ごとに測定した発光強度と強度比（H_2O_2 添加系／H_2O_2 無添加系）を調べる．発光は H_2O_2 添加後約 15 分頃より開始され，2 時間以内に最大発光を示す．特にカルチャーに添加した H_2O_2 濃度が $10^{-5} \sim 10^{-4}$ mM において顕著な発光応答が見られる．-80 ℃ ストックから，最大発光を観測するまでの時間が 5〜6 時間である点は，迅速性が求められる環境毒性スクリーニングにおいて優位性が高いと言える．

6　Cd^{2+}-H_2O_2 共添加による発光応答

　次に種々の濃度条件で Cd^{2+} を添加して調べたが，発光応答は認められなかった．ところが Cd^{2+} 処理において一定濃度の H_2O_2 を添加して発光を調べると Cd^{2+} 濃度依存性の発光応答が見られ，特に 10^{-4} mM の H_2O_2 を Cd^{2+} と共添加した系では，0.5 ppm の Cd^{2+} を添加後 90 分以内に感度良く測定できることがわかった（図7）．5 ppm のような高濃度 Cd^{2+} を添加した系では発光

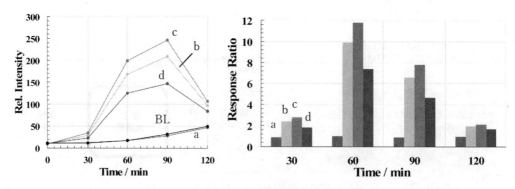

図7　E.coli-pETBlue-2-part.katG'-lux の発現誘導に及ぼす Cd^{2+}-H_2O_2 供添加の効果
左図，相対発光強度（Rel. Intensity）；右図，発光応答比（Response Ratio）：BL，ブランク；a，0.1 ppm；b，0.5 ppm；c，1 ppm；d，5 ppm．part.katG' は大腸菌由来カタラーゼコード遺伝子プロモーターの部分配列．

第 2 章　バイオセンサー構築のための発光細菌発光機能の他細胞系における部分的再構成

強度の低下が見られたが，これは Cd^{2+} の毒性が強いことによることも考えられるが，ペルオキ
シレドキシン（Prx）の影響も考えられる [23]。このような場合，Cd^{2+} を含む溶液を希釈すれば測
定に供することが可能である [24]。

　現時点ではバックグラウンドが比較的大きく，結果的に S/N 比（Cd^{2+}-H_2O_2 共添加系 /Cd^{2+}
-H_2O_2 無添加系）が小さい。バックグラウンドの要因は恒常的に生成している H_2O_2 が *lux* 遺伝
子のスイッチを入れることにある。今後より性能の高い H_2O_2 感受性プロモーターの改良が求め
られる。現在，Cd^{2+} に限らず種々の呼吸阻害毒性物質，パラコート，亜砒酸などを対象とする
環境毒性スクリーニングへの展開を計っている。さらにカタラーゼプロモータ系だけでなく，
スーパーオキシドアニオン感受性プロモータやその他のプロモータ配列を *lux* 遺伝子と融合する
ことによって，多様な毒性物質あるいは細胞内の代謝過程で内因的あるいは外因的に誘導される
細胞毒性物質への応用も期待できる。

　生物発光は細胞内情報シグナルとして捉えることが可能であり，ホタルやオワンクラゲなどと
同様に発光細菌の発光機能を他の生物に模再構築することによって，オーダメイド型のバイオセ
ンサーの構築が可能になるものと期待される。

謝辞
　本章で紹介した事例は，文部科学省科研費補助金（21370071，23654148，25440068，17K05899）および第
8 回 KRI 萌芽研究助成金に基づいて行われました。深く感謝いたします。

文　　献

1)　羽根田弥太，発光生物，恒星社厚生閣（1985）
2)　T. Wilson and J. Woodland Hastings "Bioluminescence" Harvard University Press（2013）
3)　G. Thouand and R. Marks, "Bioluminescence: Fundamentals and Applications in Biotechnology-Volume1" Springer（2014）
4)　R.Y. Tsien, *Angew. Chem. Int. Ed.*, **48**, 5612（2009）
5)　S.R. Ford and F.R. Leach, "Bioluminescence Methods and Protocols" R.A. LaRossa（Ed），p.3 Humana Press（1998）
6)　J.W. Hastings, C.J. Potrikus, S.C. Gupta, M. Kurfürst, J.C. Makemson, *Adv Microbiol Physiol.*, **26**, 235（1985）
7)　H. Karatani, S. Yoshizawa, S. Hirayama, *Photochem. Photobiol.*, **79**, 120（2004）
8)　E.G. Ruby and K.H. Nealson, *Science*, **196**, 432（1977）
9)　H. Karatani, S. Matsumoto, K. Miyata *et al.*, *Photochem. Photobiol.*, **82**, 587（2006）
10)　H. Karatani, T. Izuta, S. Hirayama, *Photochem. Photobiol. Sci.*, **6**, 566（2007）
11)　T.O. Baldwin, M.L. Treat and S.C. Daubner, *Biochemistry*, **29**, 5509（1990）
12)　H. Karatani and J.W. Hastings, *J. Photochem. Photobiol. B: Biol.*, **18**: 227（1993）

生物の優れた機能から着想を得た新しいものづくり

13) H. Karatani, "Luciferase and Fluorescent Proteins Technology: Principles and Advances in Biotechnology and Bioimaging" V.R. Viviani, Y. Ohmiya (Ed), p.137 Transworld Research Network (2007)

14) M.P. Yaffe, *Science*, **283**, 1493 (1999)

15) F.J. Turrens, *Bioscience Reports*, **17**, 3 (1997)

16) 井上正康編, 活性酸素とシグナル伝達, 講談社サイエンティフィック (1996)

17) H. Karatani, Y. Namikawa, N. Mori *et al.*, *Photochem. Photobiol. Sci.*, **12**, 944 (2013)

18) B. Westernmann and W. Neupert, *Yeast*, **16**, 1421 (2000)

19) H. Fujishiro, Y. Yano, Y. Takada, M. Tanihara and S. Himeno, *Metallomics*, **4**(7), 700 (2012)

20) S. Belkin, D.R. Smulski, A.C. Vollmer, T.K. Van Dyk and R.A. LaRossa, *Appl Environ Microbiol.*, **62**, 2252 (1996)

21) V.V.S. Italiani, J.F. da Silva Neto, V.S. Braz and M.V. Marques, *J. Bacteriol.*, **193**, 1734 (2010)

22) H. Karatani, T. Konaka and C. Katsukawa, *Photochem. Photobiol*, **71**, 230 (2000)

23) S.G. Rhee and H.A. Woo, *Antioxid Redox Signal*, **15**(3), 781 (2011)

24) Y. Ihara, D. Okamoto, Y. Fukao, H. Tomoyama and H. Karartani, 19th International Symposium on Bioluminescence & Chemiluminescence, Abstracts, PA-19 (2016)

第3章　昆虫－機械ハイブリッドロボットが拓く昆虫模倣匂い源探索ロボットの未来

安藤規泰[*]

1　はじめに

　空気中を漂う匂い物質を検出しその発生源を特定することは，ガス漏れなど危険な化学物質の漏出，火災の早期発見，そして麻薬や爆発物の探知など，社会の安全安心の向上に必要な技術である。しかし，匂い源探索はロボットにとって困難な課題の一つでもある。そのため，技術革新の目覚ましい今日においても，実用的な探索手段として現場で活躍しているのは，イヌなどの動物であることは多くの方がご存知であろう。匂いの発生源を探し当てるには，まず匂いを高感度で「検出」すること，次に，目的の匂いを「識別」すること，そして，時空間的に複雑な分布を示す匂い物質を捕捉しその発生源を「探索」すること，の3つの要素が必要であり，このいずれもがロボットによる匂い源探索を実現するうえでの課題でもある。本稿では，「探索」に焦点を当て，匂い源探索の代表的な実験動物の一つである昆虫の匂い源探索戦略に関する研究の動向を紹介するとともに，我々が進めてきた昆虫－機械ハイブリッドロボットによる研究が，バイオミメティクスによる匂い源探索ロボットの実現にどのように貢献できるかを解説する。

2　生物の匂い源探索行動

　生物にとって匂い（化学物質）をたどり，その発生源を突き止めることは，食料やねぐら，配偶相手の探索といった，個体の生存や種の存続に必須の能力である。自律移動ロボットによる匂い源探索の研究では，多くの探索アルゴリズムが提案されているが，なかでも，生物の探索アルゴリズムを用いた研究例が多い[1]。ここでは，まず空気中における匂い物質の伝達の特徴を述べ，次に生物の匂い源探索戦略がどのようにその特徴に適応しているかを紹介する。

2.1　匂いの分布と受容

　匂い物質は空気や水の流れによって運ばれる。多くの生物が生息する環境は乱流であるため[2]，匂い情報は時々刻々とその速度や方向，そして濃度が変化し，時空間的に不連続な分布を示す。Murlis らの実験では，匂い源から離れた観測点において，匂い物質はパルス状に検出されることが報告されている[3]。これは光や音の伝達と大きく異なる点であり，匂い源探索の難しさの要因である。さらに生物は移動しながら匂いを受容するため，運動による匂い受容の変化も

＊　Noriyasu Ando　東京大学　先端科学技術研究センター　特任講師

考慮する必要がある。例えば，高速に複雑な軌跡を描いて飛行する昆虫にとって，匂いの受容は一瞬である。そのため，連続的な濃度勾配を持つ匂いの流れ（プルーム）であっても，ゆっくり移動する生物はその濃度勾配を検出しそれに従って探索できるが，高速で移動する生物にとっては離散的な情報として入力される（図1(A)〜(C)）。さらに感覚−運動系の遅れが数百ミリ秒のオーダーで存在することを考慮すると[4, 5]，瞬時の匂い受容に対してどのようにふるまうかは悩ましい問題である。したがって，濃度勾配に基づいて方向決定を行う化学走性（走化性：Chemotaxis）のみに頼った探索では，離散的な匂い環境や高速で移動する生物にとっては対応することが難しい。そのため，生物は双方の環境に対応可能な探索戦略を進化させてきた。

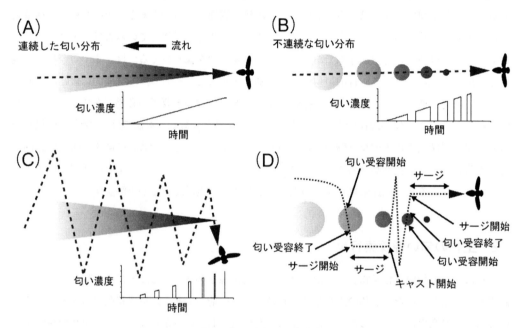

図1 匂い受容の不連続性
(A)連続したプルームの中を移動した場合，(B)不連続なプルームの中を移動した場合，(C)連続したプルームを横切るように高速に移動した場合について，それぞれの受容する匂い濃度の経時変化をグラフに示す。点線矢印は移動の軌跡を表す。(D)不連続なプルームの中をサージとキャストで移動する例。匂い受容とサージ開始，匂い受容終了とキャスト開始はそれぞれ対応するが，プルームの幅が狭い場合，感覚−運動の遅れによりサージがプルームの外で開始される。（文献 4, 5 より）

2.2 濃度勾配を利用した探索

濃度勾配をもとに移動方向を決定する走化性は，連続的な濃度分布を示す環境であれば有効であり，実際に多くの生物種がもつ戦略である[6]。また，生物の感覚系は入力強度の絶対値よりも相対値，つまり変化に強く応答する特徴があり，嗅覚系においても匂い受容開始と終了時の濃度変化は受容細胞レベルで捉えることができる[7, 8]。シンプルな単細胞生物である大腸菌

第3章　昆虫－機械ハイブリッドロボットが拓く昆虫模倣匂い源探索ロボットの未来

（*Escherichia coli*）は，好みの化学物質に対して正の濃度勾配であれば直進を，負の濃度勾配であれば方向転換を行う。多細胞生物である線虫（*Caenorhabditis elegans*）やショウジョウバエ（*Drosophila melanogaster*）の幼虫では，この正の濃度勾配に対する直進行動中に左右の濃度差に基づく方向決定を行う。これらの生物はサイズが小さく，頭部にある複数の化学感覚器で空間的な情報を同時にとらえることはできないが，頭部を振るなどして逐次的に空間情報を得て濃度の高い方へ方向決定すると考えられている[9]。一方，これらの生物も，負の濃度勾配を検出すると方向転換を行う。より大型の生物では，空間的に十分離れた左右の嗅覚器官を用いて濃度勾配を同時に検出し，方向を決定できる（転向走性）。このような「ステレオ嗅覚」に基づく転向走性は，昆虫[10, 11]，モグラ[12]，ラット[13]，さらにはヒト[14]に至るまで多くの動物種で報告されている。また，サメでは左右の匂い受容のタイミングの差を検出できる[15]。一方，長い触角をもつゴキブリでは，触角表面に分布する匂い受容細胞の空間的位置が脳内で表現されており，触角1本で空間的な濃度勾配を受容し行動できることが示唆されている[16, 17]。

2.3　濃度勾配を利用しない探索

　匂い源から遠く離れた場所や，高速で移動する飛行昆虫にとって，匂い受容は不連続かつ一瞬であり，濃度勾配を利用することは難しいと考えられている。そこで，ガやハエのような飛行昆虫は，風向きを利用した運動パターンで匂い源探索を行うことが報告されている。まず，匂いを受容すると風上に直進する行動（サージ：Surge）をとる。そして匂いを失うと風を横切るようなジグザグ飛行（キャスト：Cast）を繰り返し，再び匂いと接触することを試みる[18, 19]。匂いは流れに乗ってやってくるので，濃度勾配を検出できなくとも風上に向かうことで匂い源に近づくことができる。また，匂いを失ってからキャストを始めるまでには数百ミリ秒程度の時間遅れがあるため，一瞬の匂い受容であってもこの時間遅れの間にサージを持続し，風上に向かうことができる[4, 5]（図1(D)）。

　一方，不連続な匂い分布に対応する探索アルゴリズムとして，近年注目されているものに情報走性（Infotaxis）がある[20]。これは匂い受容履歴をもとにベイズ推定を行い，得られる情報量が高くなるよう方向決定を行うアルゴリズムである。この履歴をもとに方向決定をするアルゴリズムに対して，生物は履歴によらずその時々の匂い情報に反応するメカニズムが主と考えられる。それにも関わらず，計算コストを要する情報走性による探索行動が，シンプルな行動パターンからなるガの探索行動の特徴と類似することは，生物が異なる手段で同等の機能を実現している点で大変興味深い[21]。ただし，昆虫の匂い応答が過去の匂い受容履歴の影響を全く受けないということはないだろう。匂いに暴露され続ければ受容器の順応（Adaptation）が生じ入力が弱くなるだろうし，事前の匂い受容があれば中枢レベルで学習の一つである慣れ（Habituation）が生じ匂いに対する応答が低下する[22]。Pangらは，ショウジョウバエが匂いを受容してサージに移る際，旋回して風上に向かう行動にばらつきがあることに注目し，旋回時の体軸角速度が匂いを受容するほど低下すること，そして情報走性を考慮したモデルがこの行動変化を最もよく説明で

生物の優れた機能から着想を得た新しいものづくり

きることを示している[23]。角速度が低下することの機能については，匂い源付近でゆっくり移動することで正確に定位できるといった機能が推測されている。生物のセンサは一定の濃度に対しても出力が変化するため人工のセンサと比較して不利に思えるが，もし動的な匂い源探索においてこの出力変化が機能を持っているとすれば非常に興味深い。

2.4 複数感覚の統合

匂い源探索には嗅覚が重要であることはもちろんであるが，そのほかの感覚情報も重要な役割を果たしている。前述の飛行昆虫の例では，サージとキャストには風向きを知るための機械感覚情報が必須である。また，風向きに対して一定の角度を保って飛行する際に，視覚で受容される地面の動き（オプティックフロー：Optic flow）を参照し，突風などの外乱によって流された際に補正を行うことが知られている（風上視運動操縦：Optomotor anemotaxis）[24]。一方，このような匂いのプルームを辿るためのしくみに対して，最終的に匂いの発生源を確定するには嗅覚情報だけでなく視覚情報を利用することがいくつかの昆虫で報告されている。飛行中のショウジョウバエは通常小さな物体（実験では黒い円形の物体）には興味を示さないが，誘因性の匂いを受容すると物体への誘引性が高まり，最終的に近づいて着陸する[4, 25]。また，ネッタイシマカ（*Aedes aegypti*）はヒトの呼気に含まれる炭酸ガスに誘引されるが，一度炭酸ガスを受容するとそのプルームを離れ視覚的な物体に強く誘引される。ヒトの体温や皮膚に含まれる匂い物質も，炭酸ガスの発生源である口や鼻ではなく最終的に肌に到達するのに必要な情報であり，到達距離の異なるこれらの情報を対象物への接近に従い次々と利用していることが報告されている[26]。このことは「匂い源」を探索することは，あくまでも配偶相手や食料といった「目標」を探し当てているための一つの手段であることを意味しており，生物は複数の感覚を用いてより正確な目標の認識と定位を実現しているのであろう。

3 昆虫模倣ロボット：理想と現実

昆虫は小規模な神経系で匂い源探索をはじめ様々なタスクを実行することができるため[27]，自律移動ロボットを研究するロボット研究者にとっても魅力的な存在であり，その行動メカニズムの解明が待たれている。そして，生物の構造，機能などを模倣し，工学的に応用する技術であるバイオミメティクス（Biomimetics）において，昆虫を規範としたロボットの期待は高い[28]。この実現のためには，異分野の連携が必要であるが，とりわけ生物の解析を担当する生物学者，そしてロボットを開発する工学者の役割は大きい。しかし両者の間にはいくつか越えねばならないギャップが存在する。

3.1 神経科学とロボット

行動を司る脳を研究対象とする神経科学，特に行動の神経基盤を明らかにする神経行動学に

第3章　昆虫-機械ハイブリッドロボットが拓く昆虫模倣匂い源探索ロボットの未来

とって，ロボットは実験結果から得られた脳のモデルの正しさを実環境で検証する上で有効なツールである[29]。実環境で生物が見せる適応的な行動は，脳（中枢神経系），身体，そして環境からなる相互作用の閉ループによってはじめて発現する。しかし，実際の実験ではこのループを切った状態（開ループ）で実験せざるを得ないケースも多い。移動ロボットは，このような実験から得られたモデルに身体を与え，実環境との相互作用の中でその機能の評価を可能にするものである（図2）。したがって，神経科学におけるロボットは脳をはじめとする行動を司る神経系（感覚-運動系）を理解するための手段であり，ロボットの開発そのものが目的ではないことに注意が必要である。

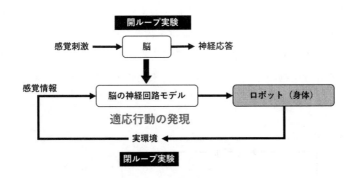

図2　神経科学におけるロボットの利用

適応行動は，脳・身体・環境の相互作用によって発現する。開ループ実験で得られたモデルであっても，ロボットという身体を与えることで，その性能を評価することができる。

3.2　生物行動のバイオミメティクス

もちろん本来の目的は異なっても生物のモデルを実装したロボットは，バイオミメティクスによるロボット開発の契機となることに間違いはない。しかしバイオミメティクスは，構造や高分子分野では実用的な成果が得られているものの（蓮の葉の撥水構造や合成繊維など[30]），行動を司る神経メカニズムを対象にしたものはそこまで至っていない。これはバイオミメティクスが生物の理解を前提とした応用技術である以上，ロボットを動かすには行動のしくみの理解を待たねばならないからである。進展の著しい表面構造のバイオミメティクスでは，電子顕微鏡などの観察技術が確立しているだけでなく，微細加工技術の進歩により同じ構造を同じスケールで製作することが可能となっている。一方，行動を司る神経メカニズムについては，生物学的な解析が途上であるだけでなく，仮に解析が完了したとしても，例えば小さな昆虫と同等なものを同一スケールで製作することは簡単なことではないだろう。それゆえ，生物模倣ロボットへの期待に対して，具体的な性能について「今」答えることは大変難しい。具体的な要求仕様に基づいて設計する通常のものづくりとは，大きく異なるのである。

3.3 どこまで生物を理解する必要があるのか

また，模倣の前提として生物の理解が必要と述べたが，どの程度「理解」する必要があるのだろうか。これまでに様々な動物の匂い源探索モデルが提案されてきたが，なかでも昆虫は，神経回路レベルから行動レベルまでの知見が豊富であり，これらに基づくモデルが移動ロボットに実装され，実環境での評価が行われてきた[31, 32]。これらのモデルは，行動解析から内部モデルを推定したものや，その時点で明らかになった神経回路を抽象化したものであるが，今日では，脳の究極の理解を目指してカイコガの匂い源探索行動を担う全神経回路のシミュレーションも進められている[33]。このような観察される生物の行動から仮説を検証し，そのしくみの理解を基礎としてロボットへの実装を目指すボトムアップアプローチに対して，生物の理解を必要としない方法，すなわち仮説からモデルを作りロボットに実装するトップダウンアプローチでもロボットを動かすことは可能である（図3）。メカニズムは生物と全く異なっていても，「生物にヒントを得て」同じような機能が達成できれば良いとする考えもあろう。どこまで生物を理解したらよいのか，もしくは，複雑な生物のしくみをどの程度抽象化できるのか，という問いに現在答えることは難しい。

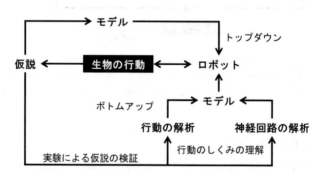

図3　昆虫のように振る舞うロボットを開発するための2つのアプローチ

4 昆虫－機械ハイブリッドロボット

我々が開発した昆虫－機械ハイブリッドロボット（昆虫操縦型ロボット）は，この生物模倣ロボットの実現に対する課題に答えることができる。このロボットは，昆虫自身の感覚器で感覚情報を受容し，脳で情報処理を行い，発現する行動を介してロボットを操縦するものである。これは，未来の生物模倣ロボットにおけるモデルが担う役割を昆虫自身が行うものであり，モデルの手本となる昆虫の感覚－運動系を実装したロボットとして機能する。したがって，一足先に完全な生物のモデルを備えた未来の生物模倣ロボットの性能を「今」垣間見ることができるのである（図4）。

第3章　昆虫−機械ハイブリッドロボットが拓く昆虫模倣匂い源探索ロボットの未来

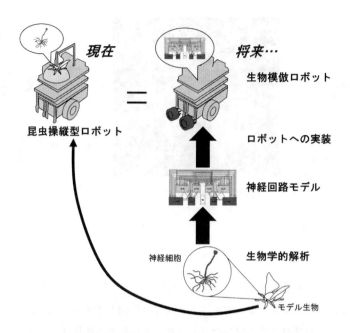

図4　昆虫−機械ハイブリッドロボットの意義
ハイブリッドロボットは，モデルが担うロボット制御の役割を実際の昆虫が果たすことから，将来実現する生物模倣ロボットの目標を示すものと言える．

4.1　昆虫操縦型ロボットのしくみ

　昆虫操縦型ロボットは，行動解析で広く使われている球状トレッドミルによる歩行計測が基礎になっている．背中を固定した雄カイコガ成虫（*Bombyx mori*）は，空気圧で浮上させたボール上を歩行してこれを回転させる．ボールに面した光学マウスのセンサが，前後・左右のボールの回転を計測し，この情報をもとにロボット上のコントローラが左右の車輪を制御して昆虫の歩行を忠実に再現する（図5(A)，(B)）．ロボットを操縦する雄カイコガは，普段は動くことなくじっとしているが，雌の性フェロモンの主成分であるボンビコール［Bombykol, (E, Z)-10,12-hexadecadien-1-ol］を受容すると匂い源探索行動を発現する．そのためこのロボットは，カイコガの感覚器と脳で制御される匂い源探索ロボットとして機能する．ロボットの前面には，匂いを吸入するためのチューブ，ファン，そして流路として機能するキャノピーがあり，チューブの位置を変えることで左右の触角で受容される匂い情報を任意に制御できる（図5(C)）．なお，ロボットの詳細については文献[34〜36]を参照されたい．

4.2　昆虫操縦型ロボットの匂い源探索能力

　ロボットを操縦する雄カイコガは，性フェロモンを受容すると「婚礼ダンス」と呼ばれるジグザグ歩行を繰り返して雌に定位する．一見複雑に見えるこの行動は，匂い受容時に発現する直進歩行（サージ）と，匂いを失った際に発現するジグザグ，そして回転を繰り返すループから構成

生物の優れた機能から着想を得た新しいものづくり

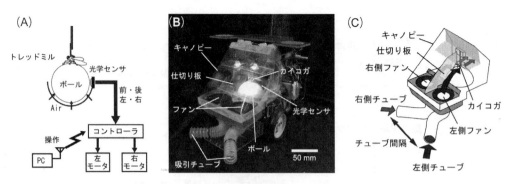

図5 昆虫操縦型ロボット
(A)ロボットの原理。モータのパラメータは外部から無線で任意に変更可能である。(B)ロボットの外観。(C)匂い吸入のための流路（チューブ，キャノピー）を設けたロボット。（文献36，41）を改変）

される定型的なプログラム行動であることが明らかになっている（図6(A)）[37]。これは前述の飛翔昆虫の匂い源探索にみられるサージ・キャストと同等の行動と考えられる。そして，新たな匂いを受容するたびに，このプログラムはリセットされ，サージから再開する。このため，高頻度でフェロモンを受容する環境，例えば雌の近くではサージが連続し直線的に定位するが，離れた位置では低頻度の受容となるため，ジグザグ・ループを繰り返して方向転換を行う（図6(B)）。

　まず，カイコガが操縦するロボットが，通常のカイコガの行動と同様の探索能力を持つかを評価した。ロボットとカイコガのサイズは大きく異なるため，この評価によりカイコガのモデルをそのままスケールの異なるロボットに実装することが可能かどうかを知ることができる。風洞の中で実験を行い，カイコガと，カイコガが操縦するロボットの匂い源探索の軌跡を図7に示した。匂い源から600 mm離れた位置からスタートし，定位した個体の割合を評価すると，カイコガが100%の定位成功率を示す条件であれば，カイコガが操縦するロボットも同様に100%の成

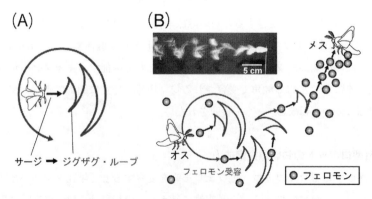

図6 カイコガとカイコガが操縦するロボットの匂い源探索
(A)カイコガの匂い源探索行動。(B)不連続な匂い分布（写真）におけるカイコガの定位行動の模式図。

第3章　昆虫-機械ハイブリッドロボットが拓く昆虫模倣匂い源探索ロボットの未来

功率を示し，匂い源へ到達するのに要した時間には有意差が見られなかった。ここで重要な点は，ロボットのサイズはカイコガに比べはるかに大きいものの，実際のカイコガと遜色のない定位能力を示すことである。このことは，将来明らかになるであろうカイコガの脳の神経回路モデルを，スケールの異なる移動ロボットにそのまま実装しても，その能力を損なわないことを示すものである。

　一方，ロボットのサイズが全く定位性能に影響を与えないわけではない。サイズが影響を与える要素の一つに，左右の匂い受容の空間的距離が挙げられる。カイコガが匂いを受容した際のサージは，左右の触角で検出した匂い濃度の高い側へ偏向することが報告されている[38]。したがって，左右の触角の間隔は，検出される濃度差に強く影響を与える。図7(B), (C)には，異なるチューブ間隔（左右の匂いを受容する位置，左右の触角の間隔に相当）での結果を示した。両者の定位時間に有意差は見られないものの，実際のカイコガの触角幅（両先端の距離 $d=15$ mm）と同等の間隔（$d=20$ mm）に対し，広い間隔（$d=90$ mm）では，定位時間が短く（カイコガ, 59.7 s；ロボット $d=20$ mm, 57.2 s；同 $d=90$ mm, 35.1 s），軌跡がより直線的になる傾向が見られた［合成した体軸方向ベクトルの平均長さ R, 方向が一定であるほど1に近づく；カイコ

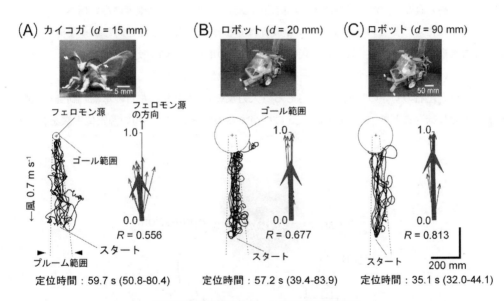

図7　昆虫操縦型ロボットの匂い源探索行動
(A)カイコガの匂い源探索行動の軌跡（左図）と，体軸の方向ベクトルの合成ベクトルの平均（右図）($N=10$)。細矢印は各個体のベクトル，太矢印は各個体のベクトルを合成したものの平均。体軸の向きが一定であれば長さ（R）=1となる。(B)左右の匂い吸引チューブの間隔が狭い条件（$d=20$ mm）でのロボットの定位行動（$N=12$）。(C)チューブ間隔の広い条件（$d=90$ mm）でのロボットの定位行動（$N=12$）。d, 左右の触角の先端の間隔（A, $d=15$ mm），もしくは，ロボットの左右のチューブの間隔（B, C）。定位成功を判定するゴール範囲はカイコガもしくはロボットの大きさで規定している。定位時間は平均値と四分位範囲（カッコ内）を示す。（文献41）を改変

ガ，$R=0.56$；ロボット $d=20\,\mathrm{mm}$，$R=0.68$；同 $d=90\,\mathrm{mm}$，$R=0.81$]。このことは，カイコガ本来の定位能力よりも高い性能がロボットの設計によって期待できることを示唆するものである。昆虫の行動を司る脳のモデルをロボットに適用する上で，スケールの違いによる影響は避けて通れぬ課題である。このように昆虫操縦型ロボットを用いることで，応用に向けた適切なプラットフォームの検討が定位性能の評価を通して可能になるのである。

4.3 未来の匂い源探索ロボットで実験する

次にこの昆虫操縦型ロボットを，完全な昆虫モデルを実装した未来の昆虫模倣ロボットとみなして，ロボットのシンプルな行動モデルであるブライテンベルグ・ビークルと比較してみよう。ブライテンベルグ・ビークルは，Braitenberg が発表したロボットのコンセプトで，センサとモータの結合からなるシンプルな反射のルールのみで，環境との相互作用によって知的なふるまい実現しようとしたものである[39]（図8）。左右のセンサと車輪を同側同士で結合した Vehicle 2a は「Fear」と呼ばれ，匂いセンサであれば高い濃度を検出した側の車輪が強く回転するので，高い濃度を避けるように旋回する。一方，左右のセンサと車輪をそれぞれ交差させて結合した Vehicle 2b は「Aggression」と呼ばれ，高い濃度を検出したセンサと反対側の車輪が強く回転するので，高い濃度に向かって旋回する。前述のとおり，カイコガは濃度の高い側へサージの方向が偏向するため[38]，このようなステレオ嗅覚はちょうど Vehicle 2b と同じような構成といえる。昆虫操縦型ロボットは，匂いの吸気の位置や左右の車輪の制御を反転できるので，実物のカイコガを用いてブライテンベルグ・ビークルと同様の操作が可能である。

ここでは，左右の匂いの吸気を反転させる（入力反転），もしくは左右の車輪の制御を反転させる（出力反転）ことで，Vehicle 2a, 2b に相当する条件を設定し，匂い源定位実験を行った。

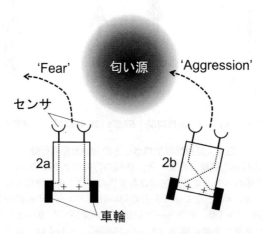

図8　ブライテンベルグ・ビークル[39]
左右のセンサと車輪を持ち，その結合の違いで異なる性質が生まれる。

第3章　昆虫−機械ハイブリッドロボットが拓く昆虫模倣匂い源探索ロボットの未来

正常な状態ではサージが高濃度側へ偏向するのでこれをVehicle 2b 'Aggression'とし，これに対し高濃度を避ける2a 'Fear'を入力反転，および出力反転で設定した．正常と同じ2bの特性を持つものとして，入力・出力双方を反転させた条件も設定した．いずれも片側への匂い刺激に対して，設定どおりの反応をすることを確認したうえで，風洞中で匂い源定位実験を行った．

まず，定位成功率を比較すると，カイコガと正常な設定のロボットではいずれも100%を示したが，2a 'Fear'に相当する入力反転，出力反転ではそれぞれ61.5%，58.3%に低下した（図9）．定位に成功した軌跡を比較しても，正常な条件での$R=0.81$に対し，入力反転，出力反転ではそれぞれ0.29，0.32と大きく低下した（図10(A)～(C)）．このことから，左右の濃度差を検出し，高濃度側へ向かうこと（正の転向走性）が定位の成功に大きな影響を与えていると言える．一方，正常と同じ2a 'Aggression'であるはずの入力・出力双方を反転させた条件では，定位成功率が73.3%に留まった．しかし，ロボットのキャノピーを紙で覆いカイコガの視覚入力を遮断すると，成功率は100%，Rも0.65から0.73に回復した．この結果はブライテンベルグ・ビークルのモデルだけでは説明できず，嗅覚と視覚の統合を考慮する必要がある．これまでの行動実験から，カイコガはサージの期間のみオプティクフローをフィードバックして経路を補正する視運動反応を行うことが明らかになっている[40]．嗅覚の感覚−運動系に限れば入力反転と出力反転は同じ2aであるが，出力反転ではカイコガ自身の運動指令と逆方向に身体であるロボットが動く．このことは，本来受容されるオプティックフローの向きも反転することを意味し，結果として視運動反応による補正ができずに回り続けて正しい方向決定が困難になるのである[41]．

一方，正常と入力反転を比較すると（図10(A), (B)），ブライテンベルグ・ビークルのモデルでは'Fear'であるはずの入力反転であっても61.5%という成功率を収めていること，そして定位に成功した軌跡はいずれも匂いのプルーム内をジグザグ・ループを繰り返しながら匂い源に接近したことから，左右の濃度差の検出が不正確であっても定位は可能である，とも言える．前述

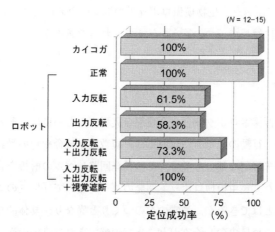

図9　カイコガと操作を加えたロボットの定位成功率

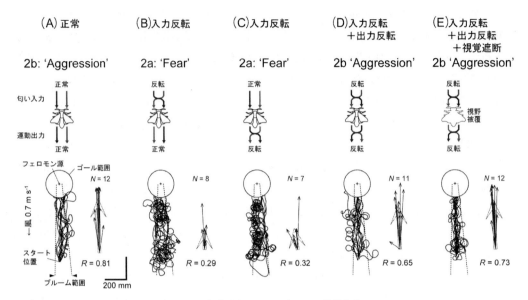

図10 操作を加えたロボットの行動変化
(A)〜(E) 操作を加えたロボットの定位軌跡と方向ベクトルの平均。細矢印は各軌跡のベクトル，太矢印はこれらの平均でその長さを R で示す。（文献[41]を改変）

のようにカイコガの匂い源探索行動は，サージとジグザグ・ループから構成される[37]。Vehicle 2b が当てはまるのがサージの期間のみである考えれば，このモデルに含まれない固定行動パターン（反射ではなく内因性の行動パターン）であるジグザグ・ループが，濃度勾配によらない匂い源定位を可能にしていると考えられる[41]。

このように任意のモデルと実際の昆虫によって制御されるロボットとの比較を通して，モデルの評価だけでなくどれくらいの要素で昆虫の行動のしくみを説明できるかを調べることができる。このことは3.3項で述べた，生物模倣ロボットの開発のためにどれくらい生物を理解すればよいのか，という課題に対して一つの答えを与えてくれるであろう。

5　まとめと展望

昆虫を模倣した匂い源探索ロボットという理想を実現するためには，その行動のしくみの理解が不可欠である。しかし行動のしくみについては，複数感覚統合や匂い受容履歴など新しい知見が報告されつつあるが未解明な部分も多く，その神経回路レベルの解析を含めてその全貌の理解には至っていない。また，昆虫模倣ロボット開発のゴールとして「昆虫のように振る舞うロボット」の実現を掲げることはできるが，通常のものづくりと異なり，具体的な要求仕様を提示することができない。そのため昆虫のしくみがどこまで理解できれば良いのか，そして何が達成できれば良いのかが明確でないという根本的な課題がある。ここで紹介した昆虫－機械ハイブリッド

第 3 章　昆虫－機械ハイブリッドロボットが拓く昆虫模倣匂い源探索ロボットの未来

ロボットは，昆虫そのもので制御されるロボットとして，目指す昆虫模倣ロボットの具体的な姿を提示してくれる。そして昆虫が操縦しつつもロボットであることから，さまざまな操作を施しての評価が可能である。このような「昆虫のように振る舞うロボット」の性能評価を通して，将来実現する昆虫模倣ロボットは何ができるのか，そしてモデルとの比較を通してどこまで生物を理解すれば良いのかを知ることができる。昆虫－機械ハイブリッドロボットは，複合分野であるバイオミメティクス研究に存在するさまざまなギャップ（生物とロボット，脳とモデル，生物学者と工学者，理想と現実）を埋め，比較を通して双方をより深く理解するための重要な手段になるとことが期待される。

謝辞

　本稿で紹介した昆虫操縦型ロボットの研究は，日本学術振興会科学研究費補助金（22700197, 24650090, 24120007, 15H04399）および積水化学・自然に学ぶものづくり研究助成プログラムの支援による。

文　　献

1)　Kowadlo G. and Russell R. A., *Int J Robot Res.*, **27**, 869（2008）

2)　マーク・W・デニー，生物学のための水と空気の物理，エヌ・ティー・エス（2016）

3)　Murlis J. and Jones C. D., *Physiol Entomol.*, **6**, 71（1981）

4)　van Breugel F. and Dickinson M. H., *Curr. Biol.*, **24**, 274（2014）

5)　Kaissling K. E., Orientation and Communication in Arthropods, Lehrer M., Ed., vol. 84, chap. 12, pp. 343, Birkhäuser（1997）

6)　Gomez-Marin A., Duistermars B. J., Frye M. A. *et al.*, *Front Cell Neurosci.*, **4**, 6（2010）

7)　Takagi S. F. and Shibuya T., *Nature*, **184**, 60（1959）

8)　Suzuki H., Thiele T. R., Faumont S. *et al.*, *Nature*, **454**, 114（2008）

9)　Gomez-Marin A., Stephens G. J. and Louis M., *Nat. Commun.*, **2**, 441（2011）

10)　Borst A. and Heisenberg M., *J. Comp. Physiol.*, **147**, 479（1982）

11)　Martin H., *Nature*, **208**, 59（1965）

12)　Catania K. C., *Nat. Commun.*, **4**, 1441（2013）

13)　Rajan R., Clement J. P. and Bhalla U. S., *Science*, **311**, 666（2006）

14)　Porter J., Craven B., Khan R. M. *et al.*, *Nat. Neurosci.*, **10**, 27（2007）

15)　Gardiner J. M. and Atema J., *Curr. Biol.*, **20**, 1187（2010）

16)　Lockey J. K. and Willis M. A., *J. Exp. Biol.*, **218**, 2156（2015）

17)　Nishino H., Iwasaki M., Paoli M. *et al.*, *Curr. Biol.*, **28**, 600（2018）

18)　Vickers N. J., *Biol. Bull.*, **198**, 203（2000）

19) Willis M. A., *Navigation*, **55**, 127（2008）

20) Vergassola M., Villermaux E. and Shraiman B. I., *Nature*, **445**, 406（2007）

21) Voges N., Chaffiol A., Lucas P. *et al.*, *PLoS Comput. Biol.*, **10**, e1003861（2014）

22) Kuenen L. P. S. and Baker T. C., *J. Insect. Physiol.*, **27**, 721（1981）

23) Pang R., van Breugel F., Dickinson M. *et al.*, *PLoS Comput. Biol.*, **14**, e1005969（2018）

24) Kennedy J. S. and Marsh D., *Science*, **184**, 999（1974）

25) Saxena N., Natesan D. and Sane S. P., *J. Exp. Biol.*, **221**（2018）

26) van Breugel F., Riffell J., Fairhall A. *et al.*, *Curr. Biol.*, **25**, 2123（2015）

27) Mizunami M., Yokohari F. and Takahata M., *Zool. Sci.*, **16**, 703（1999）

28) 針山孝彦, 下澤楯夫, 昆虫ミメティックスー昆虫の設計に学ぶ Advanced Biomimetics Series, エヌティーエス（2008）

29) Webb B., *Nature*, **417**, 359（2002）

30) 野村周平, 下村正嗣, 国立科学博物館叢書 16 生物の形や能力を利用する学問バイオミメティクス, 篠原現人 野村周平編, 東海大学出版部（2016）

31) Webb B., Harrison R. R. and Willis M. A., *Arthropod. Struct. Dev.*, **33**, 301（2004）

32) Kanzaki R., *Int. Congr. Ser.*, **1301**, 7（2007）．

33) 加沢知毅, 宮本大輔, 後藤晃彦ほか, 日本神経回路学会誌, **22**, 89（2015）

34) Emoto S., Ando N., Takahashi H. *et al.*, *J. Robot. Mechatronics*, **19**, 436（2007）

35) Ando N., Emoto S. and Kanzaki R., *J. Vis. Exp.*, **118**, e54802（2016）

36) Ando N., Emoto S. and Kanzaki R., *Bioinspir. Biomim.*, **8**, 016008（2013）

37) Kanzaki R., Sugi N. and Shibuya T., *Zool. Sci.*, **9**, 515（1992）

38) Takasaki T., Namiki S. and Kanzaki R., *J. Comp. Physiol. A*, **198**, 295（2012）

39) Braitenberg V., Vehicles: Experiments in Synthetic Psychology., MIT Press, Cambridge,（1984）

40) Pansopha P., Ando N. and Kanzaki R., *J. Exp. Biol.*, **217**, 1811（2014）

41) Ando N. and Kanzaki R., *J. Exp. Biol.*, **218**, 3845（2015）

第4章　トカゲの巧みな摩擦戦略
　　　－ヤモリの手の高グリップ力とサンドフィッシュの鱗の低摩擦・低摩耗－

木之下　博[*]

1　はじめに

　二つの物体が接触するとき，表面に摩擦力が働く。摩擦力は物を掴む時のような高グリップ力が必要な時もあれば，自動車のエンジンのように低摩擦が要求されることもある。このように場所によって，グリップ（高摩擦），滑る（低摩擦）の相反する性質が必要である。工学的にはグリップを必要とする時，ゴム材料のようなヤング率の低い材料にして接触面で密着するようにする。あるいは表面をスパイク状にすることもある。反対に低摩擦が必要な時は，潤滑油かグリースを用い，それらが用いられない乾燥摩擦の場合は，ポリテトラフルオロエチレン（PTFE）やグラファイトなど低摩擦材料を用いる。

　一方，生物は長い進化の中で生存に有利なように，人類がおよびもつかないような優れた能力を獲得してきた。ヤモリはガラス面もよじ登るほど高グリップ力を獲得している。反対に，砂漠に生息するトカゲのサンドフィッシュは，PTFE よりも低摩擦な鱗を獲得している。サンドフィッシュは非常に抵抗の高い砂の中を泳ぐように移動できるが，この低摩擦な鱗はそれの一助になっていると考えられている。またサンドフィッシュの鱗は耐摩耗性も高い。本稿ではこれらのメカニズムと工学的な模倣方法の試みについて解説する。

2　ヤモリの手の高いグリップ力

　ヤモリは古来より日本で馴染みのあるトカゲであり，漢字では「家守」と書き縁起の良い生き物とされて親しまれてきた。ヤモリの行動で興味深いのは壁や天井を這い回ることができることである。ガラスのような突起のない平面でも平気で張り付くほどグリップ力が高い。そのグリップ力は手が吸盤のようになって発現しているものではない。図1はニホンヤモリの手を拡大したものである。下の像は走査電子顕微鏡（SEM）を用いて得られている。徐々に拡大していくと，手には吸盤のようなものは無く，細い毛（剛毛（Seta））がびっしりと生えているのがわかる。その数は一本の足あたり10万〜100万と非常に多い。トッケイヤモリは，ヤモリの手の高グリップ力の研究で良く用いられ，東南アジアなどに広く分布しているが，このヤモリの場合は剛毛の長さが30〜130μm で，密度は1cm^{2}あたり50万本と非常に高い[1]。さらに各剛毛の先端部分を拡大すると，100〜1000本程度の細毛（Spatulae）がびっしりと生えている。この細毛の

＊　Hiroshi Kinoshita　兵庫県立大学　大学院工学研究科　機械工学専攻　教授

生物の優れた機能から着想を得た新しいものづくり

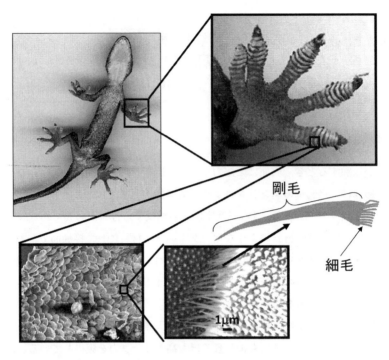

図1　ニホンヤモリの手の拡大像
下の2図はSEMによって撮影されている。

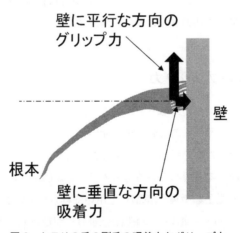

図2　ヤモリの手の剛毛の吸着力とグリップ力

先端は全て細毛の軸径よりも少し大きく平らなへら状の構造となっている。このへら状の先端が壁などの相手面に接する部分となるが，吸盤状にはなっていない。この剛毛は皮膚やトカゲの鱗を構成する材質と同じβケラチンで構成されている[2]。

このような剛毛によるグリップのメカニズムは長年の謎であった。このメカニズム解明に光を

第4章　トカゲの巧みな摩擦戦略─ヤモリの手の高グリップ力とサンドフィッシュの鱗の低摩擦・低摩耗─

与えたのは Autumn らである[1]。彼らはトッケイヤモリを用い，微細な MEMS 力センサーで剛毛一本のグリップ力の検出を行った。そうすると，図2に示すように壁に垂直な方向の吸着力と，壁に平行な方向のグリップ力の値が異なることが明らかとなった。おおよそ1つの剛毛は壁に平行な方向のグリップ力が 20μN であり，壁の垂直方向の吸着力はそれよりも小さい値であった。剛毛1つのグリップ力は 20μN と非常に小さいが，1つの足の剛毛のうち 10 万本の剛毛がグリップに関与すると，その力は 10 N にも達する。トッケイヤモリは大型であるが，その体重は数百 g 程度であるので，足一本でゆうに体重を支えることができる。さらに詳細な研究の結果，Autumn らは剛毛の先端の細毛の1つ1つがファンデルワールス力によって相手面に吸着することを提唱した。分泌液などを使わない，乾燥吸着だと述べている。現在まで，このファンデルワールス力によるメカニズムが支持されている。ファンデルワールス力はどのような物質間にも働くがその力は非常に弱い。常温で気体である原子・分子が低温で液体あるいは固体になるのは，多くはファンデルワールス力による引力の結果である。このような非常に弱い力のファンデルワールス力を非常に沢山の接触点で補うことで，ヤモリは体重を支えることまで可能としている。また，壁の歩行のためには，ただ壁への高グリップ力だけではなく，壁への吸着，また必要な時に容易に脱離する必要がある。その時に先に示した，方向による力の大きさの異方性が重要となる。そのメカニズムについて，Hu らは数理モデルによって解明を試みた[3]。ヤモリの剛毛の根本は細毛のグリップ点に対して一直線上にはならず，図2のように斜めになっている。また剛毛は直線上ではなく，カーブを描いている。これを数理モデル化したところ，力の加わる方向と大きさは壁の垂直軸に対して対称とはなっておらず非対称で，これによってグリップと，吸着，離脱が容易に行えることを示した。

　ヤモリの手の吸着性を工学的に模倣する研究もなされている。初期にはポリイミドなどトカゲの毛の材質の β ケラチンと同様な硬さを有する材料が用いられていた[4]。ポリイミドの膜に半導体製造技術のリソグラフィで細毛を模した構造を形成し，1 cm^2 の接触面積で3 N の吸着力が得られた。ただ，ポリイミドは剛性が十分でなく，繰り返しの吸着と離脱を繰り返すことによって，ポリイミドの細毛が折れ曲がったり，お互いが絡まって上手く機能しなかった。一方，Qu らはカーボンナノチューブを用いてトカゲの手の剛毛構造を模したフィルムを開発した。カーボンナノチューブはグラファイト層を丸めてパイプ状にした直径数十 nm 以下の極細線維である。グラファイト層で構成されているので非常に固く柔軟で，曲げのヤング率は1 TPa を超えるほど硬い[5]。しかも，折れ曲がっても元に戻る柔軟性も兼ね備えている[6]。このカーボンナノチューブを基板上に垂直方向にブラシ上に成長させたフィルムを Qu らは用いている。図3は筆者らが作製した同様の垂直配向カーボンナノチューブ薄膜の SEM 像である。Qu らの作製したカーボンナノチューブは最大で長さ 120μm，密度は1 cm^2 あたり 10^{10}〜10^{11} 本と非常に高い。興味深いことに，この垂直配向カーボンナノチューブフィルムにおいても吸着力・グリップ力の異方性がある。やはりトカゲの手の細毛と同様にこのフィルムでも，フィルムに垂直方向の吸着力は小さく，フィルムと水平方向のグリップ力ではその数倍も大きくなる。上述のトッケイヤモ

211

生物の優れた機能から着想を得た新しいものづくり

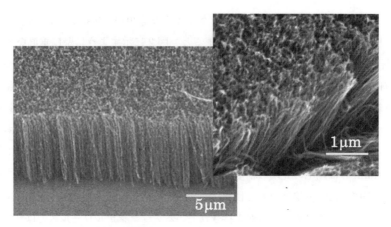

図3 (a)垂直配向カーボンナノチューブ薄膜のSEM像

リのグリップ力は1 cm²あたり10 N程度であるが，このカーボンナノチューブで作製したフィルムはその10倍の1 cm²あたり100 Nとなっていた。そのため彼らの論文の中で，16 mm²（4 mm角）のフィルムで，1480 gの本を紐でぶら下げるデモを行っている。当然このときはフィルムの水平方向に力が加わるようにデモを行っている。

3 サンドフィッシュの鱗の低摩擦・低摩耗

　自動車などの機械機器には接触する二つの固体表面が非常に多く存在する。その二固体表面の低摩擦化は，工学的に非常に重要である。低摩擦化によって動きが滑らかになるだけでなく，エネルギーの節約，時には低摩耗化も達成できる。低摩擦化には，一般的には潤滑油やグリースなどが用いられる。しかし，真空環境や，近年発達が目覚ましいMEMSなどの微小機械では，汚染や逆に抵抗となるため，それらを使用できない。すなわち乾燥摩擦にしなければならない。そのため，様々な低摩擦材料が開発されてきたが，現在でも性能向上のため開発が積極的に行われている。

　サメはサメ肌によって水抵抗の軽減を果たしており，鳥類は空気抵抗や空気流れを巧みに利用している。ただ，相手が固体表面となると，先のヤモリで見られたような足のグリップ力を高めるようなものは知られているが，乾燥摩擦で低摩擦化を獲得した生物はなかなか見出されなかった。そのようなかで，サンドフィッシュの鱗の乾燥摩擦での低摩擦性を発見したのはRechenbergらである[7]。サンドフィッシュはアフリカ西海岸からアラビア半島の砂漠地帯に広く分布するトカゲである。

　図4(a)は筆者らが実際に飼育していたサンドフィッシュを示している。大きさはおおよそ10 cmであり，全身が鱗で覆われている。ほとんど全ての時間を砂に完全に潜って生活しており，図のように半身を曝すこともほとんどない。唯一，捕食時にのみ地上を活発に行動する。し

第4章　トカゲの巧みな摩擦戦略―ヤモリの手の高グリップ力とサンドフィッシュの鱗の低摩擦・低摩耗―

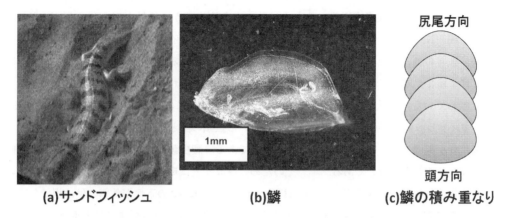

図4　(a)サンドフィッシュ，(b)サンドフィッシュの鱗，(c)サンドフィッシュ鱗の積み重なり方[11]

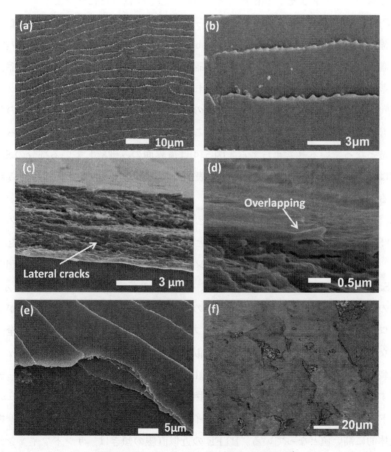

図5　サンドフィッシュの鱗のSEM像[11]
(a)表面を真上から観察している，(b)(a)の拡大像，(c)鱗を破断し表面側からの観察している，(d)(c)の拡大像，(e)最表面のみ剥離した箇所，(f)鱗のうら面

しかし，驚いたときや捕食者から逃れるときは砂の中を泳ぐように移動する。Baumgartner らは核磁気共鳴（NMR）イメージングを用いて，砂中のサンドフィッシュの動きを観察した[8]。その結果，独特の動きによって砂を掘削するのではなく，砂をまるで水などと同じようにかき分けることによって，本当に泳ぐように移動していることが示唆された。この泳ぐように移動することに貢献しているのが低摩擦な鱗と考えられている。図4(b)には鱗の1枚の写真を示している。サンドフィッシュの鱗の形状は，我々が見慣れている魚類の鱗と非常によく似ている。だが，魚類の鱗は骨が起源でありその主成分はカルシウムである。爬虫類であるサンドフィッシュは皮膚起源のβケラチンが主成分である[9, 10]。そのため，構成元素は炭素，窒素と酸素，さらに硫黄のみで，生物の硬質部分の成分である Ca は検出されない[11]。写真の下側が体側の付け根で，写真上側が外部に露出している。図4(c)に示すように，この鱗が頭から尻尾まで積み重なっている。鱗のサイズは手足や尻尾の末端部分では小さく，胴体部分では比較的大きい。写真のものは胴体から得られたもので，おおよそ2mm サイズである。図5(a)はさらにサンドフィッシュの鱗の表面を SEM で観察したものである。鱗1枚もさらに薄片が積み重なった構造になっており，横に入っている線はその積み重なりの段差である。(b)はさらに拡大したものである。この段差のエッジには少し盛り上がった特徴的なミクロ構造が確認できる。このミクロ構造が低摩擦に起因しているものと考えられたが，後述のように否定されている。図5(c)，(d)はサンドフィッシュの鱗を破断し横方向から観察したものであるが，薄片の積み重なりがよくわかる。最表面の薄片のみならず内部でも横方向に破断時の亀裂が入っていることから，内部も薄片が積み重なったナノサイズの層状構造となっていると考えらえる。図5(e)は最表面のみ剥離している部分の SEM 像である。図5(f)はうら面の鱗の SEM 像であるが，表面で見られた積み重ねの段差は見られず，おもて面とはまるで異なった形状となっている。

　筆者らは，μN 荷重における摩擦力を調べた[11]。相手材料として砂を模擬したクォーツ球と鉄鋼材料の SUJ2 球を用いた。また比較材料としてポリイミドと PTFE を用いた。図6(a)はクォーツ球，(b)に SUJ2 球を用いたときの，サンドフィッシュの鱗のおもて面（Sandfish（top））とうら面（Sandfish（back）），PTFE，ポリイミド（PI）の荷重の摩擦力の依存性を示している。クォーツ球の場合には，サンドフィッシュの鱗のおもて面とうら面で，ほとんど差がない。つまり鱗のミクロ構造の寄与はない。さらにサンドフィッシュの鱗はポリイミドよりも全体的に小さな摩擦力となっている。ポリイミドの場合，近似直線が原点を通らず，サンドフィッシュの鱗やPTFE と比較して上側になっている。この原因は吸着力が存在するためである[12]。一般的に吸着力が存在する場合には，近似直線の傾きが摩擦係数に相当する。サンドフィッシュの鱗の傾きはポリイミドのそれとほぼ同じであるが，ポリイミドの場合は吸着力があるので，摩擦力は荷重に対して全体的に高い値となっている。PTFE の近似直線の傾きは，サンドフィッシュの鱗のそれよりも小さく摩擦係数は小さいと判断される。しかしながら PTFE は吸着力を有するため，15μN 以下の荷重ではサンドフィッシュの鱗とほぼ同じ値となっている。ただ，15μN 以上では傾きが小さい分，サンドフィッシュの鱗よりも小さな値となっている。SUJ2 球を用いた時は，

第4章　トカゲの巧みな摩擦戦略—ヤモリの手の高グリップ力とサンドフィッシュの鱗の低摩擦・低摩耗—

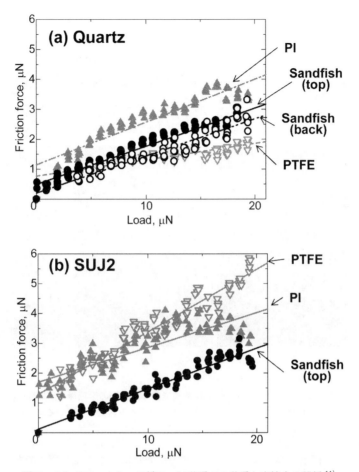

図6　サンドフィッシュの鱗のμN荷重での荷重と摩擦力の関係[11]
(a)クォーツ球を用いた時，(b)SUJ2球を用いた時の結果。比較試料としてPTFEとポリイミドフィルムを用いている。

サンドフィッシュの鱗が全ての荷重で最も小さな摩擦力となっている。近似直線の傾き，すなわち摩擦係数はサンドフィッシュの鱗がPTFEとほぼ同一の値になっているが，サンドフィッシュの鱗の場合は吸着力がほとんどないので，摩擦力は小さな値となっている。このように摩擦係数に関しては他材料に比して優位性はないが，吸着力に関してはかなり小さな値であり，そのため小さな摩擦力となっている。

μN荷重での摩擦ではサンドフィッシュの鱗は全く摩耗しなかった。そのため筆者らは，鱗の摩耗特性も調べるために，mN荷重における摩擦も調べた[13]。用いた試料は，サンドフィッシュの鱗のおもて面とPTFEとポリイミドである。相手材はSUJ2球を用いた。荷重は3，5，10 mNとしている。そうすると，サンドフィッシュの鱗の摩擦係数は，荷重に関係なく0.01〜0.04のほぼ同様な値となっていた。ただ，PTFEやポリイミドを比べると，優位性があるとは言

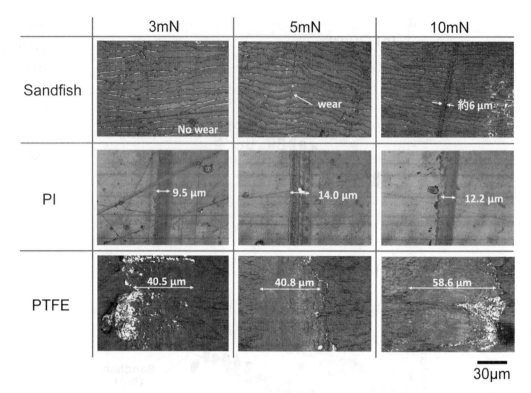

図7 サンドフィッシュの鱗の3, 5, 10 mN 荷重での1000回の摩擦後の摩擦部の顕微鏡画像[13]
比較試料としてPTFEとポリイミドフィルムを用いている。

えなかった。これは荷重が高くなると吸着の影響が非常に小さくなるためである。図7に1000回の摩擦後，各々の荷重での，各試料の摩擦面の顕微鏡写真を示している[13]。ポリイミドとPTFEを比べると，サンドフィッシュの鱗では摩耗痕は，荷重が3 mNでは観察されず，荷重5 mNでは若干の小さな傷が認められる程度である。10 mNになって初めて明確な摩耗痕が形成されている。サンドフィッシュの鱗に比べて，PTFE，ポリイミド共に大きな摩擦痕が荷重3 mNでも観察され，PTFEではかなり大きな摩耗痕幅となっている。摩擦係数に関しては優位性があまり見られなかったが，耐摩耗性ではサンドフィッシュの鱗が優れている。荷重10 mNでは摩耗痕が見られて，表面のミクロ構造が破壊されている。しかしながら摩擦係数としては，ミクロ構造が残っている荷重3 mNと5 mNとあまり変わらなかった。すなわち，ミクロ構造がない内部でも摩擦係数は変わらず，μNでの摩擦と同様，ミクロ構造は摩擦に寄与しないと思われる。

ミクロ構造がサンドフィッシュの摩擦特性に寄与しないということはBaumgartnerら[9]やStaudt[10]もnN荷重での実験から指摘している。彼らはサンドフィッシュの鱗を薬液で溶かし，それらをガラス基板上に再凝固させた表面でnN荷重での摩擦係数，吸着力の測定を行っている。この表面では再凝固しているのでミクロ構造は存在しない。実験の結果，このような表面で

第4章　トカゲの巧みな摩擦戦略—ヤモリの手の高グリップ力とサンドフィッシュの鱗の低摩擦・低摩耗—

も低い摩擦係数，低い吸着力が測定された。つまりミクロ構造は関係なく，鱗成分そのものがそれらに寄与していると言える。では，何がサンドフィッシュの鱗の得意な摩擦特性の起因しているのか。Baumgartner らと Staudt は，サンドフィッシュを含めて多種の砂漠に生息する爬虫類の鱗のケラチンを詳細に調べた[9, 10]。これらの爬虫類はサンドフィッシュと同様に砂中を移動する種と，移動しない種に分けられる。すると全ての種で，βケラチンがグリコシル化されて O-結合型糖鎖が付加されたているのを見出した。しかし，砂中を移動する種では移動しない種と比べて，グリコシル化の割合が高かった。このため，このβケラチンの高グリコシル化が，低摩擦性と低吸着性を与えると Staudt は考えている。糖鎖の付加はタンパク質の性質に大きく影響する[14]。グリコシル化による生理機能への影響の研究は近年注目を集め，研究が活発化しているが，未知な部分が多数残されている。サンドフィッシュの鱗におけるβケラチンのグリコシル化についても，どのように低摩擦・低摩耗に関与するかは全く明らかになっていない。

　Baumgartner らと Staudt は nN 荷重の摩擦なので摩擦面に摩耗が発生せず，耐摩耗性については検討していない。しかし，上述のように筆者らの研究によって mN 荷重ではサンドフィッシュの鱗の高耐摩耗性も明らかになった。鱗の成分が耐摩耗性に寄与している可能性もあるが，筆者が考えているのは鱗のナノサイズの層状構造である。サンドフィッシュの鱗は図5の SEM 像で見られたようにナノサイズの層状構造を有していると思われる。層状構造は横方向の硬度・強度が非常に強く，耐摩耗性に貢献すると思われる。また層状化することによって，機械的強度も増す。これは材料破壊の原因となる亀裂の進展が層間で止められるためである。まだ実験的検証は十分行われていないが，鱗のナノサイズの層状構造も耐摩耗性に寄与している可能性は少なからずある。それゆえ，この構造を模倣すれば高耐摩耗性膜になる可能性もある。グラファイトはナノサイズの層状物質であるが，摩耗が大きい。これは層間の結合が非常に弱いためである。また大きさも数 mm 角が最大である。ナノサイズの層状構造を有し，しかも層間結合が強いマクロサイズのフィルムを作製するのは容易ではない。だが，近年，ナノレベルの薄膜である酸化グラフェンを用いそのような試みがなされている。図8(a)に酸化グラフェンの SEM 像を示す。厚さは 1 nm で水平方向は数十μm を超え，表面に非常に多くの酸素官能基を有していることが特徴的である。酸化グラフェン自体，高剛性で高強度，高柔軟性を有している[15]。酸化グラフェンはグラファイトの薬液処理で得られ，水分散液の状態で得られる。Dikin らは酸化グラフェン分散水をろ過することで，ろ紙に残った酸化グラフェンがペーパー状になることを見出した[16]。まさに紙すきである。図8(b)に酸化グラフェンペーパーの模式図を示す。酸化グラフェンの官能基に水などが接着剤となって層間が強固に接着し，酸化グラフェンペーパーは高剛性で高強度である。また柔軟性も有する。この方法で，原理的には数 m 以上の非常に大きなペーパーも作製可能である。ただ，摩擦・摩耗特性は測定されておらず，今後の研究が待たれる。

生物の優れた機能から着想を得た新しいものづくり

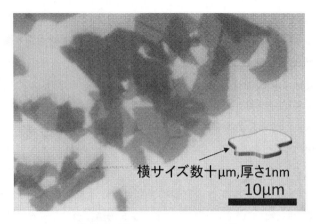

(a) 酸化グラフェンのSEM像

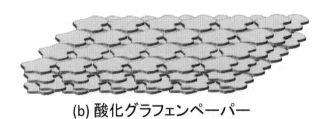

(b) 酸化グラフェンペーパー

図8 (a)酸化グラフェンのSEM像と(b)酸化グラフェンペーパーの模式図

4 まとめ

　ヤモリの手は高グリップ性で，サンドフィッシュの鱗は低摩擦性（低吸着性）で，同じトカゲでも相反する性質を有する。ヤモリの手は剛毛構造で，より良くファンデルワールス力を利用する構造となっている。サンドフィッシュの鱗では，単純に他のバイオミメティクスの材料研究のようなマイクロレベルの微細構造に起因するものではなかった。鱗を構成するβケラチンの高グリコシル化が低吸着性に，ナノサイズの層状構造が高耐摩耗性に寄与していると考えらえるが，まだまだ未明な点が多い。それゆえ，ヤモリの手ではカーボンナノチューブ薄膜による模倣表面が成功しているが，サンドフィッシュの鱗の場合は，模倣表面は開発されていない。βケラチンの高グリコシル化と酸化グラフェンペーパーを組み合わせた技術が開発されれば，サンドフィッシュの鱗を模擬できる可能性もある。

第4章　トカゲの巧みな摩擦戦略—ヤモリの手の高グリップ力とサンドフィッシュの鱗の低摩擦・低摩耗—

文　　献

1) K. Autumn *et al., Nature,* **405**, 68 (2000)
2) Y. Liu *et al., Nat. Commun.,* **6**, 1 (2015)
3) C. Hu *et al., J. Appl. Phys.,* **116**, 074302 (2014)
4) A. K. Geim *et al., Nat. mater.,* **2**, 461 (2003)
5) E. W. Wong *et al. Science,* **277**, 1971 (1997)
6) M. R. Falvo *et al., Nature,* **389**, 582 (1997)
7) I. Rechenberg *et al.,* http://www.bionik.tuberlin.de/institut/festo04.pdf (2004)
8) W. Baumgartner *et al., PLoS One,* **3**, e3309 (2008)
9) W. Baumgartner *et al., J. Bionic Eng.,* **4**, 1 (2007)
10) K. Staudt, doctoral thesis in RWTH Aachen University (2012)
11) 木之下博ほか，トライボロジスト，**58** (11)，685 (2013)
12) 安藤泰久，マイクロトライボロジー入門，p.32，米田出版 (2009)
13) 木之下博ほか，トライボロジスト，**59** (9)，577 (2014)
14) 稲垣賢二，これだけ！生化学，p. 268，秀和システム (2014)
15) J. W. Suk, *et al., ACS Nano,* **4**, 6557 (2010)
16) D. A. Dikin *et al., Nature,* **448**, 457 (2007)

【第5編　設計・加工】

第1章　ナノインプリントテクノロジーと
バイオミメティクス

山下かおり[*]

1　印刷技術の応用（ナノインプリントテクノロジー）とバイオミメティクス

　走査型電子顕微鏡 SEM の性能向上とともに，生物の「サブセルラー・サイズ構造」のミクロ構造が明らかにされ，この生物の持つ表面階層構造をヒントにして，類似の構造を人工的に製造し，その構造に起因した機能を人工的に発展させようとする研究が進められている。蓮の葉の超撥水性，蛾の眼の持つ無反射性など，生物表面に形成されるナノ・マイクロ構造に起因する特異な機能を模倣して，テフロンを使わない撥水材料，多層膜を使わない無反射フィルムなどが開発されている[1]。

　印刷とは，インキにより，紙などの媒体に文字や絵，写真などの画像を再現することを指し，印刷されたものを印刷物という。印刷技術はあらゆる分野に応用展開されている。印刷する対象を紙以外に広げることによって，食品包装や壁紙や床材に展開され，ラミネート技術やコーティング技術などを深めることによって，フォトプリント用の昇華型熱転写記録材や薄膜ディスプレイ用の反射防止フィルムなどへ展開されている。更には，印刷の製版で培ったフォトリソグラフィーなどの超微細加工技術を応用し，半導体製品用のフォトマスクが開発され，その後，液晶ディスプレイ用のカラーフィルター，リードフレームをはじめとする各種電子デバイス製品にまで進展している。このように印刷技術は，私たちの日常生活のあたりまえを支える技術として社会に貢献してきている[2]。

　本稿では，印刷技術のコア技術の1つであるサブミクロンからナノメートルオーダーの微細加工技術（ナノインプリントテクノロジー）を応用した，生物表面の微細凹凸構造の持つ様々な機能の模倣（バイオミメティクス），人や環境にやさしい製品開発について，超撥水性，超親水性，低反射性，抗菌性の検討事例を紹介する。

2　ナノインプリントテクノロジーによる生物表面を模倣した微細凹凸フィルム

　ナノインプリントテクノロジーは，モールドを被転写材料の樹脂（レジストなど）に押し付け，ナノメートルオーダーでモールド上に形成されたパターンを樹脂に転写する技術である[3]。
　この技術を応用すると，生物表面を模倣した微細凹凸構造を作製できる。具体的には図1に示

---

　*　Kaori Yamashita　大日本印刷㈱　研究開発センター
　　　　　　　　　　　コンバーティング製品研究開発本部　3部2課　課長

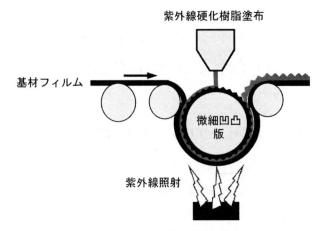

図1　ナノインプリントテクノロジーによる生物表面を模倣した微細凹凸フィルムの作り方

すように，生物表面を模倣した微細凹凸構造が形成されたモールドを作製し，モールドの表面を覆うように紫外線硬化性樹脂を塗布，充填し，その上に透明基材フィルムを貼り合せた後，圧着する。次に，透明基材側から紫外線を照射して紫外線硬化性樹脂を硬化させて，生物表面を模倣した微細凹凸構造体を有する微細凹凸層を透明樹脂フィルム上に作製する。その後，微細凹凸層を透明樹脂フィルムとともに，モールドより剥離することで，生物表面を模倣した微細凹凸フィルムを作製できる。

3　生物表面の微細凹凸構造の持つ多機能性

3.1　超撥水性と超親水性

微細凹凸構造が持つ表面機能として，自然界ではロータス（蓮の葉）効果による超撥水性が良く知られている。蓮の葉の表面には5～15μmの毛のような突起物が20～30μmの間隔で付いている。さらに突起物の先端にはプラントワックス（植物の葉の表面に一般的に存在する）と呼ばれるロウのような物質がサブミクロンオーダーの微細な凹凸構造を形成している。蓮の葉の表面は，プラントワックスによる撥水性に加えて，突起物が空気のクッションを作って水滴を支えることで撥水性がさらに高められている。この超撥水性により，葉の上の水分は濡れることなく，水滴となり，葉の上の埃などの汚れを取り込みながら転げて，汚れを落とすという自浄作用があると言われている[4]。

外界と接する材料表面の性質は，生体適合性，潤滑，防曇，防錆，接着，セルフクリーニング機能など様々な用途において重要である。固体表面の濡れ性は材料表面の性質を表すために広く用いられており，その程度は材料の表面エネルギーと表面粗さで決まる。固体の表面エネルギーは表面の官能基など化学構造に依存し，表面修飾などで変化させることができる。一方表面粗さ

第1章　ナノインプリントテクノロジーとバイオミメティクス

の効果については，蓮の葉の表面の微細突起構造を人工的に形成した固体表面は高い撥水性を示すことが報告されている[5]。また一般的に，材料表面に幾何学的に不均一で粗さ（凹凸）が存在する場合には，凹部まで液体が入り込むことで，粗さが無い場合よりも濡れやすくなることが知られている。

即ち，所定の表面エネルギーを有する材料の選定と，ナノインプリントテクノロジーを応用した微細凹凸設計を適切に組み合わせることで，図2に示すように，超親水性表面から超撥水表面まで，幅広い濡れ性を持つ表面を人工的に再現することができる[7]。

3.2　超低反射性

微細凹凸構造が持つ光学機能としては，自然界では蛾の目の無反射構造が良く知られている。蛾の複眼の表面には沢山の突起でできた凸凹構造（突起高さ＝200 nm，突起と突起の幅＝300 nm）があり，モスアイ構造と呼ばれている。モスアイ構造は，突起と突起の幅が光の波長よりも小さいために，この突起を認識できず，空気からこの突起に当たった光は透過する。即ち，外から眼に入ってくる光を何度も屈折させて，光を反射させない仕組みになっている。このように，蛾は周囲と溶け込んで自身をカモフラージュするために，モスアイ構造によって月の光の反射を抑え，天敵から身を守っていることが知られている[6]。

ナノインプリントテクノロジーを応用すると，蛾の目の表面凹凸構造を樹脂フィルム上に模倣した超低反射性フィルムを作製できる。実用上の観点から，蛾の目の表面凹凸構造の再現精度と樹脂の賦型率や一般的な工業製品に必要とされる耐久性との両立を考慮し，光学シミュレーション法を使って凹凸構造の最適化を行った[7]。

光学シミュレーションでは，蛾の目の表面構造を，円錐台の突起構造が六方最密充填しているものと仮定した。図3に，円錐台間の距離が100 nm，底面直径100 nm，上面直径40 nmで一定とし，突起高さを150～300 nmに変化させた場合の，入射光 λ ＝550 nmの5°正反射及び45°反射の光学シミュレーション結果を示す。5°正反射は，突起高さ180～190 nmのとき最小値（反

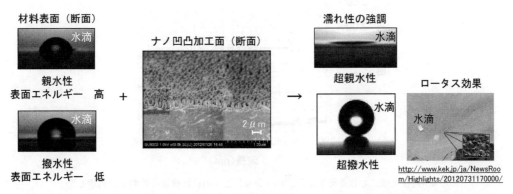

図2　材料（表面エネルギー）とナノ凹凸設計の組合せによる超親水性表面と超撥水性表面

射率＝0.02％）を示した。一方45°反射は，突起高さ230 nmで最小値（反射率＝0.11％）を示した。これにより，低反射性を示す指標である5°正反射が0.1％以下であり，且つ斜めから見た場合を想定した45°反射も低く抑えるには，突起の高さを200 nm前後に設計すればよいことがわかる。図4に，円錐台間の距離が100 nm，底面直径100 nm，上面直径40 nm，突起の高さ200 nmで設定した可視光域（380～780 nm）の光学シミュレーション及び，同表面凹凸構造を樹脂上に再現した超低反射フィルムの5°正反射を積分球で測定した結果を示す。光学シミュレーションと超低反射フィルムの反射率は高い相関性を示し，全可視光域で反射率が1％以下の超低反射性を実現できた。この蛾の目の光を反射させない性質をテレビなどのディスプレイを覆うパネルやショーウィンドウガラスの表面に応用すると，室内光や太陽光などの反射が抑制さ

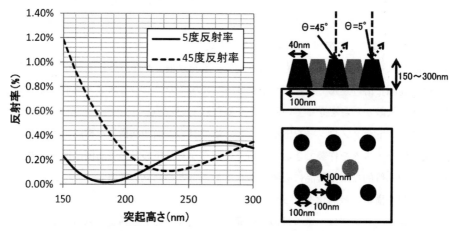

図3　入射光λ＝550 nmでの5°正反射及び45°反射の光学シミュレーション結果
蛾の目の表面構造を円錐台の突起構造が六方最密充填しているものと仮定し突起の高さを変化。

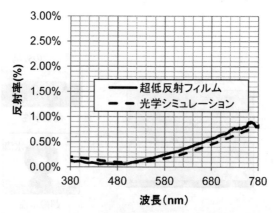

図4　可視光域における光学シミュレーションと，同設計構造を樹脂上に再現した
超低反射フィルムの5°正反射を積分球で測定した結果

れ，画面や展示物を鮮明に見ることが可能となる。図5に，ウインドウフィルムとして使用した事例を示す。超低反射フィルムをガラスの両面に貼った左半分は照明の反射光によって商品が見えづらくなることが無く，商品の訴求力低下を防ぐことができている。更に一部を拡大した写真では，超低反射フィルムを貼った部分は人やモノの映り込みがないことがわかる。

3.3 抗菌性・防カビ性

微細凹凸構造が持つ抗菌・防カビ機能としては，オーストラリアのスウィンバーン工科大学のエレーナ・イワノワ氏率いる研究チームは，昆虫のトンボからヒントを得て，蝉，トンボの翅に見られるナノピラーに吸着した菌（サイズ：1～2μm）の細胞壁がナノピラーによって引き裂かれる事で細菌が死滅する，即ち，細菌を物理的に殺す表面構造を発見したと発表している[8~10]。

近年，殺菌剤を使うことで耐性菌が増えるリスクが懸念されている。米食品医薬品局（FDA）は，抗菌作用のあるトリクロサンなど19種類の殺菌剤を含む抗菌せっけんやボディーソープなどを販売禁止にすると発表した。通常のせっけんより殺菌効果があるという根拠がなく，長期使用の安全性も検証されていないとしているためである[11]。また厚生労働省は，薬剤耐性（AMR；Antimicrobial Resistance）対策のために，2017年6月に公表した『抗微生物薬適正使用の手引き 第一版』のダイジェスト版を作成した。抗微生物薬は，可能な限り適切な場面に限定して，適切に使用することが求められている。薬剤耐性の問題に対して有効な対策が講じられなければ，2050年には全世界で年間1,000万人が薬剤耐性菌により死亡することが推定されており，国際社会でも大きな課題の一つに挙げられている[12]。

以上のような背景により，バイオミメティクスを利用した殺菌剤を使わない，即ち耐性菌を作りにくい抗菌性表面の開発を検討している。ナノインプリントテクノロジーで，蝉の翅の表面に

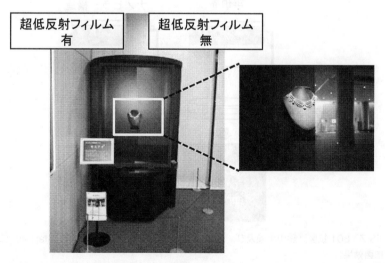

図5 超低反射フィルムをウインドウフィルムとして使用した事例（左半分部分に両面貼り）

生物の優れた機能から着想を得た新しいものづくり

　等間隔に並ぶナノピラー構造を樹脂フィルム表面に再現し，抗菌性及び，カビ（真菌，菌糸太さ：5〜6μm）の繁殖抑制効果（防カビ性）について評価した．更に防カビ性については，ナノピラー構造よりも製造プロセスが簡便で，耐久性にも優れる，マイクロメートルオーダーのピラー或いはホールパターン構造を形成した樹脂フィルムについても同様に評価した[13]．

　抗菌性の評価は，JIS Z 2801（フィルム密着法）に準拠し，生菌数の濃度は，同基準の5倍に相当する $2.5×E^5〜10×E^5$（個／mL）となるように調整した．図6の手順で，各試験片（(a)平坦面，(b)ナノピラー構造）に所定菌液を接種し，培養した（培養条件は，$35±1$℃，相対湿度90%以上，24時間）．培養後，希釈液を48時間培養し，培養後の生菌数を測定した．生菌数は発光測定法により測定し，下記式により抗菌活性値を算出した．

　抗菌活性値＝log（平滑面の培養後生菌数）−log（ナノピラー構造の培養後生菌数）

　本評価手法では，抗菌活性値の対数値が2.0以上（平坦面の1/100以下の生菌数）であれば，抗菌効果があるものとして判断される．

　図6に示される大腸菌（E.coli）と黄色ブドウ球菌（Staphy）の抗菌性試験後の各シャーレの写真において，(a)は平坦面での培養結果を示しており，寒天培地に菌が無数に繁殖している様子が観察された．抗菌活性値は E.coli＝0，Staphy＝0．(b)はナノピラー構造を持つフィルムでの培

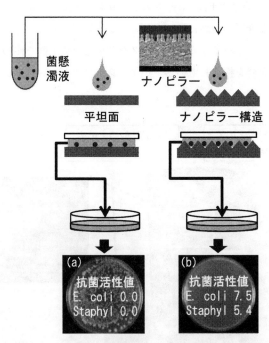

図6　JIS Z 2801 抗菌試験の手順及び，大腸菌（E. coli），黄色ブドウ球菌（Staphyl）に対する抗菌効果
(a)平坦面，(b)ナノピラー構造

第1章　ナノインプリントテクノロジーとバイオミメティクス

養結果を示しており，寒天培地上に菌は観察されなかった。抗菌活性値は *E.coli* ＝ 7.5，Staphy ＝ 5.4。ナノピラー構造を持つフィルムは，抗菌剤が無いにも関わらず，ナノピラー構造による非常に高い抗菌活性を示すことが確認された。

　防カビ性の評価は，JIS Z 2911：2010 の「プラスチック製品の試験」に準じて，下記手順によりカビ抵抗性試験を実施した（但し，短時間でカビを繁殖させる加速試験とするために，10％ブドウ糖ペプトン培地を添加）。各試験カビとして，コウジカビ，クロカビ，ケタマカビ，アオカビ，クモノスカビを用い，胞子数が 10^6 CFU/mL になるように混合胞子液を調整した。ナノピラーパターン，マイクロピラーパターン，マイクロホールパターン，それぞれの試料の表面全体に胞子液を水滴が付く程度に噴霧接種し，表面が鉛直方向となるように試料を吊るし，温度 24 ± 1℃，湿度 95％RH の条件で 4 週間培養した。培養後の試験試料の前記表面を肉眼及び実体顕微鏡にて観察し，下記基準により判定した。

　0：肉眼及び顕微鏡下でカビの生育は認められない

　1：肉眼ではカビの発育が認められないが，顕微鏡下では明らかに確認できる

　2：肉眼でカビの発育が認められ，発育部分の面積は試料の全面積の 25％未満

　3：肉眼でカビの発育が認められ，発育部分の面積は試料の全面積の 25％以上 50％未満

　4：菌糸はよく発育し，発育部分の面積は試料の全面積の 50％以上

　5：菌糸の発育は激しく，試料全面を覆っている

　表 1 に，4 週間培養後の実体顕微鏡写真の一例を示す。平坦面を持つ PET フィルムは，前記基準で 5 レベルのカビの繁殖が認められた。これに対し，ナノピラー，マイクロピラー，マイクロホールのような微細凹凸を形成した基材では，前記基準で 1 または 2 レベルでしかカビの繁殖が認められず，試験に用いた全種類のカビにおいて，カビの繁殖を抑制することが確認できた。

　微細凹凸面でカビの繁殖が抑制されるメカニズムは解明されていないが，以下のように推察している。

表 1　表面形状とカビ抵抗性試験（JIS Z 2911：2010 準拠）後のカビ生育の様子
（温度 24 ± 1℃，湿度 95％RH の条件で 4 週間培養）

	平坦膜	ナノピラー	マイクロピラー	マイクロホール
形状	無			
カビ生育				

生物の優れた機能から着想を得た新しいものづくり

　一般に，カビの胞子が表面に付着すると，発芽して菌糸（太さ：5～6μm）を発生する。菌糸は基材表面を分岐しながら先端成長によって伸長する。菌糸が十分に成長すると，一部の先端が胞子嚢柄や分子嚢柄を形成する。そして当該構造から胞子が形成されて，カビが増殖する。またカビは，温度及び湿度が適当であり，栄養分及び酸素を確保できる環境下で繁殖しやすいことが知られている。

　ナノインプリント法で作製したナノピラー面における微小突起（ピラー）間の距離は，膨潤した胞子及び菌糸に比べて非常に短く，そのような微小凹凸面にカビの胞子が付着した場合，微小凹凸面上で膨潤した胞子は微小凹凸面の微小突起にのみ接触し，凹部には接触できない（菌糸が侵入できない）と推測される。その結果，微小凹凸面への菌糸の伸長が阻害（制限）され，菌糸からの栄養分の確保も阻害されることによりカビの繁殖が抑制されたと推察される。

　一方，マイクロメートルオーダーの突起（ピラー）パターンを有する表面では，突起群に成長を阻害され，特に菌糸の分岐が抑制されると考えられる。菌糸の太さに対して，突起間に十分なスペースが無く，また菌糸がマイクロピラーの壁を乗り越えることもできないため，図7のカビ抵抗性試験後の表面の顕微鏡写真に示されるように，菌糸の成長，特に，菌糸の分枝が抑制されたと推察される。

　また湿度が高い状況下で水滴が形成される際，平坦面ではミリメートルオーダーの大きな水滴が付着する。対して，マイクロメートルオーダーの凹（ホール）パターンを有する表面では，凹部に水分が入り込み大きな水滴が表面に付着することが抑制されると考えられる。表面に付着した胞子は発芽して菌糸が伸長していく際に，凹部に溜まった水分だけでは栄養が不十分であり，図8のカビ抵抗性試験後の表面の顕微鏡写真に示されるように，成長を阻害され，特に菌糸の分岐が抑制された推察される。また凹部に複数個のカビ胞子が入り込んだ場合には，発芽して菌糸を発生するのに十分な水分が供給されず，菌糸を発生すること自体が抑制される傾向も観察されている。

図7　マイクロピラーパターン
障害物を避けて菌糸を伸ばしている
（菌糸の成長抑制）

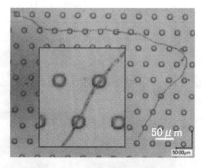

図8　マイクロホールパターン
微小水溜を好んで菌糸が発育している
（菌糸の限定的発育誘導）

第1章　ナノインプリントテクノロジーとバイオミメティクス

4　終わりに

　印刷技術の要素技術は多方面に発展されている。ナノインプリントテクノロジーでは，金型設計・作製技術，賦型技術を駆使して，ナノメートルからマイクロメートルオーダーの微細形状を開発し，さらに量産まで可能である。微細形状の付与による新しい機能の発現の可能性を，電子分野，光学分野，エネルギー分野，ライフサイエンス分野などで検討されている。生物の多彩な機能を持った表面構造を模倣し，生活者自身があたりまえのように近くにあってほしいと望むような製品の実現に向けて今後も開発を進めていく。

文　　　献

1)　下村政嗣，科学技術動向，**110**，9（2010）
2)　DNP Annual 2018
3)　平成18年度特許出願技術動向調査報告書，ナノインプリント技術及び樹脂加工におけるサブマイクロ成形加工技術（要約版）
4)　K. Koch *et al.*, *Langmuir*, **25**(24), 14116（2009）
5)　S. Imabayashi, *Review of Polarlgraphy*, **54**(2), 115（2008）
6)　P.B. Clapham & M.C. Hutley, *Nature*, **244**, 281（1973）
7)　山下かおり，第64回高分子学会年次大会・特別セッション「高分子・今・未来」講演予稿集（2015）
8)　E.P. Ivanova *et al.*, *Small*, **8**(16), 2489（2012）
9)　E.P. Ivanova *et al.*, *Nature Communications*, **4**, 2838（2013）
10)　S. Pogodin *et al.*, *Biophys. J.*, **104**, 835（2013）
11)　日本経済新聞電子版（2016年9月3日）
12)　厚生労働省ホームページ，報道発表資料（2017年9月29日）
13)　山下かおりほか，表面技術，**68**(3), 143-146（2017）

【第6編　ロボティクス】

第1章　ソフトアクチュエーションによる生物型ロボティクス・メカトロニクス

中村太郎[*1], 山田泰之[*2]

1　はじめに

　現在地球上に存在する生物は，長い時間をかけてそれぞれの環境に適応しながら進化を遂げてきた。特に生物が持つ「柔らかく」「しなやか」な機能は，複雑な知能や多数のセンシングを必要としなくても，周辺環境に柔軟に対応しながら作業を行うことができる。近年，このような生物の柔軟性から学ぶ「ソフトロボティクス」という学問領域が注目を浴びている。本章では，このようなソフトロボティクスの駆動装置として重要な役割を果たす空気圧人工筋肉等のソフトアクチュエーションの概説と本アクチュエータを用いた種々の生物型ロボットについて紹介する。

2　生物型ロボットとソフトアクチュエータ

　制御系の観点から生物型ロボットを俯瞰した場合，そのシステムは図1のような「制御系」と「構造系」に分類することができる。一般的には制御系はソフトウェア等の知能系を指し，構造系はハードウェア等の制御対象のことを指す。一方，本システムを生物に置き換えると「脳・神経系器官（制御系）」と「運動器官（構造系）」に分類される。

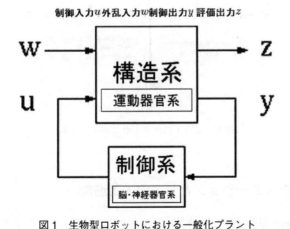

図1　生物型ロボットにおける一般化プラント

[*1]　Taro Nakamura　中央大学　理工学部　精密機械工学科　教授
[*2]　Yasuyuki Yamada　中央大学　理工学部　精密機械工学科　助教

一方，ソフトロボティクスという観点から見た生物型ロボットの位置づけについて検討してみる。図2にソフトロボティクスに関するチャートを示す。主に構造系から見たソフトロボティクスはロボットの骨格を成すリンク系の硬さを縦軸に，駆動装置であるアクチュエータの硬さを横軸にとることで以下のように分類できる。図2中で示した各象限の特徴を以下に示す。

① アクチュエータとリンクが硬い：産業用ロボット等の従来の高精度位置制御系のロボット等
② アクチュエータが硬くリンクが柔らかい：フレキシブルアームや宇宙ロボティクス等
③ アクチュエータが柔らかくリンクが硬い：準ソフトロボティクス；人工筋肉アーム等の可変剛性系ロボット
④ アクチュエータとリンクが柔らかい：ソフトロボティクス；ミミズやカタツムリ等の軟体生物ロボット

現在，ソフトロボティクスといわれている領域は右半平面に属するロボット群であるといえる。特に骨格等が存在しない生物である「軟体動物」や脊椎動物の「消化器官」等には図2中の④の領域となる。この領域はハードウェアに固いものが存在しないため，周辺環境に対してより柔軟に対応可能であるとして注目を浴びている。

本章ではこの④の領域に関して，ミミズや大腸の動きに見られる「蠕動運動」という動きに着目したロボットを紹介していく。

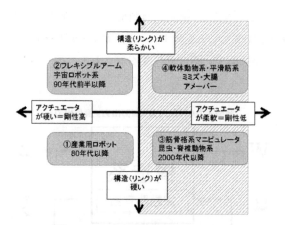

図2 ソフトロボティクスのチャート

3 ソフトアクチュエーションとしての人工筋肉

本節では，蠕動運動を駆動するためのソフトアクチュエーションとして主に用いられている軸方向繊維強化型空気圧人工筋肉[1]について説明する。

第1章　ソフトアクチュエーションによる生物型ロボティクス・メカトロニクス

3.1　空気圧人工筋肉

空気圧人工筋肉とは，チューブ状のゴムの内部に流体圧を印加する際，ゴムを繊維で拘束することで収縮力を得るアクチュエータである。空気圧人工筋肉は以下のような特徴を持つ。

① 軽量高出力
② コンプライアンス性が高い（出力が可変剛性的）
③ 構造的に柔軟
④ 安価でメンテナンスが容易

上記特徴より，特に②と③の特徴がソフトロボティクスのためのアクチュエータとして重要な要素であるといえる。

3.2　軸方向繊維強化型人工筋肉

本項では特に蠕動運動と相性の良い軸方向繊維強化型人工筋肉について紹介する。図3に軸方向繊維強化型ゴム人工筋肉の構造とその収縮メカニズム[2]について示す。ゴムの膨張に対して繊維を軸方向にのみ拘束し空気圧を供給すると，ゴムは軸方向には膨張せず，半径方向のみに膨張する。このとき，繊維は伸びないのでチューブの膨張分だけ軸方向に収縮力を得ることができる。この方法はチューブ全体に印加されている圧力を効率よくアクチュエータの収縮力として伝達することができる。

この人工筋肉は，自然長における形状（長さと直径の比）が同じ場合，大半の形状において同圧印加時のMcKibben型人工筋肉（広く一般的に用いられている人工筋肉）よりも高い収縮力および収縮量が得られることが，理論，実験の双方の観点から検証されている（図4）[3,4]。また，本人工筋肉は目標の仕様（目標収縮力・収縮量等）に基づき人工筋肉の形状（太さ，長さ，厚さ）を自由に設計することができるとともに，その正確な位置や力・剛性も容易に制御することが可能[5]である。

さらに，後述するように本人工筋肉の「半径方向への膨張」を生かすことにより従来のアクチュエータで実現困難であった運動を引き出すことが可能となり，ソフトロボティクスの可能性を広げることができる。本章では特にこの人工筋肉の形状変化に着目し，ミミズや大腸等に見られる「蠕動運動」というユニークな動きの再現とその応用事例について概説する。

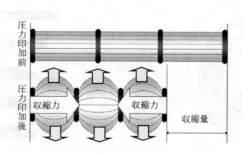

図3　軸方向繊維強化型人工筋肉の駆動原理

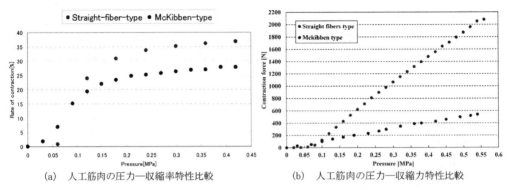

(a) 人工筋肉の圧力―収縮率特性比較　　(b) 人工筋肉の圧力―収縮力特性比較

図4　McKibben型と軸方向繊維強化型の性能比較

4　ミミズの蠕動運動による移動手法を利用した管内検査ロボット

4.1　ミミズの蠕動運動について

　ミミズは蠕動運動によって移動している[6]。蠕動運動とは人間の食道や腸等にも見られる運動で，脊椎動物や節足動物をはじめとした筋骨格系の生物には見られないユニークな運動である。

　ミミズの筋肉構造を図5に，またミミズの蠕動運動による移動の様子を図6に示す。ミミズは約150の体節から構成されている。図5より，ミミズは環状筋と縦走筋の2層の筋肉からなり，これらの筋肉により体節を「太く短く」，「細く長く」変形することができる。図6より，ミミズははじめに頭部の体節を収縮させ，この収縮を順に後方の体節へと伝播させながら頭部の体節を伸長させてゆく。このとき収縮した体節と周辺環境（地面等）との間に摩擦が発生し，伸長した体節が前方に伸びるための反力を得ることができる。収縮と伸長の繰り返しにより縦波後進波が発生し，ミミズは前進することができる。

　この蠕動運動による移動は以下の特徴を持っている。

① 移動に必要な空間が他の移動手段に比べて最も小さい。
② 周辺環境に対して接地面積を大きく確保することができるため，安定的な移動と大きな牽

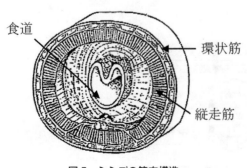

図5　ミミズの筋肉構造

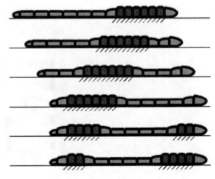

図6　ミミズの蠕動運動による移動

第1章 ソフトアクチュエーションによる生物型ロボティクス・メカトロニクス

引力が得られる。

③ ミミズの内部は食道になっており空洞である。したがってロボット化した場合，その空洞部に既存のカメラやメンテナンス装具等を出し入れすることが可能となる。

以上より，この運動様式を利用したロボットを開発すれば，人間や他のロボット機構では入り込めない細管内や不整地[7]，地中等での移動[8]が可能となり，レスキューや医療，細管検査，極限探査等の分野での適用が期待できる。

4.2 空気圧人工筋肉による蠕動運動の実現

4.1項で述べたように蠕動運動のアクチュエーションには「収縮と膨張」が必要となる。しかしこの運動を実現するためには図2の④の領域のように柔軟なエレメントが必要となるため，従来のモータのようなアクチュエータでは実現が難しい。

一方，3節で述べた軸方向繊維強化型人工筋肉は以下の点で蠕動運動の駆動システムとマッチしている。

① 本人工筋肉は空気を印加することで「太く短く」なるためミミズの体節の一つとみなすことができる。
② 膨張による把持力や引張力が強いため牽引力が大きいミミズの運動にマッチしている。
③ 本人工筋肉内部を空洞にすることができるため蠕動運動の利点を生かすことができる。

そこで，この人工筋肉をミミズの一つの体節として構成することによって，ミミズロボットを構成することを考える。

図7に蠕動運動型ロボットの内部構造を示す。この図より人工筋肉を軸方向に多数連結し内部を蛇腹によって空洞にすることでホースやカメラを挿入できるようにする。なお人工筋肉と蛇腹の間にチャンバができるためそこに空気圧を印加することで人工筋肉は収縮することができる。

4.3 ミミズロボットの応用事例

本項ではミミズロボットの様々な応用事例を示す。以下に示すようにミミズロボットは，医療

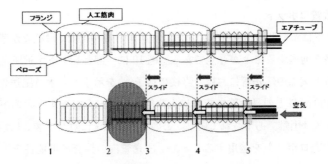

図7 蠕動運動型ロボットの内部構造

分野や工業メンテナンス分野，極限作業分野等に大きく役に立つ可能性を秘めている。

4.3.1 大腸内視鏡推進補助装置

図8に大腸内視鏡推進補助装置[9]を示す。本装置は蠕動運動により，腸内での内視鏡の推進補助を行うことを目的に開発された。図9に医師が練習用で用いている大腸モデルでのミミズロボットの推進の様子を示す。本モデルにおいて3分程度でS状結腸を手繰り寄せて直線化し，横行結腸までの通過を可能にしている。また豚の摘出した腸の実験でも有効な結果が得られた。

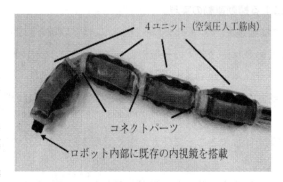

図8 蠕動運動型大腸内視鏡推進補助装置

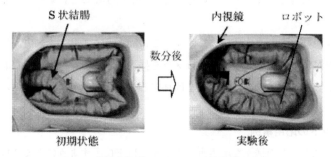

図9 大腸内視鏡トレーニング装置への適用

4.3.2 工業用内視鏡ロボット

蠕動運動ロボットは牽引型の推進機構であるため，通常の内視鏡では検査が難しい細管や長距離管・複雑な管路を通過することが可能である。図10に一例として下水道圧送管検査用の工業用内視鏡ロボットと実際の圧送管における点検の様子[10]を示す。下水道圧送管は薬100 mm程度の管に対して100 m以上の長距離で複雑に入り組んだ管内を検査する必要があり，現在その検査やメンテナンスは困難であるされている。このような状況に対して図8に示したようなミミズの蠕動運動型検査ロボットを適用することで，圧送管内の検査の可能性を示している。本ロボットは約50 mm/sの速度で500 N以上の牽引力を持っているため，長距離走行に向いた機能

第1章　ソフトアクチュエーションによる生物型ロボティクス・メカトロニクス

を有している。

　また，ミミズロボットの工業用検査ロボットの応用として，25Aや15A管といった細いガス管の検査[11]への適用や図11に示すようなロボットの周辺にナイロン毛を配置することで，空気ダクトの清掃を行うことにも成功[12]している。

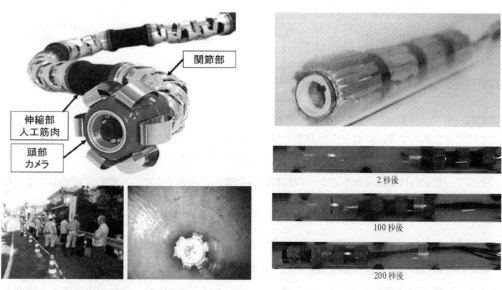

図10　圧送管検査用蠕動運動型ロボットと実地実験の様子

図11　ダクト清掃用　蠕動運動型ロボット

5　大腸の蠕動運動を規範とした固液2相・高粘度流体の混合搬送機

5.1　様々な物体を運ぶ・混ぜる腸管の優れた機能を応用

　お腹がとても空いた時に「グー」と音が鳴る場合がある。これは，空腹期収縮と呼ばれる生理現象で，これに連続して腸管も収縮運動を行い，胃や小腸の中を空にするのである。このとき，食塊を絞り，大腸側に送り出す動きこそ，蠕動運動である。腸管は図12のように，直径方向に収縮する環状筋と軸方向に収縮する縦走筋の2つの筋肉を連動させて蠕動運動を発生させる。この管路全体に動力源を分散させた形での運動により発生する腸管の蠕動運動は，体内での食塊の効率的な搬送・混合を実現している（図13）。

　一方で，産業分野では，高粘度流体，粉体や固液混合流体は，最終製品・中間材料として，食品，医薬品，建設等が，様々な方法で搬送・混合されている。これらの既存技術の多くは回転運動を動力源としているものが多く，1か所に動力箇所が集中して力を発生する形式が多い。例えば搬送と混合双方に利用されるスクリュコンベアは，管路に内包されたスクリュの軸を回転させて搬送を実現する。混合に利用されるプラネタリミキサは，回転ブレードを鉢の中で回転させる

237

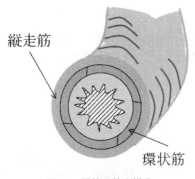

図12 腸管の筋肉構造

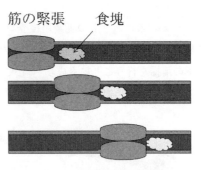

図13 腸管の蠕動運動

ことで混合を実現する。これらの動力集中型・回転型の搬送・混合方法は，しばしば対象の材料に大きな摩擦力やせん断力を与え，対象材料を劣化させる場合がある。

そこで，著者らは蠕動運動をこれらの材料の混合搬送に適応するため，蠕動運動型混合搬送機を開発している。

5.2 蠕動運動型混合搬送機

腸管の蠕動運動を機械的に模倣するため，軸方向の伸縮と内部方向への閉塞を柔らかい動きで発生させる構造が必要となる。そこで，著者らは図14に示すように，独自の空気圧人工筋肉とゴムチューブを用いた二重円筒構造で腸管を模擬した[13]。二重円筒の両側をフランジで密閉することで内部を空気チャンバとなっている。このチャンバに空気圧印加することで，図15のように人工筋肉により軸方向に収縮し，円筒チューブは内側に閉塞する。この腸管を模擬したユニットを連結することで蠕動運動を発生する図16の蠕動運動型混合搬送機を実現した。

本装置が内部閉塞する際は，材料を管内面全体で揉み解すように押し出すため，せん断力が大きく発生せず，スクリュのような連続的に擦れ動く摩擦を軽減して，搬送対象への影響も最小限

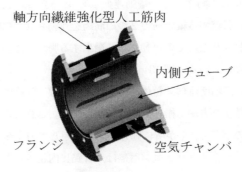

図14 腸管ユニット

第 1 章　ソフトアクチュエーションによる生物型ロボティクス・メカトロニクス

図 15　腸管ユニットの動き

図 16　蠕動運動型混合搬送装置

に抑制できることが期待できる。さらに，管路各ユニットに分散した高出力な空気圧人工筋肉を用いることで，低エネルギーかつ効率的な搬送と混合が期待できる。

5.3　蠕動運動型混合搬送機の応用

　蠕動運動型混合搬送装置は空気圧駆動で，混合と搬送を同一システムで行い，材料が接触する構造体が全て非金属の柔らかいゴム材料で構成されている特徴がある。この特徴を利用して，幅広い分野において応用が期待できる。例えば，アンコやハチミツ搬送等の食品加工分野，アスファルトや土砂搬送等の建設分野等多岐にわたる。特に著者らは，印刷用トナーのプリンタ内部での搬送や固体ロケット燃料である推進薬スラリの製造に対して適応を試みている。

5.3.1　優しくかつ高速に粉体を運ぶ

　粉体の搬送は，スクリュでの搬送や風の力で運ぶブロア式等様々である。それらは，目的や環境に応じて適宜選定されている。例えば印刷機では，印刷速度と印刷品質の両立のために，プリンタ内部で現像剤を凝集なく高速に搬送する必要がある。現在は，一般的に現像剤の搬送にスク

リュコンベアが利用されている。この方式で高速化を行う場合，スクリュの高速回転を行う必要があるが，スクリュと壁面間に生じる剪断力やスクリュの高速回転によるモータの温度上昇から粉体に凝集が生じて，印刷不良の要因の一つとなる。このように，印刷機では現像剤の低剪断力かつ低温での高速搬送技術が求められている。

そこで，著者らは粉体搬送の高速化に特化した蠕動運動型搬送機を研究開発している[14]。軸方向の伸縮も含めて，各運動パターンで粉体搬送量を実験的に検討した結果，軸方向の伸縮の寄与は閉塞運動に比べて低かった。そのため，壁はゴムチューブ，外壁は樹脂製で，この2つ間に空気チャンバとして各チャンバに空気を適宜加圧することで閉塞運動を高速に発生する図17の構造としている。この運動は，腸管の中でも特に小腸で発生する分節運動である。さらに，本搬送機を用いて，この分節運動の各ユニットの長さと，駆動周波数を変更することで，搬送量を増加できることも分かった。

駆動圧力を変更すれば図18の水平搬送だけでなく，図19のように垂直搬送も可能となる。

5.3.2 柔らかく安全に連続的に混ぜて運ぶ ― 固体推進薬製造への応用 ―

今後の持続的発展のために宇宙輸送技術にさらに注目されている。特に固体推進薬ロケット

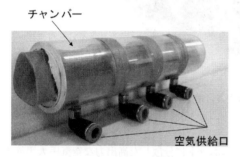

図17 粉体搬送用蠕動運動ポンプ

図18 蠕動運動ポンプによる水平搬送

図19 蠕動運動ポンプによる垂直搬送

第1章　ソフトアクチュエーションによる生物型ロボティクス・メカトロニクス

は，構造がシンプルな点等から，小型ロケットとしての運用が容易である特徴がある。一方で，より頻繁な打ち上げのためには抜本的なコストダウンが期待されている。ロケット用固体燃料は，金属粉体とバインダである高粘度流体等を，金属ボールの中で金属ブレードを回転させるプラネタリミキサで混合する方法しか実用化されておらず，その高粘度スラリを別途人力で搬送するバッチ式で製造されている。このため，コスト低減へのハードルが高く，安全面に配慮しつつ新たな製造手法の検討を進めることが難しい状況であった。

　そこで，蠕動運動の特徴を生かして，固体推進薬の混合と搬送を安全かつ連続的に実現して，製造コストの抜本的な低下を目指している（図20）[15]。腸の蠕動運動を模した「包み込むように揉み解しながら搬送する動き」で，材料の混合からロケット本体まで搬送を蠕動ポンプシステムで実現を目指すものである。実際の固体推進薬材料を用いて混合搬送試験を行い，非金属システムで連続的な混合に世界で初めて成功した。従来の製造方法で混合した火薬と同等の性能を図21のようにロケットモータの燃焼試験で確認した。

図20　固体推進薬製造のための蠕動運動型混合搬送機

図21　蠕動運動型混合搬送機で製造した火薬による地上燃焼試験

6　おわりに

　生物を規範としたソフトロボティクスの紹介とその代表的事例として蠕動運動を中心としたロボット・メカトロニクス機器について紹介した。
　まずミミズを規範とした蠕動運動型ロボットの紹介を行い，医療・工業用等への適用例につい

て概説した。また腸管の揉み解して運ぶ運動である蠕動運動に着想を得て，ソフトアクチュエータである空気圧人工筋肉で模擬した蠕動運動型混合搬送機を紹介した。

　従来のモータによる回転系の機構では実現が難しい課題を，生物規範とソフトアクチュエータを組み合わせた独自技術で解決を目指してますます研究開発を進めていく。

文　　　献

1) 中村太郎，図解　人工筋肉，日刊工業新聞社（2011）
2) Taro Nakamura, Norihiko Saga et al., *IEEE ICIT*, 729-734（2003）
3) T. Nakamura, SPIE Int. Conf. on Smart Structures, Devices and Systems Ⅲ（2006）
4) H. Tomori, et al., *Int. J. of Automation Technology*, **5**(4), 544（2011）
5) T. Nakamura and H. Shinohara, Proc. of IEEE ICRA 2007, pp. 4361-436（2007）
6) 例えば N. Saga and T. Nakamura, *J. of App. Phys.*, **91**(10), 7003-7005（2002）
7) T. Nakamura and K. Sato, IEEE ICRA2010, pp.3769-3774（2010）
8) H. Omori and T. Nakamura, *IEEE/ASME TRANS. ON MECHATRONICS*, **18**(2), 459-470（2013）
9) T. Nakamura et al, *Advanced Robotics*, **26**(10), 1161-1182（2012）
10) T. Tomita et al, IEEE/RSJ IROS2015, pp.2742-2747（2015）
11) M. Ikeuchi et al, IEEE/RSJ IROS2012, pp.926-931（2012）
12) Yuki Tanise et al., 2017 IEEE International Conference on Advanced Intelligent Mechatronics, pp.1267-1272（2017.7）
13) T. Nakamura, K. Suzuki, *Advanced Robotics*, **25**(3), 371-385（2011）
14) 山田泰之，吉浜舜，芦垣恭太，加藤弘一，中村太郎，計測自動制御学会論文集，**54**(1)（2018 年）
15) 山田泰之，吉浜舜，岩崎祥大，芦垣恭太，松本幸太郎，羽生宏人，中村太郎，日本機械学会論文集，**83**（2017）DOI:10.1299/transjsme.16-00576

第2章 Clap and Fling を利用した 羽ばたき翼型飛行ロボットの開発について

東　善之[*]

1　緒論

近年，Re $= 10^3 \sim 10^4$ の低レイノルズ数領域[1]において昆虫が発揮する優れた運動能力[2]の獲得を目的として，小型無人飛行体（MAV，Micro Air Vehicle）の研究が盛んに行われている。Robert J. Wood[3]らは，重量6gで指先ほどの大きさの羽ばたきロボットを開発している。このロボットは羽ばたき運動によってガイドレールに沿った垂直離陸を可能としたが，アクチュエータであるピエゾ素子を駆動するためには高い電圧を必要としたため，必要外部電源を使用しており，必要なデバイスをすべて機体に搭載した自立した飛行は成し遂げられていない。デルフト工科大学[4]においても鳥や昆虫を規範とした羽ばたきロボット DelFly シリーズが開発されており，プロポを用いた操縦を可能としている。また，このシリーズの2号機はロボットに搭載されたカメラから得られる画像をホストとなるパーソナルコンピュータに転送し解析することで高度制御[5]や障害物検知[6]を可能とし自律化を行った。この方式は搭載カメラ1つのみで複数の情報を得ることができるため，センサの数を減らし軽量化することができるが，羽ばたきロボットとホストとの無線通信が必要となるため，通信環境に左右されるという欠点が残ることとなった。

著者の研究チームは飛行・センシング・制御に必要なすべてのデバイスを搭載した自立状態，かつ搭載された CPU での自動制御，すなわち自立・自律飛行が可能な羽ばたき翼型飛行ロボットの開発に取り組んでおり，本稿ではその羽ばたき機構と羽の開発に焦点を当て述べる。

研究初期においては市販のトンボ型羽ばたき RC 機に2軸レートジャイロと3軸加速度センサ及びマイクロコントローラを搭載し，羽ばたきロボットの自立・自律化を図った（図1）。このロボットは制御を行わない自立状態で飛翔させた場合はピッチ角が振動・発散し，すぐに高度が低下し，墜落していた。そこで著者らはこのロボットの運動特性を考慮したピッチング抑制制御を適用することで，ピッチ運動を抑制し，飛翔距離を伸ばすことに成功した[7, 8]。しかし，現状の性能では羽ばたき翼型ロボットはリリースされた高度を維持して飛翔するのが限界である。高度制御には高度の上昇が必要であり，ナビゲーションにはさらなるデバイスの追加が必要となる[9]ため，自立・自律化を行うにあたっては推力とペイロードの向上が不可欠であった。

＊　Yoshiyuki Higashi　京都工芸繊維大学　大学院工芸科学研究科　機械工学系　助教

生物の優れた機能から着想を得た新しいものづくり

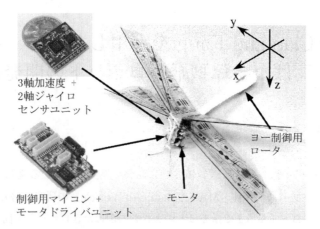

図1 RC機を改造した初期型の羽ばたき翼型ロボット
2軸ジャイロセンサ，3軸加速度センサ，制御用マイコン・モータドライバユニットを搭載[8]。

2 羽ばたき翼における高揚力メカニズム

　世界中で広く運用されている旅客機などの固定翼機は翼断面にキャンバーを与えたり，離着陸時にはフラップなどの高揚力装置を使用することで得られる揚力を高めている。しかし昆虫の羽ばたき飛行においては固定翼機のこれとは全く異なる原理に基づいて揚力，推力を高める工夫が秘められている。

　Ellingtonら[10]は昆虫が大きな迎角で羽を振り下ろす際，前縁部に発生する "leading edge vortices"（前縁渦）が付着することにより，失速する前に高い揚力を発生させ飛行する "delayed stall"（失速遅れ）を実験により確認した。固定翼機であれば完全に失速状態となるような羽の迎角であっても，この "leading edge vortices" により振り下げ時の短時間の間に高い揚力を得ることを可能としている（図2）。また，Dickinsonら[12]は昆虫の空気力学的パフォーマンスを向上させるメカニズムにはストローク中に作用する "delayed stall" 以外にも，羽を回転させるときに作用する "rotational circulation"（回転循環）と "wake capture"（後流捕獲）の2つがあり，実験装置を製作して上記のメカニズムの効果を確認した。

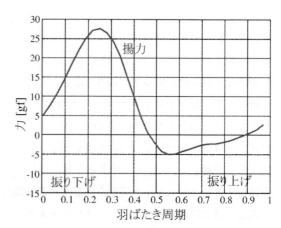

図2 羽ばたきに時の揚力の位相平均値[11]
前縁渦の効果で振り下げ時の短時間に高い揚力を得ている。

第 2 章　Clap and Fling を利用した羽ばたき翼型飛行ロボットの開発について

昆虫が羽を打ち合せる"clap and fling"というメカニズム[13]も揚力・推力の増大に大きな役割を果たしている（図3）。昆虫がフェザリング運動可能な柔軟性のある羽を打ち合わせる際には前縁同士を打ち合わせ，後縁がその後打ち合わされる。この時間差により空気が押し出される（図3A〜C）。その後，羽同士は前縁から離れていき，その隙間に空気が流入していく。この時に空気の循環が発生し，揚力が増加する（図3D〜F）。このように2枚の羽を打ち合わせる一連の動きにより，より高い揚力を得ることができる。

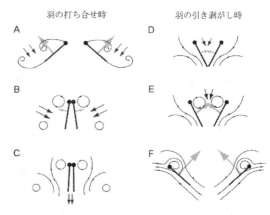

図3　"clap and fling"における流れと渦の様子[13]

3　羽ばたき機構

初期段階において使用していたトンボ型羽ばたきRC機は図1，4のように，1つのギアの1カ所につながった2本のクランクリンクを回転させ，左右の羽を駆動する差動クランク機構を利用した羽ばたき機構であった。翼は上左翼と下右翼，下左翼と上右翼が一体となった「く」の字型をした2枚の羽をリンクで駆動する構造であり鋏のように駆動することから X-wing 型と呼んでいる。RC機のように X-wing 型の羽と差動クランクを用いた機構は単純な機構で4枚の羽を羽ばたかせ，打ち合わせることができるメリットがあるが，左右の羽の羽ばたき動作を生むクランクが正面を向いたギアの回転により駆動されるため，左右の動作に位相差が生じ，効率の低下を招くこととなる。

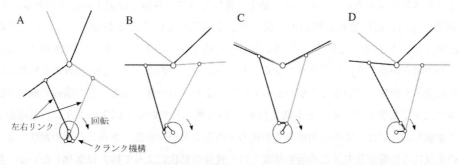

図4　初期型羽ばたき翼型ロボットのクランク機構
太線の羽と細線の羽がX字状に組みあわされている。(A)振り下げ完了時；(B)振り上げ中；(C)振り上げ完了時；(D)振り下げ中；(B)と(D)で左右非対称であり，動作に位相差が生まれる。

そこで図5のようにX-wing型を活用しながらも回転するクランクの向きを変え，左右の翼を同位相で駆動するため新たな駆動機構を開発した。駆動用モータを横向きにレイアウトすることで回転軸が翼幅方向に向き，回転軸を左右に伸ばすことができるようになるため，そこから羽を駆動するためのクランクを左右対称に設置することができる。その結果，モータの回転時に左右の羽が同期した状態を常に保つことができる。また，この変更に伴いギアボックスもオリジナルのものを開発する必要があったが，ギア比を変更しての実験も可能となった。

図5 新たに開発したモデルのクランク機構部
左右が同じ位相で羽を駆動することができるようになった。

4 翼のつくりと推力

翼前縁を中心として翼がピッチ回転することによりClap and Flingが起き，推進力が効率的に生成されることは前述の通りであるが，ここでは翼前縁部の翼幅方向の柔軟性が与える影響について述べる。

2000年，昆虫サイズの羽ばたき機が自立飛翔を成し遂げた研究[13]において，"advance ratio"（推進率）を次式のように定義している。

$$J = U/2\phi fb \tag{1}$$

Uは飛翔速度，ϕは羽ばたき角，bは翼幅，fは羽ばたき周波数を表しており$J<1$の領域が低レイノルズ数領域を表している。この値を参考にしつつ，各値を設定する必要がある。また，この研究から羽の剛性分布が推力の生成に大きく関係していることが分かっている。実際にMylarフィルムと紙とを比較すると図6のような結果が得られており，柔軟性の高いMylarフィルムのほうが推力を得ることができることがわかる。このように，羽の被膜の柔軟性が推力の生成に大きく影響していることがわかっている。また，羽全体ではなく羽の前縁の剛性が揚力の生成に大きく影響していることも研究結果[13]から得られている。図7のように，前縁が丈夫な羽と柔軟な羽とでは，丈夫な羽のほうが揚力を得ることができる。さらに，羽の形状によっても力の生成にも影響が及ぶ。この研究結果では，後縁の形状によって揚力は変化しないが，推力が大きく変化することが示された（図8）。

このように，羽の剛性や形状は飛行性能に大きく関わるパラメータであるが力学モデルなどに

第 2 章　Clap and Fling を利用した羽ばたき翼型飛行ロボットの開発について

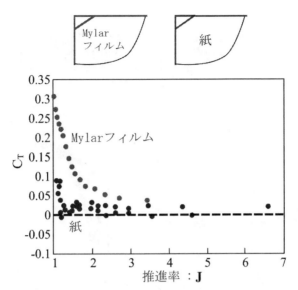

図 6　羽の被膜素材の違いによる推力の変化 [13]
柔軟性がある Mylar 被膜の方が高い推力を発生させている。

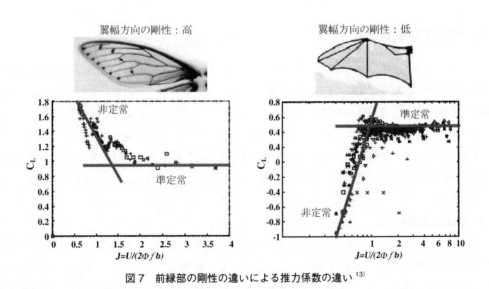

図 7　前縁部の剛性の違いによる推力係数の違い [13]

基づいた最適化は困難であるため，特性の異なる複数の羽を用意し，実験に基づく羽の最適化を行うこととした。

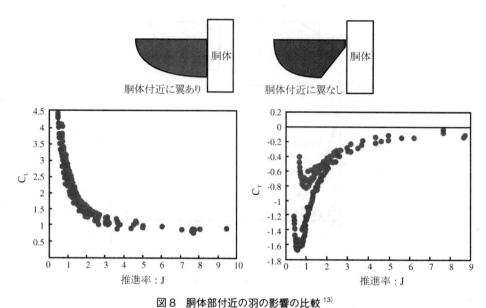

図8　胴体部付近の羽の影響の比較[13]
揚力係数では大きな差はないものの，推進率が低いエリアでの推力係数に差がみられる。

5 羽の実験的最適化

羽のピッチ回転機構を持たない羽ばたき翼型ロボットにおいて"clap and fling"を利用し推進効率を向上させるためには，羽の剛性に依存したパッシブなピッチ角変化により一連の動きを再現する必要がある。この羽の剛性を決定するのは図11からも分かるように羽に使用されているリブの剛性やアスペクト比である。これらの値をシミュレーションを通じて決定する場合，流体の運動モデルと羽の変形モデルとの連成問題となるため解析は非常に困難である。そこで，本節では羽の各パラメータを変更した際の推力，揚力の変化から，本機における最適な羽を決定する。

5.1 羽ばたきロボット

実験に用いた羽ばたきロボットの外観を図9，10に示す。図9は，市販のトンボ型羽ばたき機を改造した初期型羽ばたき翼型ロボット機体であり，駆動部にはコアレスモータ（MK07-2.3 DIDEL製）が搭載されている。図10は本研究のために製作した羽ばたき実験機で，駆動部にはブラシレスモータ（10/3/32 Mighty Midget製）を使用し，左右のクランクから4枚の翼を同期させて羽ばたく。また実験機は翼の取替え，ギアの取替えが可能な構造になっている。

実験に使用する翼はカーボンロッドと5μmのMylarフィルムによって構成されている（図11）。前縁には，φ1.0のカーボンロッドを用いており，翼の剛性に変化をつけるため中骨に3種類の太さ（φ0.3，φ0.7，φ1.0）のカーボンを用いる。また，翼端は耐久性を高めるためにセロハンテープを用いて補強しており，翼端にも剛性を持つ構造となっている。翼形状，翼面積は市

第2章　Clap and Flingを利用した羽ばたき翼型飛行ロボットの開発について

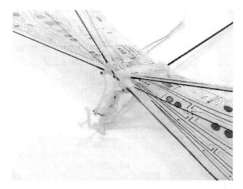
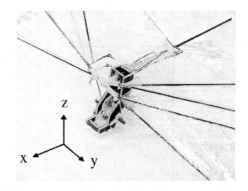

図9　初期型羽ばたき翼型ロボットのベース機体[8)]

図10　新たに開発した羽ばたき翼型ロボット機体
駆動機構が大きく変化しておりブラシレスモータを搭載している。

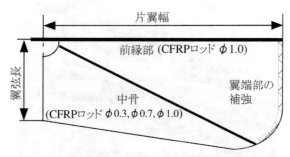

図11　新たに開発した機体用の羽
翼幅と翼弦長は表2のように複数の組み合わせを用意した。

販のトンボ型羽ばたき機と同様の値とし，翼幅と翼弦長はアスペクト比と翼面積の関係から決定した。重量は小型計算機やセンサを搭載した状態を考え，本実験に用いる機体の重量は予測重量である。市販のRC機をベースとした初期型トンボ型羽ばたき機と本実験に用いる機体のパラメータをそれぞれ表1，2に示す。

5.2　計測装置

羽ばたきロボットから生じる揚力，推力を計測するための装置を図12に示す。計測装置は3軸力覚センサ（ニッタ製），光電センサ（ココリサーチ製），パルスカウンタ（ココリサーチ製），パーソナルコンピュータによって構成される。光電センサは翼の前縁部根元を計測しており，翼の前縁部分が通過することでパルス波を出力し，データをパーソナルコンピュータに保存する。保存されたデータを高速フーリエ変換することで羽ばたき周波数を得る。3軸力覚センサは羽ばたきロボットが生み出す空気力を計測しており，機体軸x方向に働く力を推力，z方向に働く力を揚力として計測する。計測結果は羽ばたき周波数を基準としたローパスフィルタを通すこと

表1 RC機をベースにした初期型機体のパラメータ

パラメータ	値
モータ	DIDEL MK07-2.3
アスペクト比	5.0
片翼幅	205 mm
平均翼弦長	83
翼面積 a	34000 mm^2
ギア比	64
翼骨太さ	ϕ0.7 mm
質量	28.5 g

表2 新たに開発した羽ばたき翼型ロボットの比較実験用のパラメータ

パラメータ	値			
モータ	Mighty Midget 10/3/32			
アスペクト比	3.0	4.0	5.0	6.0
片翼幅	160 mm	185 mm	205 mm	225 mm
平均翼弦長	106 mm	92 mm	83 mm	76 mm
翼面積	34000 mm^2			
ギア比	12, 20			
翼骨太さ	ϕ0.3, ϕ0.7, ϕ1.0			
質量	28 g～30 g			

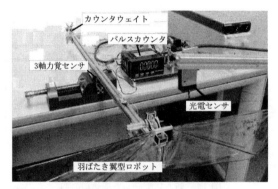

図12 揚力・推力計測用の実験装置
羽ばたきの周波数をパルスカウンタで，生じる力を3軸力覚センサで計測する。

で，羽ばたき運動よりも高い周波数を持つノイズを取り除く．

5.3 実験方法

　モータへの印加電圧を最大7.4Vとし，デューティ比50％から100％まで10％刻みで計測を行った．1回の計測時間は10秒であり，羽ばたいているときの羽ばたき周波数，揚力，推力の変動は，羽ばたきロボットの運動よりも十分に高い周波数であるとして10秒間に得られたデータを平均する．この計測を複数回行い，各デューティ比における羽ばたき周波数，推力，揚力の結果を平均し，グラフにプロットすることで推進性能の比較を行った．

5.4 実験結果

5.4.1 4パターンのアスペクト比による比較

　各アスペクト比において推力，揚力の値が最も大きいものを図13，14に示す．推力に関して

第 2 章　Clap and Fling を利用した羽ばたき翼型飛行ロボットの開発について

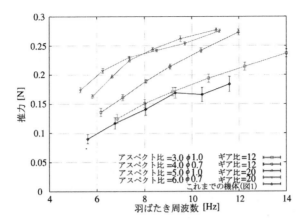

図 13　各アスペクト比において最大の推力を得た羽の結果

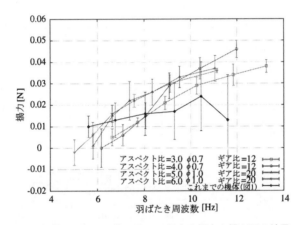

図 14　各アスペクト比において最大の揚力を得た羽の結果

は羽ばたき周波数の高い領域において，アスペクト比が大きくなると推力も大きくなる傾向にある。しかしアスペクト比 5.0, 6.0 では大きな差があるとはいえず，これ以上大きなアスペクト比に対しては推力の向上は見込めないと考えられる。また，翼によって剛性が異なり，アスペクト比に応じて適した剛性が存在する。揚力に関しては羽ばたき周波数の高い領域において，推力の結果とは異なり，アスペクト比 4.0 の結果が最も高い値を示している。また推力の結果とは異なった剛性の組み合わせとなっている。

5.4.2　3 パターンの剛性による比較

各剛性において推力，揚力の値が最も大きいものを図 15, 16 に示す。推力に関しては，羽ばたき周波数の高い領域において，より剛性の高い翼の方が大きな推力を生じている。また，揚力に関しては羽ばたき周波数の高い領域において $\phi 0.7$ の中骨を持つ翼から最も大きな揚力が生じていることが，図 16 より分かる。$\phi 0.3$ の中骨を持つ最も柔軟な翼では他に比べて推力，揚力を

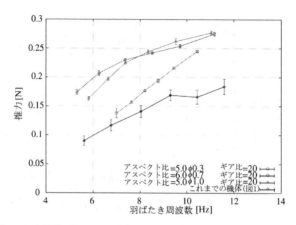

図15　各剛性（シャフト径）において最大の推力を得た羽の結果

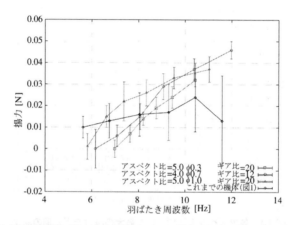

図16　各剛性（シャフト径）において最大の揚力を得た羽の結果

生み出せない結果となった。

5.4.3　アスペクト比，剛性，ギア比を含めた比較

　すべての計測結果に対して推力，揚力の値が大きいものを図17, 18に示す。推力に関してはアスペクト比が5.0, 6.0, 剛性がϕ0.7, ϕ1.0からの組み合わせとなり，高いアスペクト比，高い剛性の翼にて推力が大きく生じる結果となった。一方，揚力に関してはアスペクト比が5.0, 6.0, 剛性がϕ1.0の翼にて揚力が大きく生じたが，羽ばたき周波数の高い領域においてはアスペクト比4.0, ϕ0.7の中骨を持つ翼にて最も揚力が生じる結果となった。また，アスペクト比の小さい翼では負荷トルクが小さく，ギア比も小さく選定することができるため，羽ばたき周波数が向上している（図15, 16, 18）。羽ばたき周波数の増加に伴い推力，揚力の値が大きくなることから，ギア比の選定が重要であることが分かる。

第 2 章 Clap and Fling を利用した羽ばたき翼型飛行ロボットの開発について

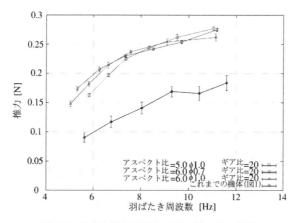

図 17　最大の推力を得た上位 3 種の羽の結果

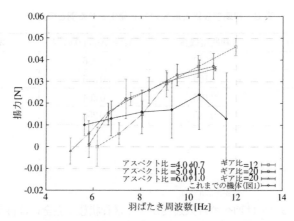

図 18　最大の揚力を得た上位 3 種の羽の結果

5.4.4　空気合力による比較

　羽ばたき翼から生じる力を空気合力と呼び，この空気合力を機体軸の x 方向，z 方向に分解したものを推力，揚力と呼ぶ．本稿における実験では，この推力と揚力を計測装置で計測しているため，ここでは羽ばたき翼から生じる力を評価するために空気合力を算出し，比較する．推力と揚力の計測結果より，空気合力を算出した結果において値が大きいものを図 19 に示す．その結果，アスペクト比が 5.0，6.0，剛性が $\phi 0.7$，$\phi 1.0$ からの組み合わせとなり，高いアスペクト比，高い剛性の翼にて空気合力が大きく生じていることが分かる．初期型羽ばたき翼型ロボットと最も性能の良いアスペクト比 5.0，$\phi 1.0$ の翼の計測値を表 3 に示す．それぞれを比較すると，約 50％の向上が見られる．

生物の優れた機能から着想を得た新しいものづくり

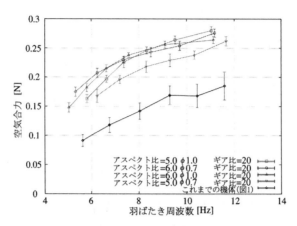

図19 最も高い空気合力を発生させた上位4種の羽の結果

表3 初期型機体と最大の力を発生させた羽との比較

デューティ比	初期型機体	AR＝5.0 φ1.0 の羽	増加率%
70	0.142	0.226	59
80	0.169	0.246	45
90	0.168	0.264	57
100	0.185	0.280	51

5.5 実験結果

今回の計測実験においては羽への対気速度がなく飛行状態を完全には再現できなかったものの，実験結果のグラフより静止状態において従来のモデルよりも，大きな推力，揚力を得ることができると示された．また，表1，2に示したように，それぞれの重量は同程度になるため，羽ばたきロボットの推進性能は大きく向上したと言える．推力の計測においては，高いアスペクト比，高い剛性の翼が最も良い推進性能を示した．

6 自立・自律飛行実験

6.1 羽ばたきロボットの概要

前述の実験結果を踏まえて開発した自立・自律飛翔実験用の機体が図20である．コントローラユニットにはHibot社製の「Mini 2-Axes motor Drive」，センサユニットにはSpark Fun Electronics社製の「IMU 5 Degreeof Freedom」を搭載している．また，電源には50mAhのリチウムポリマーバッテリを2セル使用する．表4には羽ばたきロボットの物理パラメータを示し，図21には通信システムとI/Oシステムを示す．

第 2 章　Clap and Fling を利用した羽ばたき翼型飛行ロボットの開発について

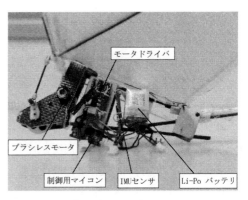

図 20　左：新たに開発した機体の概観，右：機体に搭載された各デバイス

表 4　開発した機体の物理パラメータ

パラメータ	値
質量 M	32.7 [g]
最大羽ばたき周波数 f_{MAX}	11.5 [Hz]
最大羽ばたき角度 $\theta_{f,MAX}$	0.96 [rad]
翼幅 R	370 [mm]
翼面積 S	34000 [mm^2]
平均翼弦長 $\bar{c}$	92 [mm]
アスペクト比 AR	4.0
平均翼端速度 $\bar{U}t$	4.08 [m/s]
レイノルズ数 Re	20865
電源電圧 V	7.4 [V]
駆動モータ	Mighty Midget 10/3/32

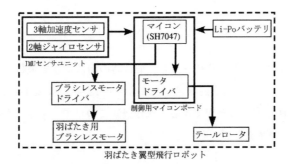

図 21　開発した羽ばたき翼型ロボットのシステム構成

6.2 ピッチング抑制制御

開発した羽ばたき翼型ロボットはバッテリやセンサなどのデバイスが翼の取り付け位置よりも低いため，重心が翼よりも低く，飛行中安定しやすい構造となっている。しかし推進力を生む翼が重心より高いため羽ばたきの周波数が上昇すると頭下げのピッチモーメントが生じ，周波数を下げると平板で構成される腹部が水平尾翼の働きをすることで頭上げのモーメントが生じる。そのため飛行時に上昇し，高度を保つために機体のピッチ角を制御する場合においても，単純に羽ばたきの周波数を高めるのみでは高度を上げることができない。

ピッチング運動を抑制し安定した飛行を行うための制御として，初期段階の羽ばたきロボットと同様のPD制御を用いることとした[8]。実験で取り扱う羽ばたきロボットは水平尾翼の働きによって，ピッチ角はある一定の平均値を維持しようとする。このピッチ角は主翼と尾翼の取り付け角度など機体のパラメータに依存している。この平均値よりもピッチ角が大きくなれば（頭上げの状態になれば），羽ばたき周波数を大きくし，小さくなれば（頭下げの状態になれば），羽ばたき周波数を小さくする。予め，実験より得られた，高度を維持するために必要なデューティ比 γ^{fFF} をフィードフォワードデューティ値として与え，羽ばたきモータのデューティ比 γ^{flap} を以下で決定する。

$$\theta_n^{\,err} = \mathrm{LPF}(\theta_n^{\,est*}) - \theta_n^{\,est*} \tag{2}$$

$$\theta_n^{\,'err} = \frac{\theta_n^{\,err} - \theta_{n-1}^{\,err}}{T_s} \tag{3}$$

$$\gamma_n^{\,flap} = \gamma^{\,fFF} - K_P^p(\theta_n^{\,err} + T_D^p \theta_n^{\,'err}) \tag{4}$$

ここで $\theta_n^{\,est*}$ 加速度センサ，ジャイロセンサより推定されたピッチ角，$\mathrm{LPF}(\theta_n^{\,est*})$ はピッチ角の平均値であり，演算コストの低い1次のローパスフィルタを用いている。$\theta_n^{\,err}$ は時刻 n における偏差，$\theta_n^{\,err}$ は偏差の数値積分，T_s はサンプリング周期，K_P^p は比例ゲイン，T_D^p は微分時間である。

6.3 実験方法

自立状態で羽ばたきロボットをリリースし，飛行時の羽ばたき周波数，羽ばたき用モータのデューティ比，ピッチ角，ヨー角を内蔵RAMに記録する。記録は25Hzで行い，内蔵RAMに15秒程度のデータを保存することができる。飛翔後にこのロギングされたデータをパーソナルコンピュータに移動，保存する。

6.4 実験結果

体育館にて自立，自律飛行実験を行った様子を図22に，結果を図23に示す。グラフは上から順に現在のピッチ角 θ^{est*} と目標のピッチ角 θ^{des}，現在のヨー角 θ^{est} とリリース時のヨー角 θ^{des}，

第 2 章　Clap and Fling を利用した羽ばたき翼型飛行ロボットの開発について

図 22　開発した羽ばたき翼型ロボットのリリース後 5 秒間の様子（機体は○印内）
この後，旋回飛行し，図中のバスケットゴールに衝突するまで約 40 秒間，自立・自律飛行した。

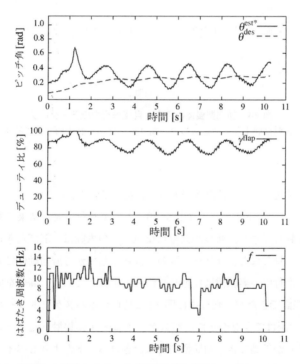

図 23　開発した機体の自立・自律飛行初期（冒頭 10 秒）のデータログ
ピッチ角は約 2 秒周期で振動しているが発散せず，その平均値も正方向であるため高度を下げることなく飛行し続けた（$\gamma^{fFF}=80\%$，$K_P^p=1.0$，$T_D^p=0.02$）。

羽ばたきモータ印加電圧デューティ比 γ^{flap}，羽ばたき周波数 f を表しており，リリース後，10 秒程度のデータとなっている。また図 24 には初期型の羽ばたきロボットの自立，自律飛行実験の結果を示す。グラフは上から順に，現在のピッチ角 θ^{est*} と目標のピッチ角 θ^{des}，羽ばたきモー

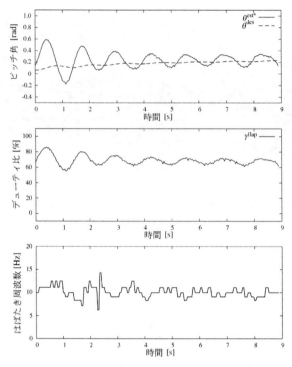

図24 初期型機体の自立・自律飛行中のデータログ
ピッチ角の振動は収束しているものの，高度を上げあられず約9秒で墜落している。

タ印加電圧デューティ比 γ^{flap}，羽ばたき周波数 f を表している。

　図23はフィードフォワードデューティ比を80％として飛行させた結果であり，ピッチ角が目標ピッチ角付近で振動しており，減衰が見られない。この振動は，羽ばたきロボットが障害物に衝突し，落下するまで見られた。リリース後のしばらくしてから旋回動作に入ったことがヨー角の変化から分かる。飛行中，実験機は振動しながらも上昇していき，高度を低下させることなく40秒程度の飛行が確認できたが，飛行中に図22に見られるバスケットゴールと接触し，落下したため40秒以上の計測はできなかった。バスケットゴールに接触したことから，3 m以上の高度で飛行していたことが推測でき，初期型の羽ばたきロボットがよりもペイロードが向上していることは明らかである。

　ピッチ角が振動しているにもかかわらず高度が低下しなかった要因としては，推進性能の向上が挙げられる。羽ばたきロボットのピッチ角が大きくなると推力が鉛直上向きに働き，ホバリングに近い状態となる。飛行時の運動エネルギーと鉛直上向きの力によって羽ばたきロボットは上昇し，運動エネルギーは位置エネルギーに変換される。その後，推力は頭下げのモーメントとして働くため，羽ばたきロボットは頭下げの状態となり降下する。その際に位置エネルギーは運動エネルギーに変換されるため飛行速度が増大し，十分な揚力を得ることで羽ばたきロボットは再

第2章　Clap and Fling を利用した羽ばたき翼型飛行ロボットの開発について

び上昇する。しかし，初期型の羽ばたきロボットでは推力が不足していたために頭上げの状態になり，ホバリングに近い状態となっても高度の上昇ができず，位置エネルギーを得られなかったものと考えられる。その結果，頭下げの状態となり降下した際に，位置エネルギーが運動エネルギーに変換された場合でも，上昇に十分な飛行速度を得られず，揚力が得られないため再び上昇することができなかったと考えられる（図24）。

7　結言

　羽ばたき翼型飛行ロボットの自立・自律飛行を目指し，揚力推力の向上を図った。特に"clap and fling"による推進性能の向上が狙えるよう羽の剛性に着目し，実験に基づく羽の最適化を実施した。その結果，バッテリやセンサ，制御用マイコンを搭載しての自立・自律飛行が可能な機体の完成に至った。昆虫の羽ばたきメカニズムの一部を利用することで性能向上に至ったことから，昆虫の羽ばたきメカニズムの再現性をより高めることで，更なる改善が期待できる結果となった。

文　　献

1)　河内啓二，生物物理，**39**(5)，279-284（1999）
2)　東昭，生物の動きの事典，pp.87-140，朝倉書店（1997）
3)　R.J. Wood, *IEEE Transactions on Robotics*, **24**(2)（2008）
4)　B. Bruggeman, For obtaining the degree of Master of Science in Aerospace Engineering at Delft University of Technology, pp.49-78（2010）
5)　G.C.H.E. de Croon, C. de Wagter, B. Remes, R. Ruijsink, Belgium-Netherlands Artificial Intelligence Conference（2009）
6)　G.C.H.E. de Croon, E. de Weerdt, C. de Wagter, B.D.W. Remes, *IEEE Transactions on Robotics*（2010）
7)　宮崎達也，東善之，木村浩，計測自動学会第38回知能システムシンポジウム（2011）
8)　Y. Higashi, T. Miyazaki, H. Kimura, Proc. of Int. Symp. on Adaptive Motion of Animals and Machines（AMAM），75-76（2011）
9)　徳網大哲，東善之，木村浩，計測自動学会第38回知能システムシンポジウム（2011）
10)　C.P. ELLINGTON, *AMER. ZOOL.*, **24**, 95-105（1984）
11)　S. Ho, H. Nassef, N. Pornsinsirirak, Y.C. Tai, C.-M. Ho, *Progress in Aerospace Siences*, **39**, 635-681（2003）
12)　M.H. Dickinson, F.-O. Lehmann, S.P. Sane, *Science*, **284**, 1954-1960（2007）
13)　M. Groen, B. Bruggeman, B. Remes, R. Ruijsink, B. van Oudheusden, H. Bijl, International Micro Air Vehicle conference and competitions（2010）

第3章 高分子素材のソフトアクチュエータと生物模倣ロボットへの応用

釜道紀浩[*1], 高木賢太郎[*2]

1 高分子アクチュエータ

　生物の優れた機能に着想を得て，新たな技術や製品を創造する「生物模倣」が注目されている。ロボット分野においても，人間や生物の形態や機能，制御の仕組みなどをヒントに，工学的解析に基づいてロボット開発を行う「バイオロボティクス」が注目されている。また，近年では柔らかな素材で構成され，生物のように柔軟な構造で，しなやかな動作を実現する「ソフトロボット」の研究も盛んに行われている。柔軟に変形できることで，環境変化に適応した多様な運動の実現を目指したものである。

　生物のように柔軟な動作を実現するロボットや，構造自体が柔軟なソフトロボット，さらには，人と直接接触することを想定したロボットを実現するためには，柔軟性を損なうことのない駆動源，つまり，アクチュエータが重要である。そのような用途のためのソフトアクチュエータには様々な種類が存在するが，本章では，高分子をベースにしたアクチュエータ，とくに，電気駆動の機能性高分子アクチュエータについて紹介する。

　高分子アクチュエータとは，高分子材料もしくは高分子材料と金属などとの複合体からなり，外部からの刺激により材料自体が変形したり，応力を発生したりする刺激応答性高分子材料のことである。光，熱，pH，磁場，電場など様々な刺激に応答する材料が存在している[1, 2]。高分子材料自身の柔軟性や生物のようなしなやかな動作から「人工筋肉」とも呼ばれている。

　高分子アクチュエータに関する研究は，1940年代後半に高分子電解質の機械化学的変性についての研究から始まり，1950年にKatchalskyらによりpH刺激による高分子電解質ゲルの変形応答に関する論文がNatureに掲載され注目を集めた[3]。化学的エネルギーを機械エネルギーに直接変換するメカノケミカルシステムと呼ばれるものである。日本においても，早くから森政弘らが，柔軟な機械・人工筋肉という観点でメカノケミカルアクチュエータの研究を行っている[4]。その後，化学的刺激以外の材料についても様々な基礎研究が行われ，新素材の開発が進められてきた。1980年以降には，電気駆動の高分子アクチュエータが生み出され，応答速度や発生力，変形量などの面で優れた材料も開発されている。

[*1] Norihiro Kamamichi　東京電機大学　未来科学部　ロボット・メカトロニクス学科　准教授

[*2] Kentaro Takagi　名古屋大学大学院　工学研究科　機械システム工学専攻　准教授

第3章　高分子素材のソフトアクチュエータと生物模倣ロボットへの応用

2　電場応答性高分子材料

様々な種類が存在する刺激応答性高分子の中でも電気刺激に応答する電場応答性高分子（Electro-active polymer：EAP）[5～7]は，他の高分子材料に比べ比較的応答性が高く，また，制御性に優れることから注目されている。電気駆動であれば，駆動系も容易に構築可能であり，コンパクトに実装することも可能となる。電磁気モータなどの既存のアクチュエータの置き換えとしての利用は難しいが，高分子材料の優れた成形性や柔らかさを活かして，生物模倣ロボットやマイクロマシン，人と直接接触を持つようなロボットが，医療・福祉分野での応用が期待されている。単体では発生力や変形量が限定されるため出力増大の工夫が必要であり，耐久性の問題もあるが，実用レベルの材料も開発されている。

EAPにも様々な種類が存在するが，材料の電気的特性，応答原理から大別すると，誘電エラストマ，導電性高分子，イオン導電性高分子に分けることができる。それぞれについて，動作原理と特徴を概説する。

2.1　誘電エラストマアクチュエータ

誘電エラストマ（Dielectric elastomer）[6, 8]は，図1のようにシリコンやアクリル，ポリウレタンなどのエラストマ材料を柔軟な電極ではさみ込んだ構造の素子である。電極の間に誘電体がある構造であるために，電気特性としては容量可変のキャパシタと言える。電極間に数kVの電圧（10～100 V/μm）を印加すると，静電気力により電極間が厚さ方向に引き合い，エラストマ材料の柔軟性により面方向に大きく伸長する。高速に動作し，生体筋よりも大きな出力を得ることが可能である。

誘電エラストマは，電歪現象による駆動のため「電場駆動型」の素子である。発生圧力は印加

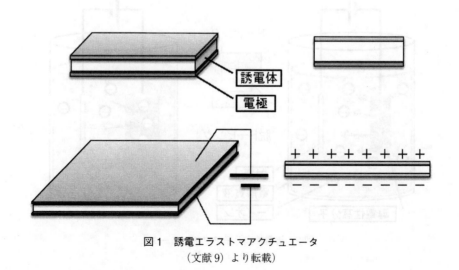

図1　誘電エラストマアクチュエータ
（文献9）より転載）

電圧の2乗に比例する。単体の素子では、入力電圧の極性に依存しない単方向動作となる。両方向動作をするためには、2つの素子を組み合わせる、もしくは、バネなどであらかじめ動作点をずらして使用するなどの工夫が必要である。ロール型素子やダイアフラム型素子、積層素子など構造を工夫して変位や発生力を効率的に取り出す工夫が提案されている。また、最近では、誘電エラストマは発電デバイスとしても注目されている。波力や風力を利用した発電や、ウェアラブル発電としても利用が検討されている[10]。

2.2 導電性高分子アクチュエータ

導電性高分子（Conducting polymer）は電子導電性を有する高分子材料であり、白川英樹博士のノーベル賞受賞で注目された、いわゆる「電気を流す高分子」である。ポリピロールやポリアニリンなどのπ共役系導電性高分子には優れたアクチュエータ特性を有しているものがある[6,7]。

図2のように、電解質中に導電性高分子と対極を入れ、電流を流すことで、酸化還元反応によりカウンタイオンの高分子構造内への脱注入（ドーピング・脱ドーピング）が起こり、可逆的な体積変化を生じる。電子導電性高分子は電荷の移動、つまり電流によって変形が生じるため、「電流駆動型」の素子である。電気化学反応に基づいた応答であるため、低電圧で駆動可能である。変形速度は他のEAPに比較してやや遅いものの、発生力やひずみ率が大きい。イオン導電性ゲルとの複合化により空中で動作する素子を作製することも可能である。

2.3 イオン導電性高分子アクチュエータ

イオン導電性高分子（Ionic conducting polymer）アクチュエータの代表的なものは、イオン導電性高分子・貴金属接合体（Ionic polymer-metal composite：IPMC もしくは Ionic conducting

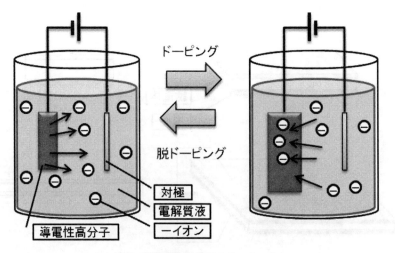

図2　導電性高分子アクチュエータ
（文献9）より転載）

第3章　高分子素材のソフトアクチュエータと生物模倣ロボットへの応用

polymer gel film：ICPF）である[5, 6)]。IPMC は，フッ素系イオン導電性樹脂（電解質ゲル）の表面に金属電極を接合した3層構造をしている。通常，電極には金や白金などの貴金属が用いられ，無電解メッキ法により接合される。

図3に示すように，電極間に電圧を印加すると，電解質内にある陽イオン（カウンタイオン）と水和した水分子が陰極側に移動する。この移動に伴う体積流により内部応力が発生し，フィルム状の素子が屈曲変形する。動作原理としては，上記の電気浸透による体積効果に加え，電極界面における応力発生の影響もあり，応答特性は高分子材料やカウンタイオン，溶媒の種類によっても変化する。

イオンの移動に伴い屈曲変形するものであり，導電性高分子と同様に，「電流駆動型」に分類される。変形は屈曲運動であるが，2V程度の低電圧で駆動可能であり，大きな変形を得ることができる。通常は，水などの溶媒で電解質ゲルが十分膨潤した状態で使用する必要があるが，不揮発性のイオン液体を用いることで，空気中での使用も可能である。

3　EAP の利用法

3.1　駆動方法

EAP材料はその名の通り，電気で駆動・制御することが可能である。そのため，駆動系の構築は電磁気モータなどの電気駆動のアクチュエータと同じように構成できる。電流駆動型の高分

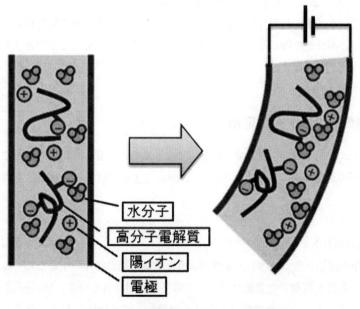

図3　イオン導電性高分子アクチュエータ
（文献9) より転載）

子アクチュエータは，基本的には DC モータの駆動と同じで，コンピュータなどから出力された指令値を，パワーアンプなどの駆動回路を通して，駆動入力としてアクチュエータに印加すればよい。電圧駆動や，電流駆動，PWM 駆動も可能である。電場駆動型の誘電エラストマアクチュエータは，高電圧が必要であるが，電流値は小さい。高圧電源や昇圧回路を用いれば，駆動可能である。また，IPMC などの電流駆動型では，溶媒の電気分解により気体が発生し，電極の接合が隔離する可能性があるため，印加電圧の範囲には注意が必要である。誘電エラストマにおいても，絶縁破壊が起こらない範囲で駆動することが必要である。

3.2　センサ利用

圧電材料がアクチュエータとしても，センサとしても利用できることはよく知られている。ここで紹介した EAP 材料も同様に，電気刺激に対して変形するアクチュエータ機能とともに，外部からの力や変形を加えた際に電気信号を出力するセンサ機能を有しているものが存在する。柔軟で軽量なセンサ素子としても有用である。また，構造や材料にもよるが，柔軟に変形することから，小さな変形から大きな変形まで検知するセンサに応用できる[11]。

EAP アクチュエータにフィードバック制御を適用する場合，制御量である変形量や発生力などの出力を測定する必要がある。何らかのセンサを用いることになるが，柔軟性などの EAP の特長を損なわないためには軽量で柔軟なセンサが必要である。アクチュエータとセンサの両機能を有していれば，柔軟で軽量な EAP の特長を損なうことなくシステム構築が可能であり，フィードバックの適用や，ロボットシステムへの応用の可能性も広がる。

EAP 材料の作製・加工プロセスは，燃料電池や電解プロセス，化学センサなどの固体電気化学で確立されている技術が利用可能である。アクチュエータとセンサを構造材料と一体化することも可能であり，高分子の優れた成形性を活かして，任意に成形可能で小型素子の実現可能性もある。

4　生物模倣ロボットへの応用

高分子アクチュエータは材料自身で生物のようなしなやかな動作を実現できることから，生物模倣ロボットへの適用が試みられている。ここでは，2.3 項で紹介した IPMC を用いた応用事例を紹介する。

4.1　水中推進ロボット

IPMC は水中や湿潤状態で動作し，生物のような柔軟な屈曲動作をするため，魚型，ヘビ型などの水中生物の動作を模倣した移動ロボットに数多く適用されている。Mojarrad と Shahinpoor は魚型ロボットの尾ヒレの屈曲運動に IPMC を適用し，前進動作を実現した[12]。郭らも魚型ロボットを開発し，推進速度と推進力を計測した[13]。イーメックスでは，世界初の EAP 商品とい

第3章　高分子素材のソフトアクチュエータと生物模倣ロボットへの応用

われている鑑賞用魚型ロボットを開発した[14]。イーメックスの魚型ロボットは，無線給電によって水槽の中を泳ぐように設計されていた。なお，無線給電によってIPMCを効率よく駆動する方法についても研究が進んでいる[15, 16]。

自律駆動ロボットを目指して，外部から給電するのではなくバッテリー駆動によって動作するロボットについても研究が進められている。J. JungらはIPMCを用いたオタマジャクシ型ロボットを製作し，電池や駆動回路を搭載した自律型ロボットを開発した[17]。

IPMCを用いた水中ロボットにおける別のアプローチとしては，ヒレの自由度を増やす方法が挙げられる。中坊らは図4に示す帯状のIPMCの電極を分割することによってヘビ型ロボットを開発した[18]。分割された電極に，進行波となるような適切な電圧を加えることによって，ヘビ型ロボットは水中を推進することができる。高木らは，くねりながら推進するヘビ型ロボットの変形振幅が頭部から尾部に向かって増大する現象を解析した[19]。釜道らは，3リンクヘビ型ロボットを開発し[20]，自励振動が生じるようにフィードバックを行うことにより推進させる方法を提案した[21]。

ヒレを複数有する複雑な形状のロボットについても研究が進められている。PunningらはエイRobotを提案した[22]。高木らは16個の独立に駆動されるIPMCアクチュエータからなる2つのヒレをもつエイ型ロボットを開発した[23]。マイクロコントローラや小型アンプ，バッテリーを搭載しており，自律推進が可能なロボットである。Chenらはマンタを模倣したエイロボット

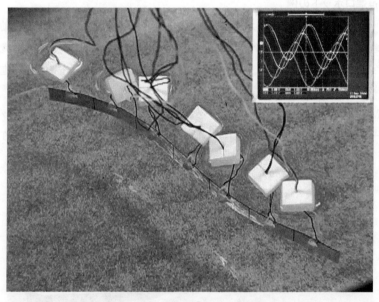

図4　1枚のIPMCで実現したヘビ型推進ロボット
(K. Takagi, Y. Nakabo, Z. Luo, T. Mukai, M. Yamamura, Y. Hayakawa, "An analysis of the increase of bending response in IPMC dynamics given uniform input", Proc. SPIE 6168, Smart Structures and Materials 2006: Electroactive Polymer Actuators and Devices (EAPAD), 616814 より転載)

を開発した[24]。PalmreらはIPMCを用いたヒレの設計方法について議論し，複数のIPMCを柔軟な材料の中に入れて能動制御面をもつヒレを作ることを提案した[25]。以上で示したヘビ型やエイ型などの複数のセグメントからなるロボットでは，それぞれのセグメントに位相差をつけて入力を与えて駆動することで，前後進が実現できる。また，入力波形を制御することで旋回動作も実現できる。他にユニークなロボットとして，クラゲロボットも提案されている[26, 27]。

4.2 歩行ロボットや他の生物模倣ロボット

水中推進ロボットに比べて多くはないが，IPMCを用いた他の生物模倣ロボットについても報告されている。歩行ロボットでは，2脚，4脚，多脚など様々な形態の歩行ロボットが報告されている。

山北と釜道は，IPMCを用いた受動歩行を規範にした2足歩行ロボットを開発した[28]。また，そのロボットの駆動のため，IPMCの曲げ変形を直動運動に変換するパンタグラフのような機構を提案している。また，郭らは水中多脚歩行ロボットを提案した[29]。ChangとKimも多脚歩行ロボットを開発した[30]。冨田らは，一枚のIPMCから4足歩行ロボットを開発した[31]。

ほかに，Shahinpoorらは飛行ロボットを目指して羽ばたき機構を提案した[32]。Arenaらはイモムシ型のロボットを提案した[33]。ヘビ型ロボットに似ているがずっと小さなスケールの生物模倣として，Sarehらは人工繊毛を提案した[34]。

4.3 ヘビ型推進ロボットの例

ここでは，数多く報告されている水中推進ロボットのうち，IPMCの柔軟な屈曲動作を活かしたヘビ型推進ロボットの事例を紹介する[20]。また，センサとアクチュエータの両機能をロボットに応用した例として，センサフィードバックによる水中ヘビ型ロボットの自励推進について紹介する[21]。

図5にIPMCを用いたヘビ型推進ロボットを示す。3リンクからなるヘビ型ロボットで，各リンクのフレームを結ぶ関節部分にIPMCフィルムを用いている。水面上を推進することを想定

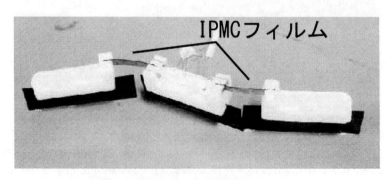

図5　IPMCを用いたヘビ型推進ロボット

第3章　高分子素材のソフトアクチュエータと生物模倣ロボットへの応用

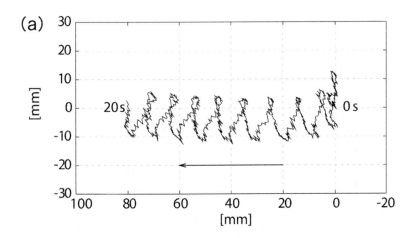

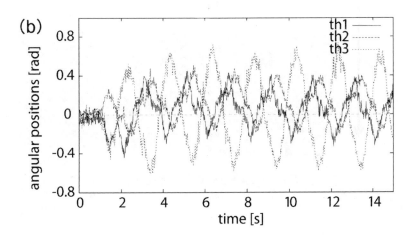

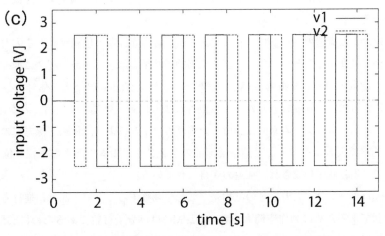

図6　ヘビ型推進ロボットの実験結果（オープンループ駆動）
((a)先頭位置の軌道　(b)リンク角度　(c)入力電圧)

生物の優れた機能から着想を得た新しいものづくり

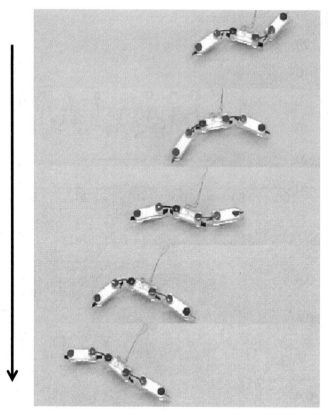

図7　ヘビ型推進ロボットの推進の様子
（5秒間隔）

しており，フレームは発泡スチロールで作製し，底辺部にフィンの役割をする薄板を垂直に固定している。全長は約 120 mm である。

　非常にシンプルな構造のヘビ型ロボットであるが，適当な周期と位相差のある入力を加えることでなめらかに推進することができる。図6に実験の結果を示す。また，図7に推進動作の連続写真を示す。駆動入力として振幅 2.5 V，周期 2 s，位相差 90 deg の矩形波信号を与えた結果である。IPMCの屈曲により生成されたうねり動作により前方へ推進していることが確認できる。ヘビ型ロボットは，各リンクの底面に設置した垂直のフィンにより，体軸法線方向の水の抵抗は体軸方向に比べて大きくなっており，各関節部のIPMCフィルムを適当な振幅と位相差で屈曲させることで，進行波が形成され，推進力が得られている。

　ヘビ型推進ロボットは，入力信号の位相差や波形を調整することで，簡単に進行方向を制御でき，体が帯状であるために動作空間も小さい。IPMCは高分子材料であるために成形が容易で，システムの小型化も可能であるため，狭い管内を移動するマイクロロボットなどへの応用も考えられる。

第3章　高分子素材のソフトアクチュエータと生物模倣ロボットへの応用

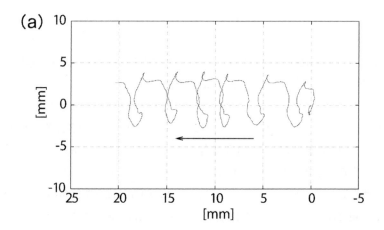

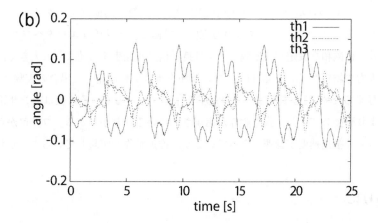

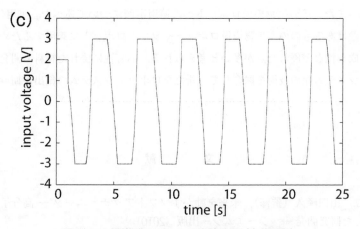

図8　ヘビ型推進ロボットの実験結果（自律駆動）
((a)先頭位置の軌道　(b)リンク角度　(c)入力電圧)

次に，センサ／アクチュエータの機能を統合したロボットの一例として，ヘビ型ロボットにIPMCのセンサ機能を付加し，センサ信号のフィードバックにより実現した自律的推進動作について紹介する。自律推進動作を実現するために，自励駆動と呼ばれる方法を適用した結果である。自励駆動は機械系の固有振動を利用した駆動方法であり，少ないエネルギーで高速な効率的動作が実現可能である。小野らは二足歩行ロボットやヘビ型ロボットなどの機械系に自励駆動法を適用している。ヘビ型自励駆動ロボットでは，3リンクロボットの各関節にバネを配置して，固有振動系とし，第2関節の角度を第1関節部の入力トルクへフィードバックすることで自励駆動系を構築し，高速な推進を実現している。

IPMCヘビ型推進ロボットにおいても，IPMC自体の弾性特性と関節角のフィードバックにより推進動作が実現可能である。さらに単純化して，関節角度を測定しなくとも，IPMCセンサの出力電圧をフィードバックすることでも推進動作が可能である。

図5で示したヘビ型ロボットの2枚のIPMCのうち，第1関節部をアクチュエータ，第2関節部をセンサとして用いる。センサの出力電圧を増幅し，アクチュエータへフィードバックする。入力信号には飽和を設定し，増幅ゲインは持続信号が発生する値よりも大きく設定する。

図8に，入力の増幅ゲインを4000，入力の飽和を±3Vに設定した場合の実験データを示す。初期姿勢を与えるため，1sまでは一定の電圧を印加しているが，その後はセンサ電圧のフィードバックにより駆動しており，推進動作が実現されていることがわかる。ワイヤから受ける外乱の影響も大きく，推進速度が低速となっているが，推進動作が実現していることがわかる。

5　おわりに

本章では，高分子素材のソフトアクチュエータ，とくに電場応答性高分子材料（EAP）について紹介した。また，その生物模倣ロボットへの適用事例について述べた。実用化のためには，まだ多くの課題はあるものの，生物模倣ロボットやソフトロボットに適用するために必要な柔軟性や軽量性，成形性など優れた点が多いと考えられる。応答性に優れた材料の開発・改良や，特性を活かしたシステム化の技術を融合して，新たなロボットシステムの創出が期待されている。

文　　献

1)　長田義仁，田口隆久（監修），未来を動かすソフトアクチュエータ — 高分子・生体材料を中心とした研究開発 —，シーエムシー出版（2010）

2)　田所諭，日本ロボット学会誌，**15**(3)，318-322（1997）

3)　W. Kuhn, B. Hargitay, A. Katchalsky, H. Eisenberg, *Nature*, **165**, 514-516（1950）

4)　森政弘，日本機械学会誌，**65**(517)，77-85（1962）

第3章　高分子素材のソフトアクチュエータと生物模倣ロボットへの応用

5) 安積欣志，日本ロボット学会誌，**31**(5)，448-451（2013）

6) Y. Bar-Cohen（ed），"Electroactive Polymer（EAP）Actuators as Artificial Muscles: Reality, Potential, and Challenges"，SPIE Press（2001）

7) K.J. Kim, S. Tadokoro（eds），"Electroactive Polymer for Robotics Applications"，Springer（2007）

8) F. Carpi, D. De Rossi, R. Kornbluh, R. Pelrine, P. Sommer-Larsen（eds），"Dielectric Elastomers as Electromechanical Transducers"，Elsevier（2008）

9) 釜道紀浩，ロボット制御学ハンドブック，pp.111-114，近代科学社（2017）

10) S. Chiba, R. Perline, R. Kornbluh, J. Eckerle, *Journal of the Japan Institute of Energy*, **86**, 743-747（2007）

11) 釜道紀浩，計測と制御，**54**(1)，47-51（2015）

12) M. Mojarrad, M. Shahinpoor, Proc. of IEEE Int. Conf. on Robotics and Automation, pp. 2152-2157（1997）

13) S. Guo, T. Fukuda, N. Kato, K. Oguro, Proc. of IEEE Int. Conf. on Robotics and Automation, pp.1829-1834（1998）

14) イーメックス株式会社，http://www.eamex.co.jp/

15) J. Lee, W. Yim, C. Bae, K. Kim, *Int. J. Smart Nano Mater.*, **3**(4), 244-262（2012）

16) K. Abdelnour, A. Stinchcombe, M. Porfiri, J. Zhang, S. Childress, *IEEE/ASME Trans. Mechatronics*, **17**(5), 924-935（2012）

17) J. Jung, B. Kim, Y. Tak, J.O. Park, Proc. of IEEE/RSJ Int. Conf. on Intelligent Robots and Systems, pp.2133-2138（2003）

18) K. Takagi, Y. Nakabo, Z. Luo, T. Mukai, M. Yamamura, Y. Hayakawa, Proc. SPIE 6168, Smart Structures and Materials: Electroactive Polymer Actuators and Devices（EAPAD），616814（2006）

19) 高木賢太郎，中坊嘉宏，羅志偉，向井利春，システム制御情報学会論文誌，**19**(8)，319-326（2006）

20) N. Kamamichi, M. Yamakita, T. Kozuki, K. Asaka, Z. Luo, *Advanced Robotics*, **21**(1-2), 65-85（2007）

21) N. Kamamichi, M. Yamakita, K. Asaka, Z.W. Luo, Proc. of IEEE Int. Conf. on Robotics and Automation, pp. 1812-1817（2006）

22) A. Punning, M. Anton, M. Kruusmaa, A. Aabloo, Proc. of IEEE Int. Conf. on Mechatronics and Robotics, Vol. 2, pp.241-245（2004）

23) K. Takagi, M. Yamamura, Z.W. Luo, M. Onishi, S. Hirano, K. Asaka, Y. Hayakawa, Proc. of IEEE/RSJ Int. Conf. on Intelligent Robots and Systems, pp.1861-1866（2006）

24) Z. Chen, T. Uma, H. Bart-Smith, Int. *J. Smart Nano Mater.*, **3**(4), 296-308（2012）

25) V. Palmre, J. Hubbard, M. Fleming, D. Pugal, S. Kim, K. Kim, K. Leang, *Smart Mater. Struct.*, **22**, 014003（2013）

26) S. Yeom, I. Oh, *Smart Mater. Struct.*, **18**, 085002（2009）

27) J. Najem, S. Sarles, B. Akle, D. Leo, *Smart Mater. Struct.*, **21**, 094026（2012）

28) M. Yamakita, N. Kamamichi, Y. Kaneda, K. Asaka, Z. Luo Z, *Adv. Robotics*, **18**(4), 383-399（2014）

29) S. Guo, L. Shi, N. Xiao, K. Asaka, *Robot. Auton. Syst.*, **60**, 1472-1483 (2012)

30) Y. Chang, W. Kim, *IEEE/ASME Trans. Mechatronics*, **18**(2), 547-555 (2013)

31) N. Tomita, K. Takagi, K. Asaka, Proc. of SICE Annual Conference, pp. 1687-1690 (2011)

32) M. Shahinpoor, Y. Bar-Cohen, J. Simpson, J. Smith, *Smart Mater. Struct.*, **7**, R15-R30 (1998)

33) P. Arena, C. Bonomo, L. Fortuna, M. Frasca, S. Graziani, *IEEE Trans. Syst. Man Cybern., B*, **36**(5), 1044-1052 (2006)

34) S. Sareh, J. Rossiter, A. Conn, K. Drescher, RE. Goldstein, *J R Soc Interface*, **10**, 20120666 (2012)

生物の優れた機能から着想を得た新しいものづくり《普及版》

(B1451)

2018 年 11 月 13 日　初　版　第 1 刷発行
2025 年 1 月 10 日　普及版　第 1 刷発行

監　修　萩原良道　　　　　　　　　　　　　Printed in Japan
発行者　辻　賢司
発行所　株式会社シーエムシー出版
　　　　東京都千代田区神田錦町 1-17-1
　　　　電話 03（3293）2065
　　　　大阪市中央区内平野町 1−3−12
　　　　電話 06（4794）8234
　　　　https://www.cmcbooks.co.jp/

〔印刷　柴川美術印刷株式会社〕　　　　　　　ⒸY. HAGIWARA,2025

落丁・乱丁本はお取替えいたします。

本書の内容の一部あるいは全部を無断で複写（コピー）することは，法律
で認められた場合を除き，著作者および出版社の権利の侵害になります。

ISBN978-4-7813-1787-8 C3045　¥4100E